工程造价与建筑管理

范元朝　任从甫　李美丹　编著

吉林科学技术出版社

图书在版编目（CIP）数据

工程造价与建筑管理 / 范元朝，任从甫，李美丹编
著． -- 长春：吉林科学技术出版社，2019.8
ISBN 978-7-5578-5782-0

Ⅰ．①工… Ⅱ．①范… ②任… ③李… Ⅲ．①建筑造
价管理－高等学校－教材 Ⅳ．① TU723.31

中国版本图书馆 CIP 数据核字 (2019) 第 167368 号

工程造价与建筑管理

编　　著	范元朝　　任从甫　　李美丹	
出 版 人	李　梁	
责任编辑	端金香	
封面设计	刘　华	
制　　版	王　朋	
开　　本	185mm×260mm	
字　　数	340 千字	
印　　张	15.5	
版　　次	2019 年 8 月第 1 版	
印　　次	2019 年 8 月第 1 次印刷	
出　　版	吉林科学技术出版社	
发　　行	吉林科学技术出版社	
地　　址	长春市福祉大路 5788 号出版集团 A 座	
邮　　编	130118	
发行部电话 / 传真	0431—81629529　　81629530　　81629531	
	81629532　　81629533　　81629534	
储运部电话	0431—86059116	
编辑部电话	0431—81629517	
网　　址	www.jlstp.net	
印　　刷	北京宝莲鸿图科技有限公司	
书　　号	ISBN 978-7-5578-5782-0	
定　　价	65.00 元	

编委会

主　编
范元朝　驻马店市基本建设标准定额站
任从甫　中建七局安装工程有限公司
李美丹　天津市交通科学研究院
王　艳　鹤壁市建设工程标准定额管理站

副主编
姚永利　河南景盛建设工程有限公司
李　龙　青岛嘉凯城房地产开发有限公司
冯保聚　河南畅晟工程管理有限公司
郭海亮　南水北调中线干线工程建设管理局河北分局
纪恩建　山东津单幕墙有限公司
王艳清　济源市建设工程管理处
杨　光　黑龙江龙煤矿业工程设计研究院有限公司
刘保坤　中铁二局第五工程有限公司
赵付昌　河南省昌隆建设工程有限公司

编　委
谭特丽　天津市地下地铁集团有限公司
曾　振　中信大锰矿业有限责任公司大新锰矿分公司
郭绍威　濮阳县政府投资项目建设管理办公室
马　明　银川市建设工程质量监督站
陈宝淋　福建鑫盛建设有限公司

前　言

　　建设项目投资失控是我国固定投资领域普遍存在的现象。建设工程消耗大量的工料机资源，它投资大、建设周期长、综合性强，关系到建设各方的经济利益，对国民经济的影响重大。目前，在我国工程建设领域，工程技术人员往往只注重工程质量控制及工程进度控制，忽略对建设项目的投资进行控制。工程项目造价管理是工程项目管理的一个非常重要的方面，是项目管理科学中最主要的部分之一。工程项目造价管理是以工程项目或建设项目为对象，以工程项目的造价确定与造价控制为主要内容，涉及工程项目的技术与经济活动，以及工程项目的经营与管理工作的一个独特的工程管理领域。

　　建筑业是我国的重要产业之一，它在宏观经济结构中占据了十分重要的地位。我国目前城市化进入快速发展期，个人住宅消费不断上升，保持房价在合理区间波动，是我国政府管理部门当前面临的一个紧急又迫切的任务。未来房地产固定资产投资规模将继续维持在高位。工程造价管理，其目标就是按照经济规律的要求，根据社会主义市场经济的发展趋势，利用科学的管理方法和先进的管理手段，合理的确定造价，有效地控制造价，以提高投资效益和建筑企业的经营效益。通过工程造价管理控制，可以提高建设企业投入资本使用效率，提高固定资产管理水平，同时在一定程度上遏制房价非理性增长。

　　本书将工程造价与建筑管理相结合，介绍了工程造价与造价管理、造价的计价与指数编制、造价估算与结算以及市政工程造价，并且系统阐述了建筑工程项目成本、施工、技术、质量以及安全管理理论，为建设工程项目资金以及项目管理提供理论指导，望广大读者品评与指摘。

目　录

第一章　工程造价与造价管理

第一节　工程造价概述

一、工程造价的含义及特点

（一）工程造价的含义

简而言之，工程造价就是工程的建造价格。工程，是泛指一切建设工程，它的范围和内涵具有很大的不确定性。工程造价有两种含义，但都离不开市场经济的大前提。

第一种含义：工程造价是指建设一项工程预期开支或实际开支的全部固定资产投资费用。这一含义是从投资者——业主的角度定义的。从这个意义上说，工程造价就是工程投资费用，建设项目工程造价就是建设项目固定资产投资。

第二种含义：工程造价是指工程价格，即为建成一项工程，预计或实际在土地市场、设备市场、技术劳务市场以及承包市场等交易活动中所形成的建筑安装工程的价格和建设工程总价格。显然，工程造价的这一含义是以社会主义商品经济和市场经济为前提的。在这里，工程的范围和内涵既可以是涵盖范围很大的一个建设项目，也可以是一个单项工程，甚至也可以是整个建设工程中的某个阶段。

建筑地基基础工程是一项建设工程的基础。因此，建筑地基基础工程造价即属工程造价的第二种含义，即它是指对一个建设项目进行地基基础工程勘察、设计、施工、监测的总价格。

（二）工程造价的特点

1. 大额性。能够发挥投资效用的一项建设工程，不仅实物形体庞大，而且造价高昂。

2. 个别性、差异性。任何一项工程所处地区、地段都不相同，都有特定的用途、功能、规模。产品的差异性决定了工程造价的个别性与差异性。

3. 动态性。任一项工程从决策到竣工交付使用，都有一个较长的建设期间，而且由于不可控因素的影响，工程造价在整个建设期中处于不确定状态，直到竣工决算后才能最终确定工程的实际造价。

4. 层次性。造价的层次性取决于工程的层次性，可以分为建设项目总造价、单项工程造价、单位工程造价、分部工程造价和分项工程造价。

5. 兼容性。造价的兼容性首先表现在造价构成因素的广泛性和复杂性。

二、工程造价的分类

工程造价可以根据不同的建设阶段、工程对象（或范围）、承包结算方式等进行分类。按工程建设阶段的不同，工程造价可分为以下七类：

（一）投资估算造价

投资估算是指项目建议书和可行性研究阶段，又创以建项目所需投资，通过编制估算文件预先测算和确定投资额的过程。估算出的建设项目的投资额，称为估算造价。

（二）概算造价

概算造价是设计部门在初步设计阶段，为确定拟建项目所需的投资额或费用而编制的，是设计文件的重要组成部分。其层次性十分明显，分单位工程概算造价、单项工程概算造价和建设项目概算总造价。概算造价的编制是由单个到综合，局部到总体，逐个编制，层层汇总而成的过程。

（三）修正概算造价

修正概算造价是指在采用三阶段设计的技术设计阶段，根据初步设计内容的深化，编制修正概算文件预先测算和确定的工程造价。它对初步设计概算进行了修正调整，比概算造价准确，但受概算造价控制。

（四）预算造价

预算造价是指在施工图阶段，根据施工图纸编制预算文件，预先测算和确定的工程造价。它比修正概算造价更详尽和准确，同时也受前一阶段所确定的工程造价的控制。

（五）合同价

合同价是指在工程招、投标阶段通过签订总承包合同、建筑安装工程承包合同、设备材料采购合同、以及技术和咨询服务合同确定的价格。合同价属于市场价格范畴，但它并不等同于实际工程造价。它是由承发包双方根据有关规定或协议条款约定的取费标准计算的，用以支付给承包方按照合同要求完成工程内容的价款总额。

（六）结算价

结算价是指在合同实施阶段，在工程结算时按合同调价范围和调价方法，对实际发生的设备、材料价差及工程量增减等进行调整后计算确定的价格。

（七）实际造价

实际造价是指在竣工决算阶段，通过编制建设项目竣工决算，最终确定的实际工程造价。

三、程造价的职能

工程造价除具有一般商品价格的基本职能和派生职能以外，尚具有自己特有的职能。

（一）预测职能

由于工程造价的大额性和多变性，因而无论是投资者或承包商都要对拟建工程的造价进行预先测算。前者的预先测算可作为项目决策以及筹集资金和控制造价的依据；后者对工程造价既是投标决策的依据，也是投标报价和成本管理的依据。

（二）控制职能

工程造价的控布职能表现在两方面：一方面是投资者的投资控制，即在投资的各阶段，根据对造价的多次性预估，从而对造价进行全过程和多层次的控制。另一方面，是对承包商的成本控制。

（三）评价职能

工程造价是评价总投资和分项投资合理性和投资效益的主要依据之一。工程造价资料是评价土地价格、建筑安装产品和设备价格的合理性的依据，是评价建设项目偿贷能力、获利能力和宏观效益以及评价建筑安装企业管理水平和经营成果的重要依据。

（四）调控职能

工程建设直接关系到经济发展，也关系到国家重要资源分配和资金流向，对国计民生产生重大影响。所以国家对建设规模、结构进行宏观调控是在任何条件下都不可缺少的，对政府投资项目进行直接控制和管理是非常必要的。这些都要用工程造价作为经济杠杆，多工程建设中的物质消耗商品、建设规模、投资方向等进行调控和管理。

四、工程造价的计价特征

价格是价值的货币表现形式。按马克思主义的价格理论，建设工程造价的理论构成与一般商品一样由 $C + V + M$ 组成。但由于建设工程的生产及其产品不同于一般工业品，其工程造价的计价也有其自己的特点。

（一）单件性计价特征

工程建设产品的个别性和差异性决定了其计价的单件性。对于建设工程不能像一般工业产品那样按品种、规格、质量成批的定价，只能通过特殊程序，就某一个项目计算建设工程造价，即单件计价。

（二）多次性计价特征

建设工程周期长、规模大、造价高，因此建设工程计价要分阶段进行。为了适应工程建设过程中各方经济关系的建立，适应项目管理的要求，适应工程造价控制和管理的要求，需要按照设计和建设阶段多次进行计价。

（三）组合性特征

工程造价的计算是分部组合而成的。一个建设项目是一个工程综合体，这个综合体可以分解为许多有内在联系的独立和不能独立的工程。计价时，首先要对建设项目进行分解，按其构成进行分部计算，并逐层汇总。计算顺序是：分部分项工程单价—单位工程造价—单项工程造价—建设项目总造价。

（四）方法的多样性特征

多次性计价有各不相同的计价依据，对造价的计算也有不同精度要求，因此计价方法有多样性特征。

第二节　工程费用的构成

一、直接费

由直接工程费和措施费组成。

（一）直接工程费

是指施工过程中耗用的构成工程实体和有助于工程形成的各项费用，包括人工费、材料费、施工机械使用费。

1. 人工费：是指直接从事建筑工程施工的生产工人开支的各项费用，内容包括：

（1）基本工资：是指发放给生产工人的基本工资。

（2）工资性补贴：是指按规定发放的各项补贴、津贴。

（3）生产工人辅助工资：是指生产工人年有效施工天数以外非作业期间的应发给生产工人的工资。

（4）职工福利费：是指按规定标准计提的职工福利费。

（5）生产工人劳动保护费：是指按规定标准发放的劳动保护用品的购置费及修理费、职工服装补贴、防暑降温费，在有碍身体健康环境中施工的保健费用等。

（6）住房公积金：是指企业和个人按标准交纳的住房公积金。

（7）劳保基金：是指由职工工资中支付的养老金、企业支付离退休职工的异地安家补助费、职工六个月以上的病假人员工资、职工死亡丧葬补助费、抚恤费，按规定支付给离休干部的各项经费。

（8）医疗保险费：是指由职工工资中支付的基本医疗保险费。

2. 材料费：是指施工过程中耗费的构成工程实体的原材料、辅助材料、构配件、零件、半成品的费用和周转使用材料的摊销（或租赁）费用，包括材料预算价格及检验试验费。

（1）材料预算价格包括：

①材料原价（或供应价格）；

②材料运杂费：是指材料自来源地运至工地仓库或指定堆放地点所发生的全部费用；

③运输损耗费：是指材料在运输装卸过程中不可避免的损耗；

④采购及保管费：是指为组织采购、供应和保管材料过程所需要的各项费用，包括采购费、仓储费、工地保管费、仓储损耗。

（2）检验试验费：是指对建筑材料、构件和建筑安装物进行一般鉴定、检查所发生的费用。包括自设试验室进行试验所耗用的材料和化学药品等费用，不包括新结构、新材料的试验费和建设单位对具有出厂合格证明的材料进行检验，对构件做破坏性试验及其他特殊要求检验试验的费用。

3. 施工机械使用费：是指施工机械作业所发生的机械使用费以及机械安拆费和场外运费。施工机械台班单价应由下列七项费用组成：

（1）折旧费：指施工机械在规定的使用年限内，陆续收回其原值及购置资金的时间价值；

（2）大修理费：指施工机械按规定的大修理间隔台班进行必要的大修理，以恢复其正常功能所需的费用。

（3）经常修理费：指施工机械除大修理以外的各级保养和临时故障排除所需的费用。包括为保障机械正常运转所需替换设备与随机配备工具附具的摊销和维护费用，机械运转及日常保养所需润滑与擦拭的材料费用及机械停滞期间的维护和保养费用等。

（4）安拆费及场外运费：安拆费指施工机械在现场进行安装与拆卸所需的人工、材料、机械和试运转费用以及机械辅助设施的折旧、搭设、拆除等费用；场外运费指施工机械整体或分体自停放地点运至施工现场，或由一施工地点运至另一施工地点的运输、装卸、辅助材料及架线等费用。

（5）人工费：指机上司机（司炉）和其他操作人员的工作日人工费及上述人员在施工机械规定的年工作台班以外的人工费。

（6）燃料动力费：指施工机械在运转作业中所消耗的固体燃料（煤、木柴）、液体燃料（汽油、柴油）及水、电等。

（7）其他费用：指施工机械按照国家规定和有关部门规定应交纳的养路费、车船使用税、保险费及年检费等。

（二）措施费

是指施工过程中必须发生的且由承包人采取的措施费用。包括综合措施项目费、技术措施项目费。

1. 综合措施项目费包括以下内容

（1）临时设施费：是指施工企业为进行建设工程施工所必须搭设的生活和生产用的临时建筑物、构筑物和其他临时设施费用等。

临时设施包括：临时宿舍、文化福利及公用事业房屋与构筑物，仓库、办公室、加工厂以及规定范围内道路、水、电、管线等临时设施和小型临时设施。临时设施费用包括：临时设施的搭设、维修、拆除费或摊销费。

（2）冬雨季施工增加费：是指在冬、雨季施工期间，为确保工程质量所采取的保温、防雨措施增加的材料费、人工费和设施费用，不包括特殊工程搭设暖棚等的设施费用。

（3）生产工具用具使用费：是指施工生产所需不属于固定资产的生产工具及检验用具等的购置、摊销和维修费，以及支付给工人自备工具补贴费。

（4）工程测量放线、定位复测、工程点交、场地清理费。

2. 技术措施项目费包括如下内容

（1）大型机械进出场费及安拆费：是指机械在施工现场进行安装、拆卸所需人工费、材料费、机械费、试运转费和安装所需的辅助设施的费用及机械整体或分体自停放场地运至施工现场，或由一个施工地点运至另一个施工地点，所发生的机械进出场运输及转移费用。

（2）高层建筑增加费：建筑物超过六层或者檐高超过 20 米需要增加的人工降效和机械降效等费用。

（3）超高增加费：操作高度距离楼地面超过一定的高度需要增加的人工降效和机械降效等费用。

（4）脚手架搭拆费：是指施工需要的各种脚手架搭拆费用及脚手架的摊销（或租赁）费用。

（5）施工排水、降水费：是指工程地点遇有积水或地下水影响施工需采用人工或机械排（降）水所发生的费用（包括井点安装、拆除和使用费用等）。

（6）检验试验费：是指新结构、新材料的试验费和建设单位对具有出厂合格证明的材料进行检验，对构件做破坏性试验及其他特殊要求检验试验的费用。包括试桩费、幕墙抗风试验、桥梁荷载试验费、室内空气污染测试费等。

（7）缩短工期措施费：是指由于合同工期小于定额工期时，应计算的措施费。包括以下内容：

①夜间施工增加费：是指因夜间施工所发生的夜班补助费、夜间施工降效、夜间施工照明设备摊销及照明用电等费用；

②周转材料加大投入量及增加场外运费：是指由于合同工期小于定额工期时，施工不能按正常流水进行，因赶工需加大周转材料投入量及所增加的场外运费费用。

（8）无自然采光施工通风、照明、通信设施增加费：是指在无自然光环境下施工时所需通风设施、照明设施及通信设施所增加的费用。

（9）二次搬运费：是指因场地狭小，或障碍物等引起的材料、半成品、设备、机具等超过一定运距或发生的二次搬运、装拆所需的人工增加费（包括运输损耗）。

（10）已完工程及设备保护费：是指工程完工后未经验收或未交付使用期间的保养、维护所发生的费用。

（11）临时用地占用费：是指业主未能提供施工用地使用权，施工单位需租用的场地和弃土占地等费用。

（12）有害环境施工增加费：是指当施工环境中存在有毒物质、有害气体和粉尘，其浓度超过允许值时所增加的人工降效及费用。

（13）安装与生产同时进行增加费：是指生产车间或装置内施工，因生产操作或生产条件限制，干扰了安装工作正常进行而增加的人工降效费。

（14）采暖、空调系统调试费：是指采暖工程和空调工程竣工后整个系统进行调整试验所增加的费用。

（15）安装工程管道跨越或穿越施工措施费：是指管道安装时需跨越路面，建筑物、构筑物等所增加的人工、材料、机械等费用。

（16）格架式桅杆增加费：是指安装设备重量在 80 吨以上安装高度在 10 米以内，设备重量在 60 吨以上安装高度在 10 ～ 20 米以内，设备重量在 40 吨以上、安装高度在 20 米以上时所使用的金属桅杆台次使用费（包括桅杆本体的设计、制造和试验，卷扬机、索具等的折旧摊销，桅杆停滞期间的维护、保养，配件的更换等费用）。

（17）焦炉施工大棚费：是指焦炉烘炉施工大棚的搭建、拆除、折旧、使用期间所发生的费用（包括工作棚的摊销费、仓储费和保养费）。

（18）焦炉烘炉热态工程费：是指焦炉烘炉热态工程中（包括热态作业的特殊劳保消耗）按焦炉本体砌筑直接费所占一定比例的费用。

（19）安装工程组装平台费：是指为配合设备安装的临时平台组装、制安、拆除所需的人工、材料、机械的增加费。

（20）安装工程联动试车费：是指设备安装完毕后，整个系统进行联动试运行所发生的费用。

（21）市政工程脚手架、支架、工作平台搭拆费：指各类脚手架、支架、拱盔、工作平台的搭拆、维护、摊销（或租赁）费用。

（22）市政工程施工吊栏、托架摊销费：指托架和箱梁施工吊栏的制作摊销费用。

（23）市政工程围堰：指各类围堰的堆筑、拆除、清理和维护费用。

（24）市政工程筑岛：指人工岛的填筑、拆除、清理和维护费用。

（25）市政工程临时便道：指工程施工需要或维持车辆行人通行临时道路的修建、拆除和养护费用。

（26）市政工程原有路基、管线保护费：指对原有路基、路面、各种管线、电缆、光缆等其他设施的保护费用。

（27）市政工程施工用水、电源设备的安装拆除费：指施工用水电，自接入点至施工现场配电箱、用水点的设备及其固定管线的敷设拆除和摊销费用。生活用水用电设施不在其内。

（28）园林绿化工程施工因素增加费：是指边施工边维持交通、防游人干扰和路面保护等措施费用。

（29）其他：是指以上未列措施项目而实际需要发生的措施项目的费用。

大型机械进出场费及安拆等技术措施项目费用，编制招标标底时按照省建设厅发布的现行定额及相应规定计取。未作具体规定的，由招标人和投标人在合同中约定。未约定的以招标人与中标人双方签证为准。编制投标报价按照企业定额或参照省建设厅发布的现行定额相应规定自主报价。

临时设施等综合措施项目费用编制招标标底时按照本附件四表三计取。编制投标报价时按照企业定额或参照本附件四表三计取。其取值范围应根据工程复杂、难易程度取定。其中，建筑安装工程可参照附件五建筑安装工程分类标准取定。

二、间接费

由不可竞争费用、施工管理费和财务费组成。

（一）不可竞争费用

是指政府和有关部门规定应进入工程造价的费用。包括：

1. 工程排污费：是指施工现场按规定交纳的排污费用。

2. 工程定额测定费：是指按规定支付工程造价（定额）管理部门的定额测定费。

3. 基本养老保险费（劳保基金）：是指企业按规定向社会保障主管部门交纳的职工基本养老保险费（社会统筹部分）。

4. 失业保险费：是指企业按照国家规定交纳的失业保险基金。

5. 医疗保险费：是指企业向社会保障主管部门交纳的职工基本医疗保险费。

6. 安全文明施工增加费：包括有关安全教育、管理、检查、标志的设置和安全设施费用；现场围挡、施工场地地面的硬化处理、现场绿化布置、现场住宅环卫设施治安综合治理及社区服务等。

7. 危险作业意外伤害保险：是指按照建筑法规定，为从事危险作业的建筑工人支付的意外伤害保险费。

8. 工会经费：是指企业按职工工资总额 2％计提的工会经费。

9. 职工教育经费：是指企业为职工学习先进技术和提高文化水平，按职工工资总额1.5%计提的费用。

10. 其他：指以上未列项的而实际发生的，按有关文件规定执行。

（二）施工管理费

是指组织施工生产和经营管理所需费用。包括以下内容：

1. 管理人员工资：是指管理人员的基本工资、工资性补贴、职工福利费、劳动保护费、住房公积金、劳动保险费、医疗保险费、危险作业意外伤害保险费、工会经费、职工教育经费等。

2. 办公费：是指企业管理办公用的文具、纸张、账表、印刷、邮电、书报、会议、水电、烧水和集体取暖通风（包括现场临时宿舍取暖）用煤等费用。

3. 差旅交通费：是指职工因公出差、调动工作的差旅费、住勤补助费、市内交通费和误餐补助费、职工探亲路费、劳动力招募费、职工离退休、退职一次性路费、工伤人员就医路费、工地转移费以及管理部门使用的交通工具的油料、燃料、养路费及牌照费。

4. 固定资产使用费：是指管理和试验部门及附属生产单位使用的属于固定资产的房屋、设备仪器等的折旧、大修、维修或租赁费。

5. 工具用具使用费：是指管理使用的不属于固定资产的生产工具、器具、家具、交通工具和检验、试验、测绘、消防用具等的购置、维修和摊销费。

6. 保险费：是指施工管理用财产、车辆保险。

7. 税金：是指企业按规定交纳的房产税、车船使用税、土地使用税、印花税等。

8. 其他：包括技术转让费、技术开发费、业务招待费、绿化费、广告费、公证费、法律顾问费、审计费、咨询费等。

（三）财务费

是指企业为筹集资金而发生的各种费用，包括企业经营期间发生的短期贷款利息支出、汇兑净损失、调剂外汇手续费、金融机构手续费，以及企业筹集资金而发生的其他财务费用。

三、利润

是指施工企业完成所承包工程应收取的酬金。

施工管理费和财务费、利润在编制招标标底时按照本附件四表二的规定计取。编制投标报价时按照企业定额或参照本附件四表二的规定计取。其取值范围应依据工程复杂、难易程度计取。其中，建筑安装工程可参照附件五建筑安装工程分类标准取定。

四、税金

是指国家税法规定的应计入建设工程造价内的营业税、城市维护建设税及教育费附加。纳税地点在市区的企业，税率按 3.413% 计取，纳税地点在县城、镇的企业税率按 3.348%

计取，纳税地点不在市区、县城、镇的企业税率按 3.22% 计取。

表 1-2-1　不可竞争费用

项目名称	执行地区	计费基础	费率（%）
工程排污费 工程定额测编费 工会经费 职工教育经费 危险作业意外伤害保险 职工失业保险费 职工医疗保险费	长沙、衡阳、株洲、湘潭、岳阳	税前造价	2.22
	其他地区		2.24
基本养老保险费	全省	税前造价	3.5
安全文明施工增加费	一般专业工程	全省	税前造价	0.98 0.66

表 1-2-2　施工企业取费费率参考表

项目名称		施工管理费（包括财务费）		利润	
		计费基础	费率（%）	计费基础	费率（%）
一般土建工程		直接工程费	12 ~ 4	直接工程费	9 ~ 4
土石方工程		直接工程费	8 ~ 4	直接工程费	7 ~ 4
		人工费	32 ~ 17	人工费	33 ~ 24
装饰装修工程		人工费	42 ~ 34	人工费	38 ~ 28
安装工程		人工费	93 ~ 46	人工费	54 ~ 50
园林绿化工程		人工费	28 ~ 17	人工费	45 ~ 33
仿古建筑工程		直接工程费	9 ~ 6	直接工程费	7 ~ 5
市政工程	道路工程	直接工程费	9 ~ 6	直接工程费	6 ~ 4
	桥涵工程		11 ~ 7		8 ~ 5
	隧道工程		12 ~ 8		9 ~ 6
	地铁工程		12 ~ 8		9 ~ 6
	防洪堤防工程		9 ~ 6		6 ~ 4
	排水工程		9 ~ 6		6 ~ 4
	给排水构筑物工程		11 ~ 7		9 ~ 5
	给水、燃气集中供热工程	人工费	45 ~ 32	人工费	38 ~ 26
路灯工程		人工费	93 ~ 46	人工费	54 ~ 50
包工不包料工程		人工费	28 ~ 18	人工费	29 ~ 18

表1-2-3　综合措施项目费费率参考表

项目名称		计费基础	费率（%）	
			临时设施费	冬雨季增加费等
一般土建工程		直接工程费	3 ~ 2	2.4 ~ 1.6
土石方工程		直接工程费	3 ~ 2	2.4 ~ 2.6
		人工费	13 ~ 9	13.2 ~ 8.8
装饰装修工程		人工费	13 ~ 11	13.2 ~ 8.8
安装工程		人工费	20 ~ 18	13.2 ~ 8.8
园林绿化工程		人工费	20 ~ 18	13.2 ~ 8.8
仿古建筑工程		直接工程费	3 ~ 2	2.4 ~ 1.6
市政工程	给水、燃气集中供热工程	人工费	12 ~ 8	13.2 ~ 8.8
	其他	直接工程费	3 ~ 2	2.4 ~ 1.6
	路灯工程	人工费	20 ~ 18	13.2 ~ 8.8

注：　冬雨季施工增加费一栏中的费率包括生产工具用具使用费，工程测量放线、定位 复测、工程点交、场地清理费。

第三节　工程造价管理的含义及内容

一、程造价管理的含义

工程造价管理是包括投资管理体制、项目融资、工程经济、工程财务、建设项目管理、经济法律法规、工程合同管理在内的对项目工程全方位、多角度的全过程管理。其中既有对工程造价的计价依据、计价行为的管理，也有对工程造价编制与确定、咨询单位资质、从业人员资格的管理监督。

工程造价管理属于价格管理范畴。在社会主义市场经济条件下，价格管理分微观和宏观两个层次。在微观层次上，是企业在掌握市场价格信息的基础上，为实现其管理目标而进行的成本控制、计价、定价和竞价的系统活动。在宏观层次上，是政府根据社会经济发展的要求，利用法律、经济和行政手段对价格进行的管理和调控，以及通过市场管理规范市场主体价格行为的系统活动。工程建设关系到国计民生，同时政府投资的公共、公益性项目今后仍然有相当份额，因此国家对工程造价的管理不仅是对价格的调控，而且在政府投资项目上还承担着微观主体的管理职能。

二、程造价管理的内容

工程造价管理的目的，是按照经济规律的要求，根据社会主义市场经济的发展形势，利用科学的管理方法和先进的管理手段，合理的确定工程造价并有效的控制工程造价，以提高投资效益和建筑安装企业经营成果。

（一）工程造价的合理确定

工程造价的合理确定，就是在工程建设的各个阶段，即在项目建议书阶段、可行性研究阶段、初步设计阶段、施工图设计阶段、招投标阶段、合同实施阶段及竣工验收阶段漪侧据相应的计价依据和计算精度的要求，合理的确定投资估算、概算造价、预算造价、承包合同价、结算价、竣工结算价，并按有关规定和报批程序，经有关部门批准后成为该阶段工程造价的控制目标。工程造价确定的合理程度，直接影响着工程造价的管理效果。

（二）工程造价的有效控制

工程造价的有效控制，就是在优化建设方案、设计方案的基础上，在工程建设的各个阶段，采用一定的方法和措施把工程造价的发生额控制在合理的范围或核定的造价限额以内，以求合理使用人力、物力、财力，取得较好的投资效益和社会效益。

第四节　我国建筑工程造价改革

我国建筑工程造价改革的性质，实际是从旧的为投资服务的基本建设概预算管理向为建筑业行业管理服务的行业产品价格管理转换。建筑业构筑新的行业产品价格管理体系，应该适应改革开放的新形势，符合市场经济发展的要求。主要表现在：能够使建筑工程造价真正反映其价值，发挥价格调节资源配置的作用；满足我国招投标管理体制的要求；尽快与国际惯例接轨。

一、建筑工程造价管理改革的一般认识

在我国建筑工程造价管理改革正在不断深入。建筑工程造价管理改革已经在加强建设工程发承包价格管理、推行工程量清单招标投标计价试点工作、改革完善计价依据、贯彻落实国务院清理经济鉴证类社会中介机构有关工程造价咨询行业清理整顿，和脱钩改制工作等方面取得一定成绩。政府部门对建筑工程造价管理改革的基本思路包括以下几个方面：

（一）改革的目标和方向

改革的最终目标是在统一工程计算规则的基础上，遵循商品经济价值规律，建立以市场形成价格为主的价格机制。施工单位依据政府和社会咨询机构提供的市场价格信息和造价指数结合企业自身实际情况自主报价。通过市场价格机制的运行，形成统一、协调、有序的建筑工程造价管理体系，逐步建立起适应社会主义市场经济体制，符合中国国情与国际接轨的建筑工程造价管理体制。

建筑工程造价管理改革的方向，就是充分体现建筑产品的商品属性，使工程的价格与价值一致。同时能够反映建筑市场的供求关系，在招投标承包制的价格形成机制下，制定统一的计价标准和方法，逐步放开各项投入要素的数量和价格，放开各项取费标准，让企业在市场竞争中自主定价，并为此建立一整套信息、咨询服务系统和监督保证系统。

建筑工程造价管理改革将使工程由国家定价变为企业在市场竞争下的自主定价，由国家直接干预工程定价转变为利用政策、法规、经济杠杆手段等间接调控工程价格，由建筑工程造价方式向建筑工程造价方式转变。

（二）改革的内容

我国的价格改革从内容上包括价格体系改革，和价格形成机制的改革即价格管理体制的改革。价格体系改革的目标在于理顺价格关系，主要是比价和差价关系，使价格能够真实地反映资源的稀缺和丰裕的程度，灵敏地反映社会劳动消耗和供求关系的变化。价格管理体制改革的目标主要在于转换价格形成机制，建立新的价格形成机制相适应的宏观价格调控体系，即价格不再由各级政府规定和调整，而是让市场规律去支配。价格形成机制即由行政定价制度转变为市场定价体制。各国商品经济发展的经验证明，只有在市场竞争中形成的价格，才能比较充分的反映供求关系的变化，从而才能比较真实地反映资源的稀缺和丰裕的程度，使比价和差价关系比较合理。可见，价格管理体制改革，是理顺价格关系的前提，也是使价格体系经常保持合理状态的重要保证。正是如此，通常把价格改革简称为价格形成机制改革。

建筑工程造价管理改革的内容主要从建筑工程造价管理体制和建筑工程造价计价体系两方面进行改革。具体来说，一方面转变建筑产品非商品的观念，尽快把建筑工程造价管理纳入国民经济价格管理轨道。另一方面是改变现行的计价模式，从计价依据和计价方法两方面进行改革。建筑工程造价管理体制改革的核心是取消国家定价，还定价权于企业，建立以市场形成价格的机制。

二、建筑工程造价管理体制改革

（一）建筑工程造价管理体制的理论研究

建筑工程造价管理体制与建筑产品定价方式意义相同，指具有直接或间接定价和干预价格权的政府、企业和个人以及经济组织在价格形成之间的相互关系。由于受苏联模式和传统理论的影响，长期以来建筑业依附于行政，还依附于建设单位，政企不分，供需买卖不分。把建筑业当作基本建设投资的消费部门，只是向建设单位提供劳务，因此建筑业长期不列入国民经济计划。建筑产品被认为是福利产品或兼而有福利、商品的双重属性，不能推行商品化。建筑工程造价是集中型的单一化的固定模式，它是通过编制基本建设预算的方法来确定。基本建设预算书中按照投资额构成的不同内容，划分为建筑安装工程费、设备和工、器具购置费及其他费用三大类。在建筑安装工程费用中包括：直接工程费、间接费、独立费用、法定利润或称计划利润。以上基本建设预算书中确定的建筑安装工程费用，作为基本建设投资计划、拨款和发包单位与承包单位进行结算的主要依据，同时起着建筑工程造价的作用。造成长期以来，建筑业缺乏人、财、物、产、供、销等方面的必要条件，只能与基本建设同吃大锅饭，谈不上自觉依据和运用价值规律。

随着经济体制改革的深入和社会主义市场经济体制的建立，我国基本建设管理模式发生很大变化：投资渠道多源化；投资主体多元化；投资方式多样化；资金来源分散化；投资决策分权化；施工单位经营自主化以及建设实施与产品销售市场化。施工企业成为独立的商品生产者，其中占有6000亿资产的国有经济企业，也像工业企业一样负有保值增值任务。但是由于旧的管理观念的因袭，改革开放虽已有20多年，应该说建筑市场交易双方至今仍然没有像工业企业那样把商品经济社会通常的买卖关系理顺，强买行为普遍存在，如压价、垫款、拖欠工程款等。为适应不断发展的改革形势，与建筑工程造价管理相关的部门均应不失时机地按行业产品价格管理需要，更新各自的管理理念、管理制度和管理习惯，并主动向国民经济物价管理体系皈依。

在国际工程承包中，承包单价的构成与计算方法综合反映承包单位的技术水平和管理能力，是承包单位竞争的关键所在，因此承包单位没有义务向买方业主提供有关单价的计算资料，业主（建设单位）也无权审查承包单位所报单价的组成与计算方法。在我国，建筑企业是相对独立的商品生产者，它也应有独立的价格体系，不应该把甲方投资预算当成建筑工程造价。假如这样，岂不是招标的标底就是建筑工程造价，又何必招标。在改革中必须把基本建设预算和建筑工程造价作为两个独立体系来研究。

首先，把建筑产品作为商品，建立起独立的价格体系，纳入国民经济商品运行轨道，以促进商品化，实现良性循环，提高经济利益服务。这不是为企业争利，是从全局考虑问题。

其次，在工程价格上，实施有所为有所不为的方针。作为政府投资的工程，要面向国外一样，严加管理。属于政府投资的工程，要有专人进行工程预结算工作，而且在按公布的计价标准、价格信息、合同文件认真确定工程价格，不能马虎行事。对于企业的工程，在计价标准的指导下，更多的计价工作由双方去完成，且不失时机地引导企业进入市场，工程定价由企业自主决定，以落实企业的定价权。对外资企业，只要遵守我国法律，其具体计价完全由投资者和施工企业决定，可以参照计价标准计价，也可以用其他方式计价，只要企业双方可以接受就可。打破在计价上长期采用定额计价的一统天下，以真正落实建设工程计价同其他大多数商品一样由市场定价。

（二）建筑工程造价管理中有关各方的职能

在计划经济体制下，国家是最大的投资者，对所有的国有项目承担着无限责任。建设单位只有争项目、争投资的热情而无借款经营、盈利还钱、亏损倒闭的经济责任，施工单位只负责为工程建设提供劳务，而几乎没有盈利的要求。国家以最大业主的身份来制定价格、颁布定额、审定投资，委托具有国家身份色彩的设计院和建设银行控制投资、审查决算。随着我国经济体制改革的不断深入，投资渠道的多元化，改变原来的价格管理体制，建立企业自负盈亏、国家宏观调控的管理体制成为建筑工程造价管理改革的关键。

1. 加强政府对建筑工程造价的监督管理职能

（1）建立平等竞争的建筑市场

摒弃传统的计划经济的思维方式，建立统一、开放、竞争的建筑市场体系是建筑工程造价管理改革的基础。建立统一、开放、竞争的建筑市场体系必须进一步完善建筑市场运行的规则，大力推动建筑市场主体（包括建设单位、施工单位、中介机构等）的市场化和建筑产品生产要素的市场化。以平等互利、等价有偿的市场交易原则取代行政命令，重视合同在建筑工程造价管理中的作用；以有利于促进生产力发展为出发点，按照社会主义市场经济的特点和运行机制的要求，结合中国的实际情况，为工程造价定价、调控、管理等环节，寻求具体的途径和方式。因此，各级工程造价管理部门，应尽快改变服务方式。可以通过制定定额，发布价格信息等，为建设项目合理计价提供服务，引导投资者把项目投资打足，为施工企业自主经营、自主报价、自负盈亏创造良好的外部环境，从而建立起平等竞争的建筑市场。

解决在同一建筑市场同等竞争的环境。国有建筑安装公司目前存在的承担离退休职工的养老、医疗、住房等问题不是企业本身造成的，而是在计划经济时期由国家整个经济体制所决定，必须由国家按统一政策一次性解决，确保国有建筑、安装企业和后成立的中外合资、个人私营企业在同一起跑线上参与建筑市场竞争。可以从两方面进行考虑：一方面是一次性解决，就是在企业改制明晰产权时，从国家基础建设（固定资产投资）一次性拨出投资对原有国有建筑安装企业的离退休职工，交给社会保险公司保险，由社会保险公司负责这部分职工的养老、医疗、住房等问题，彻底和原有建筑安装企业脱钩；对现有的在职老职工一次性买断工龄，并结清医疗、住房等旧的欠账；对新参加工作的职工，采取个人和企业直接按保险公司规定，缴纳保险金，彻底解决企业对职工欠账问题。第二方面，就是企业在改制明晰产权时，把对在职职工的工龄买断和欠账核定为职工的股权，不发放现金，对离退休职工养老、医疗、住房等支出逐年从固定资产投资中解决，具体办法是核算当年应承担离退休职工应发生费用的基础上，在列计划时单独拨出给企业，再由企业给离退休职工专款专用，建筑企业在投标报价时不再增加这笔支出的费用就能使国有的建筑安装企业和中外合资、个人私营的建筑安装企业保持同等的投标报价。

（2）加快建筑工程造价管理的立法工作

社会主义的市场经济是法制经济，要对市场主体的市场行为规范化和法制化，不能把社会主义的市场经济同自由市场经济混为一谈，不能放弃政府的有效管理。我国目前的建筑市场还处于创立和起步阶段，不仅市场主体本身不健全，而且市场行为包括市场定价行为都缺乏规范。必须大力整顿市场秩序，建立有效的市场监督机构，同时加快市场法律、法规建设，为规范市场主体的市场行为提供法律依据。要加快立法步伐，加大执法力度，加强工程建设标准化和工程管理方面的法规制度建设，逐步建立起一个以"建筑法"为核心的建筑法律体系，使管理工作做到有章可循，扭转标准定额实施和监督不力的状况。首先要明确在市场经济体制下必须坚持政府的宏观调控，坚持依法行政，消除那些认为"愿打愿挨就是市场经济的定价原则"的错误观点，坚决贯彻落实《建筑法》等有关的法律法规文件，从法制建设上去规范建筑市场。法制建设要结合实际，便于操作，对工程建设的各个阶段都要有相应的约束机制。规范建设工程施工招标、投标，工程招标、投标中必须坚持等价有偿、平等竞争、讲求信用的原则，以适应社会主义市场经济的发展，促进建设单位和施工企业进入建筑市场公平交易、平等竞争。

（3）加强政府的宏观管理

随着建筑工程造价管理改革的深化，政府工程造价管理部门的职能将发生根本性转变，由直接干预工程定价转变为用行政、经济、法律手段，间接地对建筑市场进行监督、指导、调控。同时政府作为建筑市场的管理者，要在价格改革过程中发挥计划、指导、协调的功能。政府管理主要由建设主管部门或其授权的工程造价管理机构进行管理。这种管理应该是工程建设活动中关于建筑工程造价全方位的管理。首先是制定有关的价格管理法规与标准，主要有建筑工程造价管理办法、施工合同管理条例、建筑产品计价依据及计价方法的指导性规定；积累造价资料、发布有关价格指数、信息等，为社会管理单位提供确定和管理的基础。其次是对价格管理过程的监督，包括对价格确定和管理依据的执行情况的监督检查；对违反价格管理规定，不依法履行合同和强行压价、高估冒算、弄虚作假等依法进行监督和处理。第三是对工程价格管理从业单位和从业者的管理，包括制订社会管理单位资质管理办法，并审批社会管理单位的资质；制订从事工程价格管理工作者资格管理办法，并对其进行审批。

2. 建立约束机制，规范业主行为

目前，建设单位的不规范行为突出的表现有：法律意识淡漠，不认真履行合同、指定分包、指定材料设备采购等，要求施工单位垫资施工，随意压缩工期、压低造价；"吃、拿、卡、要"，竣工不结算，拖欠工程款；在工程发包中附加不合理条件等。建设单位作为建筑市场的"上帝"，在建筑市场上业主的不规范行为对建筑市场的负面影响极大。这就要求在加强建筑市场执法力度，打击建筑市场有法不依现象，强化监督制约机制的同时，重视对业主不规范行为的分析和研究。我认为业主不规范行为的根源在于国有建设单位决策者（业主）个人的风险约束机制和监督机制的弱化。

（1）项目法人责任制

在工程建设的全过程，只有业主方是贯穿始终的，业主的行为是否规范，直接影响到建筑市场能否规范运行。施工队伍大于施工任务的状况将会长期存在，供求关系失衡的现象也将会长期存在。因此，建筑市场管理的重点应放在对业主的管理上，必须建立相应的约束机制。规范业主在建筑市场中的行为，尤其是在工程造价中的行为。当前对建设单位进行这方面的宣传尤为重要，将工程造价管理纳入其企业经济管理的范畴，承担起造价管理的主体。

项目法人责任制是指按《公司法》的规定设立有限责任公司形式设立项目法人，由项目法人对项目的策划、决策、资金筹措、建设实施、生产经营、债务偿还和资产的保值增值，实施全过程负责的制度。国家计委于1996年发布了《关于建设项目法人责任制的暂行规定》，是为了建立投资约束机制，规范项目法人行为，明确其责、权、利，使企业成为建筑市场的中心和主体，成为建设项目投资的受益者，同时也是投资风险的承担者。投资效益如何、工程造价高低是企业极为关心的大事，企业在投资和工程造价管理工作中处于法人主体地位。

（2）加强对招标单位的管理，建立对招标单位的资格审查制度

对不具备资质条件的业主必须委托中介机构代理。在工程报批阶段必须落实建设资金；可行性研究必须真实、科学、合理；设计阶段要遵守国家的规范、规定，不得随意提高标准，增加造价；签订承发包合同必须体现公平、公正的原则；工程建造期应按时拨款，及时结算，不得拖欠工程款。只有抓住这个关键，才能保证业主与承包商所确定建筑工程造价的实现。

3. 转变施工企业经营管理机制，提高市场竞争力

目前我国建筑企业经济效益不高，市场竞争力不强，利润严重下降，制约了建筑企业的再发展。这其中的原因包括建筑市场发育不健全，国有建筑企业负担过重等客观因素。国家正不断进行改革，如完善建筑工程招标投标制、改革建筑工程造价管理、建立社会保障体系等，但是一味依靠国家改革不能使建筑企业完全摆脱困境，还会使其失去发展的机会。对建筑企业来说是只有通过自己的努力，不断加强自身的经营管理水平，才能在市场竞争中立于不败之地。

（1）加强自身管理

目前我国的国有企业亏损面逐年增加，许多企业陷入难以解决的困境，出现这种情况的原因很多，其中一条很重要的原因就是放松经济核算。许多企业由于管理落后，成本约束过于软化，生产无定额，能源和原材料消耗大，浪费惊人，这就必然发生亏损。这些企业同国内同行业先进企业相比，在劳动生产率、能源和原材料消耗等方面，都有很大差距。如果同国外先进企业相比，则差距更大。这说明，这些企业降低成本的潜力很大，只要加强经济核算，强化生产定额管理，核算能源和原材料消耗，节省各项开支，就有望扭亏为盈。现在发达国家实现建筑业工业化、商品化生产，出现新的生产方式和组织形式，建筑产品生产成本开始较大幅度下降。我国建筑产品如逐步实现工业化、商品化生产，降低成本的潜力应该会很大。施工企业要提高独立参与市场竞争的能力，提高企业的经济效益，必须提高技术人员和经营管理人员的技术水平和业务水平。现在特别需要在基础管理、人员素质上下功夫。今后建筑企业增加收入要在挖掘内部潜力、技术进步、提高效益上做文章。施工企业要在开放的市场竞争中获胜，求得生存，就要加强经营管理，按经济规律和

价值规律办事，苦练内功，以自己的实力参与竞争。

（2）转变经营观念

计划经济条件下，企业的一切活动都是围绕着完成政府下达的计划指针而进行的。计划体现了政府的主观意志，企业通过计划形式实现资源输入与产品输出，并赖以生存和发展。企业一贯注重的是生产技术规程和标准，注重内部的计划、物质、技术、财务、劳资、质量等专业管理，注重国家计划的实现。在社会主义市场经济条件下，政府和企业的关系发生质的变化。施工企业摆脱了政府附属物的地位，成为自主经营、自负盈亏、自我发展、自我约束的市场主体和法人主体。特别是现代企业制度的榫行和国有企业改革进程的加快，作为建筑市场的卖方，施工企业必须强化竞争意识和风险意识，以新的思维方式和现代管理方法来研究工程造价管理问题。施工单位与设计公司和设备材料供货商一样，当其以先进的技术水平、管理水平和合理的报价赢得合同后，该做的事情就是在合同价格基础上以可能的最低成本完成施工、获取自身最大的利润。节约越多，那么施工企业自身的利润就会增加越多。

（3）编制自己的定额，提高自我定价的能力

在工程承包市场上的竞争，最突出的应算价格竞争。为执行价格法，提高建筑企业竞争力，培植施工企业自我报价的能力应是当务之急。应当认真吸取国外建设工程投标商的工程计价的方法，特别是在较短的时间内编制出一套既有利润又有竞争的投标报价方法，累积价格资料和应用价格资料的硬功夫。施工企业根据实际情况和当地的材料价格情况制定企业定额，并参照政府行业主管部门发布的指导价格，组织人员编制企业自己的定额，作为企业计价或参加工程投标报价的基础。目前在企业定额编制初期，企业定额的制定，应执行以实际调整为主、沿用定额为辅的原则，其原则应与国家现行的规定保持一致。等进一步发展后，企业可以根据本企业实际劳动生产率、经营状况及经济目标、市场行情等因素，自行编制工程报价计算所需要的各种定额、费率、指针等基础资料，并尽可能地与国际惯例接轨。

4. 大力发展和规范工程造价社会中介服务市场

（1）首先加决中介机构经营体制转变

要做到政企分开，建立自主经营的合伙制、股份制、有限责任制等多种组织形式，"人员、财务、职能、名称"必须与党政机关、事业单位、社会团体、企业真正脱钩，建立自律性运行机制。为解决国内大多数具有垄断地位和工程造价咨询机构政企不分、责任有限的状况，国家应尽快要求各类工程造价咨询机构迅速与其主管部门脱钩，并提出大多数咨询机构应实行合伙制，其责任为无限风险型，与国外工程造价咨询企业在同一起跑线上。

（2）成立工程造价咨询服务机构业行业协会，把管理转变为社会化

社会管理则由一些依法成立独立存在于社会的民间经营组织，如投资咨询公司、造价咨询事务所以及具有兼营造价咨询业务的咨询单位。这种组织应按照"知识密集型"的要

求成立，向社会提供高质量的公正的有偿服务。要确立咨询业公正、负责的社会地位，发挥咨询业的咨询、顾问作用，逐渐代替政府行使造价管理的职能，并同时接受政府工程造价管理部门的管理和监督。

充分发挥社会中介组织的桥梁作用对我国的工程造价咨询人员和企业资质进行严格认证，提高造价等工程师的素质，是搞好建筑工程造价改革的基础，这也是与国际惯例接轨的关键。

（3）加速中介市场的发育，向专业化迈进

加强对中介组织的资质管理。培育市场需要发展中介组织，要充分发挥中介组织服务、沟通、公正、监督的作用。对中介组织要加大管理力度，严格按照建设部发布的工程造价咨询单位资质管理办法通过资格认证。按照市场需要建立起中介组织的自律性运行机制，中介组织必须接受政府部门的监督和管理，必须承担相应的法律和经济责任。对中介组织的从业人员要加强职业道德和业务技能的培训，提高从业人员自身的素质。要发挥行业协会在工程造价管理中的作用，让行业协会真正成为连接政府和企业的纽带和桥梁。

重视和加强工程造价咨询、信息业的发展。为造价咨询机构创造条件，提供机会，参与编制工程造价计价依据编制，发布价格信息和造价指数，为全面放开价格，过渡到以市场形成价格的机制做准备。

为解决目前工程造价咨询机构提供虚假信息的状况，法规范政府部门和行业管理组织对造价中介机构的监督、指导和管理，加强行业法规建设，强化行业自律。国家应尽快制定工程造价咨询业的专业责任赔偿办法。建立专业责任赔偿制度，使工程造价专业人员或机构产生错误后都要进行赔偿，同时也要建立专业人士或机构的"专业责任保险"制度。建立行业自律机制。中价协应成立专门的"造价工程师学会"，建立行业自律制度，对出现重大错误的专业人员或机构要予以公布并在下期注册或年检时淘汰出局。

三、建筑产品计价体系改革

建立合理的建筑产品计价体系，进一步完善我国的建筑工程造价的形成机制，把建筑产品纳入全国商品流通轨道，并使建筑工程造价改革与全国价格改革同步，是建筑工程造价管理改革的主要内容。新的计价体系必须遵循的原则：首先是企业自主报价。企业是市场经营的主体，也是价格（即工程造价）形成的主体。企业通过自主报价和定价，可以反映其管理水平和竞争策略，可以表达企业在市场活动中的真正意图；其次是公平竞争原则。施工企业无论规模大小和资质高低，在定价时一律平等；再次是有利于招标投标；然后是利用科技进步原则；最后是与国际管理接轨原则。

（一）建筑工程造价管理改革步骤

目前，由于建筑市场发育尚不健全，国有大中型企业活力不足，社会保障体系尚未形成，因此对于建筑工程造价改革，既要有紧迫感，又不能急于求成，应该采取积极稳妥的方式，调放结合，循序渐进地进行，分步骤积极推进建筑工程造价管理改革。建筑产品计价改革具体分为以下三个步骤：

第一步，"控制量、指导价、竞争费"这是建筑产品计价改革迈出的关键性一步，目前正开始在全国实施。"控制量"，就是要由国家统一计算建筑产品的建筑安装工程项目的分部分项的计算工程量的规则。"指导价"，主要是指建筑产品的建筑安装所需各类材料的价格，在分地区还没有形成良好的信息网络之前，各地区可以测定各类材料、人工价格供调整系数参考。"竞争费"，在把技术人员和管理人员的工资纳入整个项目工资范围之后所发生的费用。主要是技术人员、管理人员的办公费、差旅费等费用外，还要包括工程的临时设施费、冬雨季施工费夜间施工费等费用可列项目。不定价格，由企业视具体工程项目确定，参与竞争，按着市场经济的规律竞争价格既允许向下浮动，也允许向上浮动。这种计价方法首先将量价分离，由国家制定统一的实物消耗标准，要求企业一般情况下不允许超出，发布权威性的建筑材料、机械、人工、建筑产品等的国家指导价格，由企业在投标竞争中自主确定自身采取的取费标准。这种计价方式从根本上改变了原有计划经济体制下国家对建筑工程造价的全面干预，让企业在国家的指导和市场竞争的环境中自主确定建筑工程造价。由于"三量"和"三价"对应着占建筑工程造价80%左右的直接费用。直接影响着工程的质量和成本，因此必须对其改革采取谨慎态度，先将"三价"放开为指导价，而限定"三量"。取费标准直接关系到企业的经济效益，在采用招投标方式确定施工单位和建筑产品计划价格时，可以一步到位的放开。

目前我国已经制定了统一的工程量计算规则和消耗量基础定额，各地普遍制定了工程造价价差管理办法，在计划利润基础上，按工程技术要求和施工难易程度划分工程类别，实现差别利润率，各地区各部门工程造价管理部门定期发布反映市场价格水平的价格信息和调整指数。

第二步，在第一步的基础上，对"三量"和"三价"进一步放开。将"三量"由控制变为指导，"三价"由指导变为市场价。取费标准仍采用竞争费率。考虑到前一阶段的改革完成而且经过一段时间的发展后，建筑市场进一步完善，企业管理的基础工作如定置定员、劳动定额、标准化、信息管理等工作有所加强，不同企业之间技术与管理水平拉大，企业对市场的承受力进一步增强，如果继续采用"控制量、指导价"的方式，以社会平均水平的消耗量和国家平均指导价格将难以适应各类不同企业的实际情况，从而束缚了某些高素质企业的手脚，因而有必要进一步放开，放开到对数量的指导和价格的随行就市。

第三步，在第二步的基础上，将"三量""三价"以及取费率标准全部放开，完全由企业根据自身实力和市场条件，在市场竞争中去确定建筑工程造价。这是市场经济条件下建筑工程造价确定最为理想的方式，也是建筑工程造价改革的最终目标。从这种意义上讲，前两个步骤只是建筑工程造价改革的过渡阶段，但这两个阶段必须要有，是实现最终目标所必须的。

（二）改革建筑工程造价的计价依据

计价依据改革是整个建筑工程造价管理改革的重点之一。计价依据改革主要包括概预算定额改革和取费改革两方面的内容。为了适应社会主义市场经济的需求，我国建筑工程造价在费用项目划分、费用计算方法和依据、量价分离管理等方面都进行大胆的探索和改革，使我国长期实行的固定预算管理，逐步探索过渡到动态管理，对鼓励企业的平等竞争，加速社会主义现代化的建设，起到了积极的推动作用。

1. 定额改革

预算单价（即通常所说的"预算定额"）是计划经济时代的产物。预算定额单价中，包括人工、材料、机械台班的"量"和"价"，"量"和"价"是捆在一起的。这种定额形式在计划经济时代，人工工资、材料价格、机械台班单价几年不变的情况下是适用的。当前，是社会主义市场经济，人工工资、物价变动频繁，仍采用固定不变的单价编制工程概预算使计算出的价格脱离实际，价格职能不能很好发挥作用。概预算编制和管理已不适应市场经济发展的需要，不利于建筑企业的发展和建筑市场的发育与完善，对整个国民经济发展也产生不利影响。在市场经济不断发展的今天，必须对其进行改革。

目前国内对定额改革存在三种观点。第一种观点，认为我国在计划经济时期编制的建筑产品的建筑安装价格的各类定额是建国50多年来，经过政府各有关部门组织专家和广大专业人员辛勤劳动的累积，是我国多年来基本建设行之有效的产物，并在计划经济时期，起到很大的作用，已被投资单位和建筑安装企业接受，不宜轻易改动；第二种观点，既然我国已经确定为社会主义市场经济，而且已经加入"世贸组织"，就应该一步到位。按照国际惯例，彻底甩掉在计划经济时期编制的各类定额，由建筑安装企业根据企业内部定额，自行编制建筑产品的建筑安装定额，参与各类建筑产品的建筑安装建筑市场的竞争；第三种观点，肯定在计划经济时期编制的计算建筑产品的建筑安装价格（造价）的模式必须改革，但不能立即全面放手，应随着国家整个经济体制改革的总体布置，同步改革。并遵循先易后难的程序逐步实施。

我国在定额的编制、管理上，经过几十年的努力积累了大量基础资料，是广大造价工作者多年经验总结，已形成一套行之有效的做法，它是我国工程造价管理工作的宝贵财富。同时我国建筑企业在编制企业内部定额方面基础较差，不可能在较短的时间内建立起完善的企业定额。因此，在目前情况下应保留和完善我国定额编制的成功经验，制定全国统一的指导性基础定额，并按照国际惯例的要求，实现定额项目划分、计量单位、工程量计算规则的统一化，向国际通行规则靠拢。

（1）改变国家计价定额属性，变指令性为指导性的管理体制。

改变计价定额属性，这不是不要定额，而是改变定额作为政府的法定行为。

采用企业自行制定定额与政府指导性相结合的方式，在统一定额项目划分，统一项目计量单位，从而统一计价基础的前提下，由企业根据具体情况制定工程消耗定额。国家计价定额是国家对建设工程所消耗社会劳动量、确定工程造价、实现宏观调控的重要手段。其主要作用是，为投资者根据基本建设程序，分阶段地确定和调控工程造价，编制招标工程标底；确定投资规模，筹措建设资金和控制资金使用提供依据。施工企业在承揽建设项目投标报价的建筑市场竞争中，根据市场供求变化，可在计划指导价的基础上自行制定和调整投标报价价格。定额的属性是指导性的，在编制方面应力求做到定额项目全面、准确、切合实际。

（2）应重视工程量计算规则的研究与完善

从国外工程计价模式看，中央政府或地方政府都颁发统一的工程量计算规则供发包商（包括政府投资），和承包商在工程计价计算工程量时应用。我国统一的工程量计算规则，可在现行全国统一基础定额的基础上制定，并遵循：a）依据统一的工程量计算规则计算出的量，应是实际工程量（或称净量）。如挖槽、坑等，不能包括因放坡而增加的工程量，因为这部分工程量与施工方案有关，可放在竞争性费用中。b）工程量计算规则中要尽量考虑"一量多用"。如砌筑工程应以平方米为计量单位，就可同时用于装饰工程。c）工程量计算规则，不应含有施工企业施工方法的区别，如石方工程不应有机械打眼和人工打眼之分，应列入施工措施费，可放在竞争性费用中。d）工程量计算规则，不应包括施工措施方面的内容，如脚手架、垂直运输等。e）工程量计算规则中章、节划分，要与统一的分部分项工程分类相对应。工程量计算规则的不断完善应成为造价管理部门的一项长期而重要的工作，因为消耗定额从长期来看，随着企业定额的出现与完善将逐步弱化。

（3）做好定额编制工作

改变国家定额中"量"和"价"合一的状况，制定国家统一的消耗定额标准来指导企业确定工程消耗标准。编制统一的工程工料机消耗定额，并遵循：

①由于建筑业生产力发展水平的提高，新材料、新工艺、新机具的应用，定额子目的工料机构成和消耗水平实际是处于相对变化之中，定额管理部门应及时调整定额含量中的不合理成分，使之较为准确地反映行业的平均水平，达到激励生产力发展的目的。

②按照简明适用的原则，调整现行工料机消耗定额，改变定额子目划分过细的现状。如可考虑按构件来划分等，使工料机消耗定额更好地满足招标投标的工程量清单报价编制的需要。

③便于引进竞争机制，企业自主报价，逐步将现行定额含量中不构成工程实体的子目或消耗量，以及施工措施性内容（如脚手架、垂直运输机械等）从定额中剥离出来，作为实物工程量招标投标中的施工措施费用，属于竞争性费用，由企业自主报价。

定额中不再包括价格。计价中的材料价格，可以采用当地有关部门公布的市场平均价，也可实施企业自己在市场上的询价。对于计价中材料定额价格一词应在有关文件中逐步退出，使得工程造价按照工程建设期的不同，直接采用不同时期的人工、材料、机械价格，直接计算。以冲淡现时大多数地区采用的定额人工费、材料费、机械费加调差费用的计算方法，真正使得由于设计不同、施工时间不同，最终的工程报价也好，竣工结算也好，其价格直接与市场挂钩。

2. 取费改革

一直以来，我国建筑工程造价中的费用是采用费用定额方式来确定。费用定额是进行取费计算的主要依据，一般以适当费率乘以费用计算基础来计取其他直接费、现场经费、间接费、利润和税金。随着经济体制改革的发展，这种集中统一的管理方式已经不适应现实情况。我国已经提出"竞争费"的改革方法，即改变国家计划取费方式为通过市场竞争形成。国家在取费方面，主要进行宏观管理和调控。其内容主要包括以下几个方面：

（1）进一步理顺费用定额的项目划分。在现阶段仍然存在间接费定额的基础上，本着"统一量、指导价、竞争费"的原则，在费率标准上采用竞争费率，按照费用性质分解为"现场经费"和"企业管理费"两部分，并规定冬季施工增加费、雨季施工增加费、夜间施工增加费、企业管理费等为可浮动费用，并规定浮动范围。同时规定利润也为可浮动，由承发包双方在合同中约定，使企业有最大限度地自主报价。随着建筑工程造价管理改革的发展，对建筑工程造价中的取费将按照国际惯例只规定取费项目，费用的多少由建筑企业根据自己的经营管理水平和投标策略自行确定，以适应开拓国际市场的需要。

（2）改革现行按建筑企业隶属关系和资质等级收费的计价方式。现在对于取费等级的规定许多仍是按企业等级取费，这种方法不符合价值规律的要求。建筑产品具有各种商品的共性，必然受价值规律、货币流通规律和商品供求规律的支配。根据价值规律的要求，同一工程项目应该有同一价格，而取费等级的存在，势必造成施工企业取费等级高的价格高、等级低的价格低，而等级高的施工企业难以承揽到工程，只好压级压价。目前改革的内容是，把这种违背价值规律的计价方式改为按不同的工程类别计价方式。不同的工程类别，其难度有大有小，技术和质量要求也不同。工艺复杂的工程，费用和利润越高，这样才真正反映产品价值，使生产者处于平等地位竞争，有利于发展生产力。随着改革的深入，取费改革的最终目标是，对间接费只定项目，不定取费比例，使间接费真正成为竞争项目。工程计价取费的高低由施工企业根据自身的技术、管理水平确定，并通过投标报价或协商承揽签订合同加以确认。

（3）确定建筑产品中合理的利润和税金。对利润进行管理的最终目标是由市场竞争来确定企业最终利润。但是由于目前建筑市场发育还不完善，竞争机制不很健全，现阶段国家对企业在承包工程最高盈利水平进行限额规定。企业在竞价时，是能低于限度的盈利水平，否则应视为暴利行为，政府应予以查处。企业承包工程的盈利水平，可根据社会平均盈利水平和建设工程的不同性质和类别确定。鉴于国家多年没有给建筑企业投资，企业积累较少，困难较多的情况，为使建筑业尽快成为名副其实的国家支柱产业，在一定时期内，政府制定施工企业的盈利水平时可略高于其他行业或社会平均水平，以促进建筑企业的发展。另外，根据建筑市场上总量供求关系，政府还可利用调整企业税金的方式来对供求关系进行干预。比如，当供不应求时即施工队伍的规模小于市场需求时，可将税金降低，以便吸引其他行业的资金投向建筑业；相反，当供过于求时可以适当提高企业税金，这可促使管理水平差、专业素质低的队伍尽快退出市场。

（三）逐步建立与国际惯例接轨的计价方法

长期以来造价管理工作大多注重于计价依据的编制和管理，对计价方法缺乏系统的研究。我国建设工程价格的确定是按建设阶段深度分别计价，实行"五算"定价，采用分项工程单价法，严格执行概预算定额的造价确定办法。随着改革开放的深入和国际经济往来迅速发展，建设工程计价方法应该适应社会主义市场经济的需要与国际惯例接轨，显然特别有必要。现行的工程计价制度不适应社会主义市场经济体制的要求和弊端，已为人们所共识。为了适应社会主义经济发展的需要，必须要逐步建立起以工程成本为中心的报价制度，让企业可以结合工程特点和企业经营管理水平，自主确定计价或报价标准，真正实现企业自主定价，市场形成价格的机制。在进入21世纪的初期，应该改革计价办法，推行"综合单价计价法"，尽快做到与国际接轨为近期目标，开展价格管理和改革工作。

1. 必须要逐步建立起以工程成本为中心的报价制度，让企业可以结合工程特点和企业经营管理水平，自主确定计价或报价标准，真正实现企业自主定价，市场形成价格的机制。我国建筑工程造价管理与国际惯例接轨的目的，具体地说是为了沟通我国与国际工程价格计算相近，便于引进外资、对外投资和国际承包工程的计价，正确计算建筑工程造价使其反映建设工程价值，达到促进经济发展，增进国际经济往来以促进自身经济发展的共同目的。

2. 全面推行"综合单价计价法"步伐。长期以来造价管理工作大多注重计价依据的编制与管理，而对计价方法缺乏系统的研究，我国建设工程计价方法一直沿用"工料单价单位估价法"。其计价要点是：首先根据施工图纸和有关部门规定的预算定额工程量计划规则，划分分项工程并计算工程量。其次用已计算的工程量乘以有关部门编制的地区单位估价表，计算分项工程直接费。再次根据国家规定的其他直接费、间接费、利润和税金，最后汇总以上各项费用，即是单位工程价格。由于该计价方法最基本、最关键的资料是用分项工程量乘分项工程分项单位估价计算的。从理论上和国外有关计价方法演变的历史来看，"综合单价计价法"比"工料单价单位估价法"更适应建筑工程造价管理发展的要求。综合单价是指在统一工程量计算规则和工程分部分项划分基础上的价格、费用、利润和税金的综合，与现行概预算定额的项目划分和费用构成相比较，它包含的内容是有区别的。综合单价计价法将间接费、利润根据工程具体特点和条件分摊到各"单位"工程中去，使各项取费和利润的计取隐性化，按照"控制量、竞争费、指导价"的改革原则，企业将逐步根据市场竞争的情况自行确定企业自己的取费和利润水平，从而避免现在按政府制定的费用定额和法定（计划）利润计价而带来的问题和矛盾。此外，综合单价计价格法与分项工程单价法相比，有利于工程变更时工程价款的计算以及索赔费用计算。因此有必要在现有概预算定额的基础上，制订一套适应于综合单价计价的较为科学和标准的项目划分和工程量计算原则，为方便企业计价、合同定价以及政府对工程造价宏观调控的创造条件。

（四）建筑工程造价信息管理

建筑产品市场价格信息无论对业主或承包商都是必不可少的，它是确定工程价格的重要依据，是建筑市场的指示灯。为此，加强信息化建设，做好价格信息的收集、发布工作十分重要。

在香港，政府主管部门和社会咨询服务机构负责向社会提供工程造价信息。工程造价信息的发布往往采取价格指数的形式。价格指数主要可分为两类，即成本指数和价格指数，分别是依据建造成本和建造价格的变化趋势而编制的。除此之外，他们还编制建筑市场价格走势分析。香港政府统计处和建造商会每月都要公布材料和劳工工资，除可调部分外，还包括市场价格变化较大或常用的材料、人工单价。

目前我国正建设全国统一的建筑工程造价资料信息网。组建价格信息网络中心，针对建筑市场工程造价不断变化的实际情况，及时发布造价预测调整指数，将为建设单位编制与调整概预算、拟定投资计划、发挥投资效益提供依据，为建筑企业标定测算企业内部定额、准确确定投标报价，为甲乙双方签订合同价格创造条件。为了弥补定额中的价格不足，各地定期发布各种价格资料信息或综合价格指数，这不失一种定额调整办法。但弊病在于地区性非常明显，而各地之间的价格差距较大。随着我国加入世贸，这种地区性价格已越来越不适应需求。因此，在现有基础上，由政府出面牵头，拨部分款项和给予一定政府扶持，分部门、分地区委托有能力的社会工程造价咨询机构来组建全国统一的价格信息网，甚至包括境外的价格信息，这是我国的建筑市场能否顺利融入国际市场的重要环节之一。

（五）建筑产品合同管理改革

长期以来，由于受计划经济的影响，导致了人们长期以来对造价改革的发展的探讨与尝试，仅限于从计划管理的角度。对工程造价管理的第一重含义，建设工程投资费用管理这个单一的角度进行。

同时，由于对造价管理是一个系统的管理这个问题，没有进行全面、深入地研究，从而导致了人们对造价改革的实质没有深入的探讨，仅仅就事论事地讨论对造价管理体系本身的改革。其结果直接造成了多年的造价改革并没有取得实质性的进展。

由于工作关系，在实际工作中经常会处理到非常多的工程造价纠纷问题。在所接触到的纠纷中，有很大比例都是由于工程合同原因造成的。

通过分别对造价管理部门、业主、施工企业，就造成工程造价失控或纠纷的原因的分类问卷调查，在上述三类单位工作的造价人员分别对造成工程造价失控或纠纷的原因持以下观点：

观点一：合同原因造成造价失控或纠纷：97.2%

观点二：设计原因造成造价失控或纠纷：61.1%

观点三：人为因素造成造价失控或纠纷：58.6%

观点四：不可预见因素造成造价失控或纠纷：25.3%

观点五：其他因素造成的造价失控或纠纷：39.1%

上边的调查资料显示，合同原因是造成工程实际建造成本失控的最主要的因素。因此，造价控制的载体是合同的控制；合同管理的目的是造价控制。从而可以得出结论：建筑工程造价管理改革的实质是合同管理的改革。

1. 合同管理中有待解决的问题

自 1993 年建设部制订颁发《建设工程施工合同管理办法》以来，全国的施工合同管理初步得到规范，但由于一直没有制定相应的实施办法，合同管理机构亦不健全，从传统的计划经济向社会主义市场经济体制的转变过程中，建筑市场的管理也出现了一些新的情况和问题，还有其他种种原因，使合同管理工作中还存在着很多亟待解决的问题，主要是：

（1）承发包双方缺乏法制观念，法律意识淡薄，只注重合同形式，不重视合同约束力，因此签订、履行合同时不严肃、不认真、不规范，不按照合同依法行事，甚至以口头协议代替合同、不签订合同即行施工等现象普遍存在。

（2）合同管理尚不规范，合同因没有依法签订、条款不完善、不合理等原因，造成经济纠纷逐年增多，常因双方都有违约行为，难以依法履行和裁决。

（3）合同内容上的不公正性。有些业主签订合同按国家《建设工程施工合同示范文本》的条款协商签订，但常常提出一些苛刻的附加条件，如资金不到位而将垫付资金作为承包项目的先决条件附加为合同条件；有的公开压级压价，以低于成本价非法发包；有的在条款中奖轻罚重，权利不对等。承包方往往迫于生计，不得不接受认可。有些为了排挤竞争对手采取不正当的手段非法承包。这样，承发包双方在合同表面上的权利义务对等，而实际不平等，失去了合同平等互利、协商一致、等价有偿的合理性和公正性原则。

（4）合同管理制度不完善，分工和职责不明确，对合同的签订没有进行必要的审查，使合同的管理和监督很不得力。

以上这些问题，严重扰乱了建筑市场正常秩序，但客观上迫切要求建设行政主管部门健全管理机构，明确职责分工，完善法规制度，加强和完善施工合同的管理监督，以确保市场秩序正常，保护建设工程施工合同当事人的合法权益。

合同的管理主要是建立合同时审查制度，通过加强合同的审查，保证合同文本的合法、完备、详尽和准确，防止无效合同的产生；加强对合同全面履行的监督检查，及时发现问题，及时加以纠正，促进双方严格履行合同，减少合同违约的发生，避免造成更大的损失。

2. 实杆造价管理部门管理合同

（1）有利于对施工合同的审查

施工合同包括造价、工期和质量三大要素，其中工程质量较为稳定，其检验评定标准必须符合国家、行业或本省的规定，但造价和工期是活跃的因素，双方应根据具体情况约定。目前，工程造价管理部门不仅实现了对建设工程造价的管理，而且在业主的委托下，由工程造价管理部门对合同的签订进行审查，有利于实现政府对造价和工期的宏观调控，依法合理地确定造价、工期等合同条件。

（2）有利于合同纠纷的调处

施工合同的经济纠纷日益增多，起因主要是工程合同价款不合理、不完善，或者对工程造价的计价依据及有关规定在执行中存在分歧。而工程造价管理部门有条件也有能力在合同管理和监督中，及时、准确、公正、合理地依据工程造价的政策规定调解和处理合同纠纷，促成合同的履行。

（3）有利于保持合同条款的完整，促进工程造价管理工作的逐渐完善

目前国家和我市关于建设工程按质论价、提前工期的赶工措施费及工程保修抵押金等方面还没有统一的工程造价规定和标准，但问题普遍存在，解决亦不成熟。工程造价管理部门则可采取过渡措施，在参与制订合同文本的过程中，可作为协议条款列入合同，由承发包双方协商确定处理办法。采取这样的过渡措施，使合同协议政策、法规的贯彻执行具备了有效的管理手段，包括对施工合同进行审查、监督检查、纠纷调处，从而有效地加强了工程造价管理工作。目前，有的省、市的工程造价管理部门已这样做了（如涪陵区造价站），建立了一套完善的管理制度，积累了许多成功经验，确保了施工合同管理工作的顺利开展。

第五节　我国工程造价管理存在问题

一、决策阶段存在的问题

（一）"三超"现象十分普遍

根据一般的观点，"三超现象"是指由于造价管理失控，导致概算超过估算，预算超过概算，结算超过预算，整个工程最终的实际造价远远超过计划投资。三超现象其导致的直接后果是国内建筑项目的造价控制不力。此外，它抑制了投资效益，使得国内的经济建设不能健康、可持续发展。这不但引起了项目建设方和施工方的关注，更引起了国家各部门的高度关注。在我国颁布的"九五"计划和相关文件中就曾明确指示，要完善建筑项目概算管理方法，切实解决普遍存在的超概算问题。从这里我们可以看到解决建筑项目投资"三超"问题的紧迫性和重要性。

（二）忽视投资决策阶段工程造价的控制

投资决策这一时期的费用约占到总投资额3%，却可以有效提高项目的投资收益。项目投资效益的如果不能得到充分的发挥可能会对整个国家的经济效益造成消极的影响。因

此，选择合适的项目进行投资，对有限的经济资源进行合理的配置是提高项目经济效益最直接也是最重要的途径。发达国家非常重视对投资决策阶段的工程造价的确定与控制，往往花费大量人力、物力和财力开展对投资决策阶段的工程造价进行深入、细致的管理。

忽视投资决策阶段工程造价的控制这个问题由来已久。投资膨胀现象在国内的建筑项目中一直存在，导致工期不断拖延，工程造价也随之越来越高。产生这一问题的根本缘由是在项目建设初期没有确立工程造价的可靠依据，或者依据缺乏有效性。国内在这方面的研究还不够，目前所采用的主要方法就是以已建定型项目为数据计算基础，根据相关历史资料对某个一定建设规模、建设条件下的拟建项目进行投资估算。现在虽然已经有一些投资估算的指标出台，但是这些指标还有待完善，得出结果的可靠性还有待商榷。

由于投资估算指标体系的自身存在的缺陷，目前国内的建筑项目的投资估算具有一定的主观性。加上项目施工过程中一些不可控因素的存在，如通货膨胀水平、物价、规模和标准的动态变化，这使得投资估算值和最终的实际投入之间差距较大。

一般而言，国内的建筑项目较为注重工程实施阶段的造价控制，而对前期的投资估算缺少管理。国内普遍存在这样的现象：一些项目为了达到立项的条件，刻意降低估算。而一旦项目得到审批，为了满足项目的使用功能，又刻意地加大设计概算。由于概算和最终实际情况的差距较大，使得施工图预算不得不远远超出概算。此外，一些项目受利益的驱使，往往盲目地扩大建设规模也造成了这一现象的频发。

二、设计阶段存在的问题

（一）"三边"工程层出不穷

所谓的"三边"工程，是指由于项目设计时间有限又急于投入使用，导致出现的边设计、边施工、边修改的工程。这一现象的发生有很多因素，如设计时间过短，很多因素未得到充分地考虑，在施工期间根本无法实现继而进行调整等。

（二）不合理的设计收费使得技术与经济不能很好地结合

目前由于设计收费的手段和方式存在诸多不合理之处，这使得设计阶段的投资控制无法落到实处。

当前采用的设计收费是按照设计项目的总投资额或是建筑安装工程造价以一定比率进行收取的。当项目发生质量问题时，可能会追求设计人员的责任。另一方面，又没有形成对设计人员超支的限制机制，这样设计人员为了逃避可能担当的责任风险，人为地加大设计预算。比如钢筋设计成适筋的就可以了，可结果偏偏设计成超筋的，几乎很少考虑经济性和合理性。

三、招标阶段存在的问题

（一）行政干预过多导致企业管理效力得不到保障

在建筑行业行政干预过多，在投招标的实施过程中行政干预普遍存在。行政管理对工程造价管理体制限制太多，导致工程造价管理的整体效率很低。工程造价管理涵盖范围较广，包括可行性研究、设计、监理、施工、咨询单位招标、投标、合同签订等。

由于长久以来国内的计划经济体制，造成造价管理体制较为混乱。项目建设的各个阶段分属于不同的政府部门或其直辖部门管理。例如，前期造价管理由发展改革单位管理，实施阶段由建设行政管理单位负责。由于这些单位之间的联系被割断，使得管理效力得不到有效的保障。同时还存在施工企业与业主串通的现象和施工企业之间进行围标的现象，甚至有些项目可以采取公开招投标的方式，但是由于利益的纠缠最终演变成了直接发包。

（二）项目进入招投标市场存在一定的盲目性

国内外的招投标均存在这种现象，即为了抢占先机或者赶工期，项目进入招投标市场的时间过早，具有很大的盲目性。有些项目甚至还未具备发包条件，就有一些施工企业准备进入了。由于发包条件的不成熟，如招标文件未对所有事务做出详细说明，深度和实际情况存在较大偏差等，这样施工方就无法对工程量进行精确的计算，而评标专家也无法实现对投标报价的合理评价。这样的后果是很明显的：由于很多细节要在施工过程中才能得知，图纸也需要不断完善，从而导致大量的设计变更，造价管理手段无从实施。

（三）评标方法不够先进

目前国内的评标方法还比较落后，其中最大的弊端在于客观性不强，人为因素的权重还较高，因此评标过程很难做到真正的公开、公平、公正。如建筑项目经常采用的"经评审的最低价法评标"就具有很大的随意性，施工单位的报价是否低于成本价也不易评估。某些施工单位为了拿到项目，通常会以"低价入、高价出"的策略来争取，最终还是要发包方支付全部费用，导致造价管理失控。

四、实施阶段存在的问题

（一）造价管理缺乏连续性

由于现行施工管理的手段多为旁站监理的方式，监理完成施工管理的大部分工作。这些工作的内容有：撰写开工报告；对施工单位提供的施工结构、技术方案以及施工进度计划进行核查；对各种报告提出修改的建议和意见；对施工单位提交的材料进行审查；对设备清单进行审核；核实施工过程中材料的质量达标状况；监督项目中的安全保护手段是否合理；提出设计变更方案；定期检查合同的履行情况；与施工方共同协商合同的修改；对施工过程中的各种矛盾进行调节；索赔事宜；抽检工程项目的质量和数量；验收；签发凭证；撰写验收报告等。通常人们习惯把这些内容归纳为"三控""两管"和"一协调"。其中的"三控"是指对质量、进度和造价三方面的控制；而"两管"包括合同管理以及信息管理；"一协调"的内容是组织协调。由于监理的责任重大，因此监理自身的专业素质就显得十分重要。如果监理自身素质出现了问题，那么施工阶段的管理就很难发挥作用。

国内施工阶段的项目控制达不到理想的效果也在于此。由于担任监理职务的多半是监理工程师，而他们仅仅在质量和安全方面的业务较为熟悉，如质量监督、安全防范等。事实上，合同管理对于施工管理是同样重要的，而在这方面，监理的作用并没有得到发挥。至于信息管理更是局限于付款和设计变更等方面。

总而言之，国内监理在建筑项目施工管理中体现的作用偏小，监理的广度和深度都有待进一步拓广和加深，目前真正对工程造价的管理、监控未能实现。

（二）建设单位未真正重视发包合同

建设单位在思想上未能意识到发包合同的重要性，造成合同内容不完整或者缺乏深度，如仅关心进度与质量等。这一现象造成的后果往往并不会马上凸显，而是等到施工阶段或者结算阶段才出现。一方面，由于合同对一些事宜未明确要求，造成不能对施工单位形成有效的约束。另一方面，这也为施工方刻意夸大施工工作量和作业难度提供了可能性，并借此向建设方提出增加投入的"无理"要求。总之，合同的不完善为建设方的造价管理埋下了"隐患"。

（三）对前期工作的造价管理不够重视而侧重于施工阶段的造价管理

忽视建设工程前期的造价管理是国内造价控制方面的老问题，其具体表现是工作重心放在施工阶段的造价管理，如对施工图进行审核，过于关注小账。这样的做法是本末倒置，是十分不可取的。如果想要大力地控制工程造价，节约大量的工程投资，有必要在工程前期阶段就加大监控力度，也就是在项目的计划阶段，特别是严格抓住设计阶段这个重要阶段，就可以取得事半功倍的效果。

此外，工程项目建设单位经常独断专行，私自确定建设的规模；工程咨询单位没有进行独立、客观、公平和科学的估算，还常常主动满足建设单位的意图或者为方便立项而逃避国家相关政策的规定与审批权限；国家审批部门审查不严，没有委托专门的评估咨询机构对项目进行评估或没有通过专家的评审，不重视对建筑项目的可行性论证。这些原因都会给投资带来巨大的损失和浪费。

最后，在建筑项目实施过程中，有些建设单位忽视控制设计变更，没有办理设计变更的相关审批手续，无正式的设计变更的通知单，没有记录由设计变更产生的工程量与投资额增减变化，也没有设计变更事后的签证。有些建设单位通常还会提出超出设计标准的过高要求，例如增大办公设施面积，装修超过标准等，导致过多的设计协商，这也是造成结算超预算，结算突破原来造价的原因之一。

五、竣工阶段存在的问题

目前，在我国建筑行业，施工单位对工程造价高估冒算很普遍，现象非常严重。造成工程造价高估冒算现象有多方面的原因，主要包括以下几点：

首先，工程的计量未严格遵循国家的相关规定。如对建筑工程土方外运量不按照国家规定扣除回填土的方数；对综合脚手架的计算时不按规定刻意加上杂物间的面积等。经常出现少扣、重叠交叉计算和多算工程量等现象。由于计算的不规范性，使得工程量偏大，最终的投入也偏高。

其次，随意提高单价。虽然在合同中已经明确规定了单价，但是由于其中一方并不严格执行合同，对单价进行提高，高套定额，使得结算投资远高于合同预期。

再次，取费标准任意提高。取费标准一般以工程规模、建筑高度、所处位址、施工企业的资质等级等方面的情况进行区分。施工企业在竣工结算时对取费随意调整，就高不就低。更有甚者，明明是低资质的施工企业，在签订合同之前，为了能够按高的取费标准，不惜花重金、交高额管理费，去挂靠资质等级高的施工企业。

最终的结果是实际施工的质量仍然是低资质企业的水平，但取费标准套高了，建设单位的投资无形中加大了。

此外，价差只计正差，不计负差或者正差多计，负差少计。有的施工企业对价差计算方式的选择也是相时而动，如果指数法计算结果偏高时，就采用指数法调差而把本该采用价差法调差替换；如果情况相反就用价差法代替指数法调差来计算，以便用少扣负差和增加人工等手法，多计算价差。

除上述情况以外，计算误差、虚立项目等问题常有发生，这不仅令工程造价控制出现较大的偏差，同时把工程竣工结算阶段的造价工作复杂化，拖延时日，影响建设、施工双方对工程造价的确认，甚至影响项目的正常使用。

第六节　工程造价管理实施方法

一、决策阶段

（一）积极做好决策前的各项准备工作

要对项目做出准确的投资预测，所需基础资料很多，如项目所在地的地理条件、交通状况、水电路状况、当地建筑材料设备的价格信息、主要材料的原产地以及目前已建相似工程资料，对需做经济评价的工程项目要求准备更多材料信息。工程造价人员要确保收集到的信息准确、客观，保证投资预测和分析结果与实际情况相符。

（二）严谨仔细做好可行性研究及其报告

可行性研究，是对工程项目在市场分析、项目选址、技术方案、投资方案、财务分析、融资方案等是否合理可行展开全方位的分析、论证、并得出结论。它是确定工程项目是否实施和施工图纸设计的重要依据。因此，可行性研究报告的准确性、广度、科学性，对工程项目造价起着重要的作用。国家明文规定，可行性研究报告跟初步设计总造价的成本预算相比，差距不能超过10070，否则必须重新出方案再作决策。所以，应努力提高可行性研究报告的可信度和准确度，确保投资估算的精度。

为此，可以从以下两方面努力：

1. 采取对可行性研究报告的投资估算工作进行外包，建全投资估算的责任机制。可行性研究报告在由相关单位撰写时，一定要客观实际的估算投资，不得有意隐瞒任何实际情况，有意"大题小做"，制造虚假项目造价。要有效避免这个缺陷，可将编制工程项目可行性报告工作移交施工单位，由施工单位自行负责投资估算，并在可行性报告中体现。施工单位承担一旦支出超预算的风险，采取更换可行性报告编制主体的办法，可以有效规避虚假预算，提高工程造价工作效率。

2. 在可行性研究阶段引入简易初测，提升可行性研究估算投资的精度。目前的可行性研究，是建立在建设工程项目的勘测文件、数据材料以及现场查勘基础之上的，缺乏深度和广度，且效果不明显。要将简易初测的方法应用到各比选方案的重点工程的估算上，以此提高对大型工程的估算投资精度。对大中型工程项目来说这种办法十分有用。

（三）全面准确编制投资估算

投资估算是结合现有文件资料和正确方法，对工程项目的投资额度开展估算工作，它贯穿整个投资决策过程，是项目决策的主要依据。在投资决策制定阶段，需预测项目工程总造价，以此决定是否投资项目，因此投资估算必须保证一定的精度才能支持正确决策，否则必将带来巨大损失。因此项目工程的投资估算，是可行性研究工作中的关键工作环节。

（四）建立健全的财务评价指标体系

财务评价是对项目进行的微观评价，是指按照现行国家财政、税收政策和价格体系，分析计算工程项目的财务费用和效益，计算评价指标，编制财务报表，评估项目盈利水平、债务偿还能力等财务现状，以此判断工程项目财务健康度，作为可行性研究的重要内容，其评价结果是决定项目是否上马的重要依据。

根据建设单位对项目不同的要求可对项目财务评价指标作不同的分类。根据是否考虑资金的时间成本，可分为动态评价指标和静态评价指标。

（五）科学遴选最优方案

工程项目获批后，在尊重可行性研究结果前提下，对多个项目建设方案开展全方位的技术经济验证、评估和择优选择。当前，采用最多的是专家验证和招投标的形式，准确客观的收集项目相关的数据材料，在规定的条件下，请专业人才对不同方案开展验证评估，提出正反意见，为项目工程决策者提供全面详细的意见和建议。

（六）加强人力资源工作和完善信息网络

充分发挥出人力资源工作的选拔和任用优秀人才的工作机制，运用互联网信息技术，提高共享信息系统的效率，为项目工程造价提供人力和物力上的支持。

二、设计阶段

设计阶段总造价目标被科学合理确定后，就需要使用正确有效的方法对其控制管理。控制设计阶段工程造价的途径和手段有：引入竞争机制，对设计方案开展价值估算，采用限额设计、标准化设计等办法，这些方法能有效控制设计阶段造价。

（一）合理运用竞争机制

1. 将招投标的方法应用到全面造价管理设计阶段中

所谓设计招投标，是指发包方对外公告将要建设的工程设计方案内容，接受设计单位的投标报名，经有关部门核实各设计单位具备招投标资质后，报名单位再向招标单位递交投标文件，发包方通过投标文件选定设计单位，将工程设计任务交给该设计单位负责完成的过程。

招投标制度的合理运行，能提高建设方在工程设计阶段的设计质量，能更好地开展投资控制工作。设计是项目工程的蓝图，一份设计图的完成并最终采用，就意味着已决定了工程未来框架和总造价。当前，"重设计、轻造价"的现象在设计单位中较常见。设计人员在开展设计工作时过度倾向技术忽视经济成本，因此必须发挥竞争机制的作用，只有设计人员设计出技术可行、工程总造价合理的最优设计方案，才能被最终采用，这就能更好的激励和鞭策设计人员帮助建设单位控制好造价，扭转"重设计、轻造价"的现象。建设单位有权在设计招标过程中，对投标方案的经济性、科学合理性进行评估和对比。在达到设计任务要求的前提下，要将经济性作为评估设计的重要指标。目前设计评估工作大多依赖工程专家，而建筑类的造价工程师却很少参与，使得评估结果比较容易出现较大误差。因此，必须重视建筑造价工程师的作用，合理利用他们的建议优化投标方案，不断改善设计的合理性和经济性。

2. 优化设计招投标制度

第一，要培育出一批合格的设计招标代理机构；第二，政府主管部门要明确规定凡是符合条件的工程项目必须进行设计招投标；第三，工程建设单位要明确拟建工程的功能及预算要求，要编制全面、详细、完整的招标书；第四，要对参与投标的法人进行必要的资质等级、信用调查；第五，要规范评标单位所用的评标指标和方法，保证公开、公平、公正的开展工程竞标，并限制建设单位随意改动项目要求；第六，招标结束后，建设单位需组织开发、管理、预算和营销各部门人员进行集体讨论，对中标方案提出具体的优化措施，促使设计更加经济和合理。

工程设计招标是通过在技术实力、设计水平、设计项目经济性、设计成本等方面综合考核，在多种具有设计资质的设计单位中挑选最合适的任务设计实施者。设计单位通过工程设计投标承接设计任务，因此必须从设计质量到经济性等各个环节都达到最优化，才能使设计作品在同行竞争中脱颖而出。对工程业务来说，既节省了设计成本，又大大提高了设计质量和经济效率。

在设计单位内部，想要提高团队整体竞争能力，就必须将设计人员的个人绩效工资与设计工作挂钩，由主管领导、总工程师与造价师层层把关，强化设计人员的成本意识，更加注重设计工作的经济性和质量，彻底扭转设计过程中忽视工程造价的传统做法。

（二）构建工程造价信息沟通机制

建立工程造价信息沟通机制对设计人员和工程造价人员都提出了很高的工作要求。工程造价从业者不仅要扎实掌握本专业领域的知识理论，还要广泛涉猎其他专业学科诸如工艺程序、机电机械、建设材料、施工技术、运输物流等相关专业的知识；要具备把握市场信息变化的能力，熟悉了解国家相关法律法规及政策；要广泛收集和获取关于工程造价的全方位信息，并输入到信息数据系统，给限额工程设计提供重要的技术支持；要与设计人员紧密协作，及时交换和反馈工作信息，为设计人员提供有关设计方案的定额指标、价格水平等相关信息，更有力的支撑和指导设计工作。

（三）以设计质量奖罚制度取代设计取费模式

当前普遍通行的设计取费方法是按工程总投资成本的百分比计算费用，工程造价越高，费用也相应提高。在这样的计费模式下，势必造成设计者主动降低工程造价、控制投资成本的动力缺乏，更不利于业主实现对工程造价有效控制。如果能使设计单位在设计限额内，充分运用价值工程的原理，在确保工程质量和功能完整的前提下，凭借先进管理技术、新施工技术、新材料、新设计方法所节省的费用，按一定比例提取奖励资金给设计单位，能大大提高设计工作者的积极性，也是最有效的控制工程造价成本的方法。

（四）发挥监理机制作用并吸引施工单位参与设计

我国在建设领域中与国际接轨的重要体现之一是实行的工程施工监理制。目前我国大多数建筑设计院业务能力和水平都达到了较高程度，但对建筑经济重视不足，设计人员往往在工作中重设计轻成本，忽视工程总成本。要强化设计人员的经济成本意识，促使在设计工作中经济与技术紧密结合，避免不必要的经济浪费。可在初步设计阶段引入监理机制，由监理工程师代表业主与设计人员一同挑选设计方案，保证施工图造价符合预算要求。业主可授权监理师通过采用国家、省、市级各专业部门的标准通用设计进行标准化设计，不断加强设计管理，强化动态管理观念。通过采用标准化设计，可对拟建工程项目实施技术和经济上的安排，也是项目规划的过程。

（五）实行限额设计

所谓的限额设计就是根据既定的可行性报告及投资估算控制工程初步设计，按照初步设计总概算规范管理技术、施工图设计，同时各设计部门在保证达到预定功能的前提下，根据已定的投资限额控制工程设计，非合理变更要杜绝，保证总投资额满足预算要求的项目设计过程。限额设计需将设计全过程中的经济与技术有机结合，特别是要加强可行性研究力度，而不仅仅是简单的削减投资额。

三、招标阶段

（一）利用竞争手段达到对招标行为进行规范的目的

1984年底，我国颁布了《建筑工程招标投标暂行规定》，其中明确指出工程发包与承包应该采用招投标的方式，并且标底和报价均应在规定的范围内。理论上来讲，这一规定能够有效地对混乱的招投标现状进行改善，因为它规定了施工图预算和定额范围。但是，国内的市场竞争还不充分，加上监管部门工作的不力，使得竞争机制的作用得不到充分的发挥。此外，定额计价的方式也对投标方的竞标设置一些障碍。

在市场经济体制下，企业有自主权根据市场供需情况和自身产品竞争力对产品定价。传统工程预算定价由政府控制，由于定额项目和定额水平背离市场经济规律，投标过程主要体现的是预算人员的竞争，容易诱发投标单位采取非正当手段获取标底信息，最终影响了招投标市场正常运转。为了摆脱定额的束缚，并重新恢复企业和市场的定价权，建议在招投标阶段增加询标程序，使得投标人能有机会详细介绍其报价的合理性、低价又不低于成本的根据、如何保证工程施工质量、工期、安全等必要内容。询价环节还可增大发现错、漏、重等报价问题的概率，将不合理报价、超低成本报价从中标范围内剔除，有利于促进公平健康市场秩序的形成，摒弃了"只重视投标总价，不考虑价格构成"传统陋习。

（二）实行量价分离与风险分担保证中标价的合理性

现行的项目预算定额管理制度及其他相关联的管理办法，在工程计价中协调利益方关系和市场供需变化情况的反应方面，有诸多待完善之处。如果市场供需不平衡，部分业主凭借市场优势有意压低工程报价，导致标底价格与真实价格严重背离，严重损害了承包商的利益和工程质量；还有许多业主在招投标时，因各种原因如贿赂、关系面子等主观上倾向某些投标方，通过灰色操作手段让其中标，产生许多不良甚至违法行为。

所谓的"量价分离、风险分担"是指工程业主承担工程量的计算风险，对工程项目的内容及计算的工程量多少负责。根据市场定价机制自行确定工资水平、设备和材料费用、施工管理费用和利润水平，中标人只对价的风险负责。由于成本是定价的下限，投标人一旦规避了报价的随意性技术误差，就有一定的裁量空间浮动报价，找到一个既保证利润又有竞争力的报价。除此之外，由于确定了投标报价的基准点，并且工程量清单是招标材料的必备文件，这就很好地规范了投标企业行为，杜绝了招标过程中各种不法行为。低价合理中标，是指在公平竞争条件下，在所有投标方选择一个高于成本又低于其他报价的报价，保证工程造价趋于理性合理。将询价程序引入到评标过程中，通过对综合单价、施工材料价格分析，对投标方的报价开展全面周密的评估，以确定中标价是最科学合理的低价。

（三）净化招标透明度并提高评标科学性

目前，招投标工作中存在不少缺陷和不足之处，有些业主虽然表面上发布了招标公告，完成了一系列招标法定程序，暗地里却大搞泄露标底，相互串标，彼此陪标等不良行为；为了夺标，许多竞标人不惜收买行贿评分人和业主；或者伪造投标材料，提供虚假证件和标书；有的甚至为招标就内定好承包商。

要保证招投标过程公平公正，评标工作是重点。目前，国内还缺乏一套公平合理、科学可行、操作性强的评标机制，许多工程业主在招标过程中，过分看重低标价，倾向选择最低标价。而在评标过程中，评分人主观性强、偶然性大、随机性高、规范不严格；评标决策中定性方法使用过多，定量成分偏少，客观公平度不高；开标后依然无法杜绝议标现象，甚至把公开招标演变为地下议标行为。

公布工程量清单能有助于净化招投标工作的透明程度，能为竞标人打造公平的竞争环境。由于把标底仅仅视为评标的参考依据，设与不设都可，不再作为中标的重要决定因素，大大淡化了其作用，杜绝了标底编制活动给招标工作带来的副作用，有效规避了标底的跑、漏、靠现象，促使招标程序更加符合"公开、公平、公正和诚实信用"的要求。承包商"报价权"的恢复和"合理低价中标"的评标工作原则，杜绝了招投标市场可能的暗箱操作现象，减少了工程市场恶性的竞争，净化了工程市场环境，保证了工程项目的质量和安全，大力促进了我国建筑市场的健康有序发展。

四、施工阶段

（一）工程造价的动态控制应具有全局性

建筑项目具有施工周期较长的特点，由于材料、人工等价格可能出现的变化使得工程实施过程中与投标时存在差异，所以，造价控制人员的工作应涵盖建筑项目的每个环节。

（二）加强人力资源管理

人工成本控制是工程造价管理的重要方面。施工企业的用工形式具有多样性，如固定工、合同工和临时工等，而且已经形成了弹性结构。施工项目中的劳动力，提高效率是关键，而提高效率的重要途径是调动员工的积极性，这就需要对人力资源进行合理的管理。

（三）加强材料的管理

材料费在整个施工总成本所占的比例为七成左右，因此施工单位要想达到控制施工总成本的目的，必须高度重视材料管理，避免施工过程中非必要的材料损耗。

（四）加强机械使用控制和管理

施工成本的近 1/5 是施工机械费，因此对机械进行管理也是建筑项目管理的重要内容。在建筑科学技术突飞猛进的同时，建筑项目机械化水平日益提高，机械将人们从繁重的体力劳动中解脱出来。与此同时，机械设备的种类也越来越多，数量也急剧增长，这使得机械管理工作也变得日趋复杂化。因此，有必要对施工机械设备进行正确的选择和使用以及维护。

（五）对合同进行全方位管理

在工程实施阶段，合同管理是工程造价控制的关键工作。因此，在签订合同之前，必须全面考虑所有可能发生的纠纷和费用问题，避免因合同内容的模棱两可造成的纠纷。其次，应对各项计费标准和日期进行明确。合同的起草必须尽量规范、内容应全面完整，双方的权利和义务应对等，表述应严谨无歧义。在项目管理中，项目经理、概预算人员应十分熟悉合同的内容，其他工程技术人员、财务人员也应尽可能地熟知。只有如此才能保证合同履行义务的完成，尽可能减少设计变更等现象的发生。

（六）加强施工组织设计及管理

作为过程招标、签订合同、指导施工的基本文件，施工组织设计的作用有多种，如保障工程如期完成、确保工程的质量达标、控制工程成本等。因此，必须加以重视。

（七）加强工程建设的监理

作为管理体系的一种，建设监理制的目的在于利用科学合理的方法监督和管理建筑项目。建立和推行建设监理制是我国市场经济发展的必然趋势。它的工作内容包括前期决策、项目施工、项目竣工、项目设计等。它的职责也有多种，如充当顾问的角色、参谋、监督等。建设监理制有两个层次：政府监理和社会监理。

（八）建立伙伴关系开展工程造价管理工作

伙伴关系是两个或两个以上的组织形成的长久的承诺关系，其主要目的是尽可能地利用内部成员的资源进而促使商业目的的达成。伙伴关系要求各个企业之间形成一种大家都认同的理念，尽可能地忽略企业边界。

在建筑工程实施中，工程造价是承发包双方合同的关键内容，双方均对其十分重视。随着工程实践的发展，各企业正从合约关系转变为对双赢理念的认同，这在香港和英国等地已经成为一种常态。

五、竣工阶段

在确定工程总价中，工程竣工结算是其中最后一个环节。目前竣工结算超过施工预算的现象还比较突出，亟须解决。其中对这阶段进行造价控制一种最为有效的方式就是开展竣工审查。竣工审查的主要工作内容包括：

（一）对工程量进行审核

工程量审核是否正确将会对工程直接费和其他各项费用的计算造成直接的影响，是确定工程造价的高低中的一个很重要的因子。由于工程量计算较为烦琐，当计算规则过多的时候，很容易出现错误。所以，有必要以竣工图纸和其他重要资料对其进行精确核实，找出因计算错误造成工程量和具体实施情况相悖的项目，尤其应注意某些预算人员人为地加上工程量的情形。

（二）对定额套价进行审核

在结算中，错套定额和重复套取定额是比较容易发生的情形，一些不诚信的施工企业在进行套用工程预算定额工作的时候，对已经包括的项目重复套用，加大了工程的造价，所以对待审核定额套价务必严格。

（三）审核取费标准

工程计算的包括直接费用、间接费用和其他费用，而一般情况下，取费在直接费中占了 1/4 的比例，数额较大。所以，取费标准是否正确，准确套用各项费率是否正确十分关键。

（四）加强对建筑材料用量的审核

建筑材料在工程总价中的比例较高，一般可占七成。目前，国内建筑市场材料发展很快，随之而来的是建设单位对建筑材料的管理机制尚不完善。通过对其进行审计，达到纠正费用过高的材料结算进而提高投资效果。

（五）对隐蔽工程记录和签证单进行严格的审核

在工程的竣工结算过程中，签证往往会引起纠纷。一般的签证人员由于过于重视时间和技术，往往忽视了计费问题，这样难免会出现重复签证的情况。如果隐藏工程现场管理不得当，审计人员的工作将会十分被动。因此，必须在工程初期就做好隐蔽签证，尽可能地减少纠纷的发生。

第二章 工程造价的计价与指数编制

第一节 工程造价的计价

在市场经济管理体制下，建筑工程现行价格确定模式严重影响了市场机制的作用，问题在于：第一，难以体现企业自身的优势和特点，也不能真实反映企业的技术管理素质和实力，有可能导致企业在报价方面存在着评分偏差；第二，严重制约了企业内部能适应市场需要的工程价格管理体制的建立。

我国建筑造价费用的构成及计算程序和方法对招标投标有着极大的约束力，我国现行的方法在取费方面，以直接费为取费基础，按照规定的费率取费。但是以单位工程直接费取间接费的方法，使各分部工程的费率都相同，实质上是按直接费的大小来分摊其他费用和利润，既不利于专业技术水平的提高，也不利于管理水平、协调能力的提高。

但是，我国大部分地区在建设工程招标投标过程中，报价和标底价的确定依然沿用计划经济体制下的工程价格计算模式，即以国家和省市的定额、单位估价表相配套的工程量计算规则和图纸计算工程量，编制工程预算，作为投标报价，这种工程价格的确定模式严重地影响了市场机制的作用。因此，我们必须改革过去工程造价计价方式。

一、工程造价构成及定额管理

（一）建筑工程造价的构成

建筑市场同其他市场一样都具备市场主体、客体、交换行为三个基本要素。各要素在市场内部的运行中发生着各种必然的联系，同时互为条件、相互制约、相互推动、相互转化。

我国长期以来，建筑产品分部分项工程的消耗定额由政府主管部门统一制定，作为建设单位和承包单位编制概预算和投标报价的法定共同依据。改革以后，材料价格逐步放开，则由各地工程造价部门会同物价管理部门定期发布调价系数，以解决市场价格与官方定额价格间的差距，但与市场价格变动速度比，调价几乎总是滞后的，而且价格中所含利润率有的不超过法定水平的规定。其结果，建筑产品的实际价格长期低于其理论上应有的价值水平，使建筑业创造的国民收入无偿地转移到国民经济其他部门。建筑产品市场上的价格变化，总是受供求状况的影响。一般情况下，市场上需求增加，供给能力不变，价格必然上涨；需求有所减少，供给能力不变，价格必然下降。建筑产品价格的变化会影响建筑材料机械设备、人工等生产要素以及贷款利率的变化，同样生产要素价格及贷款利率的变化会导致建筑产品生产成本的变化，也必然带来商品价格的变化。由于材料在建筑产品成本中占有 60% ~ 70% 的比重，所以材料价格对产品价格的影响最为明显。

个别工程借助于技术进步和科学管理，使自己的产品成本低于同行业平均水平，在价格竞争中就占有优势；反之就处于不利地位，正是由于这种优胜劣汰的机制，使市场起着调整资源配置的基础作用。

上述情况，并不意味着市场自发调节的机制是万能的，政府可以无所作为。即使在某些主张自由市场经济的西方国家，政府在市场的宏观调控方面，也要为保持市场健康稳定地发展而积极发挥主观能动作用。在市场发生剧烈变动影响到国民经济的发展时，政府的干预更往往是不可少的。通常，政府主管部门要定期发布关于建筑活动的统计资料，政府还可通过发放许可证调控市场的供求状况。在经济衰退市场不景气的特殊情况下，中央银行可降低利率，以刺激私人投资；政府采取增加公共工程投资的政策，不仅帮助建筑业度过困难、减少失业，而且能通过建筑业带动整个国民经济的复苏。

我国过去在计划经济体制下，现在实行社会主义市场经济体制，投资主体趋于多元化，政府已不可能再像过去那样对建筑活动进行具体微观的管理，而应按照政府调控市场，市场引导企业活动的原则，着力于宏观调控。首要的是掌握供求动态，使其保持总量基本平衡。

其次是深化价格改革，取消种种并非必要的限制，使建筑产品价格能在生产价格上上下浮动。同时与国际接轨，实行规范化的招标投标管理办法，在辅之以发放建筑活动许可证制度及银行随市场供求形势调整贷款利率等措施，在国民经济持续、快速、健康发展的新形势下，我国建筑市场必将日益发展完善。

建筑工程产品成本由直接成本和间接成本构成，是在建筑生产过程中所耗费的活劳动和物化劳动的货币表现；是建筑产品价值货币表现的基础。建筑产品的成本反映了建筑企业在生产和销售建筑产品过程中的费用支出，集中反映出企业全部工作的经济效果。

建筑产品的价格是建筑产品价值的货币表现，产品的价格是劳动者在生产产品的过程中创造产品的成本，并获取利润的表现形式。

建筑产品价值、成本和价格之间的关系如下：

建筑商品的价值＝C＋V＋M

C—生产过程中已消耗掉的生产资料价值；

V—建筑企业职工为自己劳动所创造的价值；

M—建筑企业职工为社会劳动创造的价值。

建筑商品的价格＝生产成本＋利润

在社会主义市场经济条件下，商品的价格、成本、利润之间存在着有机的联系，不能离开成本来谈利润和价格。在价格不变的情况下，降低或提高成本，就能相应地增加或减少利润，在利润不变的情况下降低成本就可以降价，增加成本就可以提高价格。

建筑产品的成本是建筑企业在生产和销售建筑产品过程中的费用支出。它反映建筑企业在生产活动中各个环节、各个方面的工作质量和经营管理水平，集中反映出企业全部工作的经济效果，如企业劳动生产率的高低，材料消耗的浪费或节约、施工机械利用程度、工程质量优劣、工程进度快慢、管理费的节约或超支，以及施工技术和经营管理水平等，都可直接或间接地从工程成本中反映出来。所以建筑产品成本是考核企业经营管理效果的一项重要指标。

工期、质量、成本三者是辩证统一的。质量与成本也有相互制约关系，一味提高质量也是片面的。因此在满足工程质量和工期的条件下，采取措施，不断降低成本，是成本管理的重要任务。

建筑产品在市场经济体制下的价格作用与长期以来，我们实行的高度集中的计划经济体制下的价格作用是不一样的，在传统的计划经济体制下建筑产品的价格是以工程概、预算定额为基础制定的，市政府行政定价、它无法适应动态的市场变化，其作用主要是作为：①投资拨款的依据；②是甲乙双方进行结算的基础；③体现国家控制的预算价格。他脱离市场经济运行，实际是静态的行政定价管理，使建筑产品的价格即不反映价值也不反映供求变化。我们长期在这种建筑产品价格体制下工作、生活，在观念上形成了扭曲的建筑产品价格形象。

建筑产品虽然是商品，而商品的价格是由国家来制定的，从材料的单价、设备、工人日工资的制定都是由国家政府部门制定。针对现状，工程造价已不可能充分体现社会必要劳动消耗，工程造价水平也没有反映出社会必要劳动水平，使建筑产品的价格长期低于价值，有的甚至以成本代替了产品价格，使得与价格利益密切相关的建设运行主体——建设单位。生产建筑产品的施工企业双方都没有决策和定价权。导致产品的价格采取非市场化，没有发挥企业生产经营自主权。

计划经济下，建筑工人创造的利润，它的计算方法是以直接工程费和间接费为计费基础。直接工程费中的人工工日、材料用量、机械台班数均是在平均合理的情况下制定的而人工单价、材料单价、以及机械台班单价是由政府主管部门制定，同时利润的取费与工程类别和企业的资质有关。由此可以看出，企业劳动工人创造的剩余价值，并没有从利润中得到充分的体现。在市场经济大潮下，建筑工人的劳动条件、劳动环境是相同的，而所获得的利润只因企业资质不同而存在差异，这实属不合理现象，这不仅没有真正反映出建筑产品的价值，使价格长期低于价值。有的甚至以成本代替产品价格，使一些企业不能维持企业的生存。固定的法定性计划价格，在市场交换过程中，根本不存在竞争性，只不过是施工企业让利的竞赛。

在生产资料统一调拨的价格条件下的静态工程造价管理，不是在市场经济体制下的生产资料市场、技术劳务市场、资金市场的动态管理，使建筑产品的价格难以取定。现行定额与费用取定的建筑产品价格是计划价格，不能灵敏地反映社会劳动生产率，不能反映出社会平均成本与个别成本的差异。这种价格不能反映企业经营的真实水平，不能反映出市场供求关系，体现不出竞争性，对企业在生产管理上也起不到鞭策作用，对市场的价格也发挥不出杠杆作用。

建筑工程价格是由工程成本和利润组成，即工程造价是由直接工程费、间接费、计划利润、税金组成。

工程直接费：是直接耗费在工程上的构成工程实体的所用的人工、材料、机械费用以及其他直接费和现场经费。

人工费：是由直接从事建安装工程施工的作业人员的一切津贴和所有的各种支付，但不包括材料管理、采购及保管人员、驾驶施工机械和运输工具的工人工资，以及材料到达工地仓库或堆放地点以前的搬运、装卸工人和由其他施工管理费支付工资的人员工资。

材料费与设备费：包括材料及安装部件的采购价格及运费，保管费及其他费用。设备费是构成工程实体的一部分的设备采购费用及其他有关费用。

施工机械使用费：是由固定费用和运输费用构成。

固定费用：是机械的折旧费，运输保险费。

运输费用：有冬（雨）季施工增加费、夜间施工增加费、二次搬运费、仪器仪表使用费、生产工具用具使用费、检验试验费、工程定位复测工程点交费、场地清理费。

现场经费：有临时设施费和现场管理费。

（二）定额管理

定额管理实质是利用定额来合理安排和使用人力、物力和财力的产物。经济管理是运用各种经济手段，以最小的活劳动和物化劳动的消耗，取得最大的经济效益。定额管理是经济发展到一定阶段对社会再生产过程中的生产、分配、交换和消费四个环节的总体或某一方面进行的组织、指挥、监督和调控。各种不同社会形态中的经济管理，其管理的根本目的和在经济管理中体现出的人与人之间的关系是不同的，因此管理具有二重性，及自然属性和社会属性管理的自然属性是社会化大生产的客观要求，凡是人类的共同劳动都需要管理，他不受社会经济形态和社会制度不同的影响。管理的社会属性则主要取决于生产关系。在社会主义社会中，管理的根本目的是在发展生产的基础上，创造出更高的劳动生产率，最大限度的满足人们日益增长的物质文化生活需要，管理者与劳动者是一种根本利益一致平等协作关系，不存在阶级对抗性，所以社会主义社会中定额管理是在提高劳动生产率的基础上，增加劳动者的物质文化需要，是为全社会、全体劳动人民利益，为日益增长的物质文化生活需要服务的。

定额既然是"算工算料"的标准，社会没有定额不行，这就决定了他在市场经济中仍然具有重要地位和作用。

1. 定额在现代管理中的地位

定额是管理科学的基础，也是现代管理科学中的重要内容和基本环节。我国要实现工业化和生产的社会化、现代化，就必须积极的吸收和借鉴世界上各个发达国家的先进管理方法，必须充分认识定额在社会主义经济管理体制中的地位。

（1）定额是节约社会劳动、提高劳动生产率的重要手段。降低劳动消耗，提高劳动生产率，是人类社会发展的普遍要求和基本条件。节约劳动时间是最大的节约。定额为生产者和经营管理人员树立了评价劳动成果和经营效益的标准尺度，同时也使广大职工明确了自己在工作中应该达到的具体目标。从而增强责任感和自我完善的意识，自觉地节约社会劳动和消耗，努力提高劳动生产率和经济效益。

（2）定额是组织和协调社会化大生产的工具。"一切规模较大的直接社会劳动或共同劳动，都或多或少的需要指挥，以协调个人活动，并执行生产总体的运动所产生的各种一般职能。"随着生产力的发展，分工越来越细，生产社会化程度不断提高，任何一件产品都可以说许多企业、许多劳动者共同完成的社会产品。因此必须借助定额实现生产要素的合理配置；以定额作为组织、智慧和协调社会生产的科学依据和有效手段，从而保证社会生产持续、顺利地发展。

（3）定额是宏观调控的依据。我国社会主义经济是以公有制为主体的，它既要充分发展市场经济，又要有计划的指导和调节。这就需要利用一系列定额为预测、计划、调节、和控制经济发展提供出有技术根据的参数，提供出可靠的计量标准。

（4）定额在实现分配，兼顾效率与社会公平有巨大的作用。定额作为评价劳动成果和经营效益的尺度，也就成为资源分配的个人消费品分配的依据。

2. 我国工程建设定额的作用

（1）社会主义市场经济条件下定额存在的必要性。1994 年八届人大二次会议上提出加快建立社会主义市场经济体制的要求，这就确立了我国经济体制改革的目标模式是市场经济体制。我国市场经济体制则是开创性的战略决策，但是从计划经济体制到市场经济体制转轨过程中，设计到上层建筑和经济领域中许多问题，而这些问题的实质是改革旧体制和完善新体制。定额即不是计划经济的产物，也不是与市场经济相悖的体制改革对象。定额管理的二重性决定了他在市场经济中仍然具有重要的地位和作用。

（2）定额与市场经济的共融性是与生俱来的。在市场经济中，每一个商品生产者和商品经营者都被推向市场，他们不得不在竞争中求生存、求发展，为此他们要努力提高自己的竞争能力。

（3）定额不仅是市场供给主体加强竞争能力的手段，而且是体现公平竞争和加强国家宏观调控、宏观管理的手段。政府参与关系到国计民生的重大项目的投资，一些大的建设项目的投资，动辄数十亿、数百亿，甚至上千亿元。这些项目的建成往往影响到一个地区、一个产业以致影响到整个国民经济的发展。这些项目无疑要消耗国家大量的人力、物力、和财力，它所形成的是巨量的国有资产。可见，利用定额加强宏观调控和客观管理是经济发展的客观要求，也是建立规范化的市场和竞争、有序的市场的客观要求。

3. 社会主义市场经济条件下工程建设定额的作用

（1）在工程建设中，定额仍然具有节约社会劳动和提高生产效率的作用。一方面企业以定额作为促使工人节约社会劳动和提高劳动效率、加快工作进度的手段，以增加市场竞争能力，获取更多的利润；另一方面，作为工程造价计算依据的各类定额，又促使企业加强管理，把社会劳动的消耗控制在合理的限度内。再者，作为项目决策依据的定额指标，又在更高的层次上促使项目投资者合理而有效的利用和分配社会劳动。

（2）定额有利于建筑市场公平竞争。定额所提供的准确信息为市场需求主体和供给主体之间的竞争，以及供给主体和供给主体之间的公平竞争，提供了有利条件。

（3）定额是对市场行为的规范。定额既是投资决策的依据，又是价格决策的依据。对于投资者来说，他可以利用定额权衡自己的财务状况和支付能力、预测资金投入和预期回报，还可以利用有关定额的信息，有效提高其项目决策的科学性，优化其投资行为。对于建筑企业来说，企业在投标报价时，只有充分考虑定额的要求，做出正确的价格决策，才能占有市场竞争优势，才能获得更多的工程合同。

（4）工程建设定额有利于完善市场的信息系统。定额管理是对市场信息的加工，也是对大量信息进行市场传递，同时也是市场信息的反馈。信息是市场体系中的不可缺的要素，它的可靠性、完备性和灵敏性是市场成熟和市场效率的标志。

在定额管理上，采用统一消耗标准方式，实现"量价"分离。在我国已有的预算定额基础上，建立统一消耗标准定额，变政府的直接管理方式为间接调控方式，将指令性的计价方法改为指导性的计价方法。完善全国性的通用工程的工程量计算规则，以法律形势颁布，使工程实体计量达到全国统一，各行业可在此基础上补充行业特点强的工程量计算规则，改变目前工程量计算规则，彻底淡化传统意义下的定额与间接费在工程造价管理中的主导地位，采用科学合理定额与费用构成。

目前工程造价管理工作仍在定额管理上，编制定额的工料，机械消耗量和地区单位估价表上，每年发布与建筑材料有关的价格信息，以及需要调整的各项取费费率，这些工作在工程造价管理与动态管理相比是一种被动的管理。

在市场经济体制下，建筑产品的价格要充分发挥价值规律的作用，体现出建筑产品的生产特点和定价特点，使工程的价格与价值一致，同时能反映建筑市场的供求关系。按照价值规律和等价交换的原则，在合理确定工程造价费用构成的基础上，进一步理顺价格变动情况。通过发布价格信息及工程造价指数，对工程造价实行动态管理，逐步实现以市场形成造价的价格机制，健全价格调节机制，制定和完善建筑市场中经济管理规则，制止不正当竞争。

预算定额将在通过市场形成建筑产品价格中占据重要的地位和继续发挥应有的作用。

深化工程建设定额改革。在当前市场经济条件下，为确切反映建筑安装工程费用的性质和内容，创造公平竞争的市场环境。按照"量价"分离和工程实体性消耗与施工措施消耗相分离的原则，对计价定额进行改革，实行国家宏观控制与放开调整权相结合的管理方式，针对当前价格、汇利率、税率等的不断变动，组织好定期发布反映市场价格水平的价格信息和调整指数，实行动态管理，提高工程造价的准确性，推广采用差别费率和差别利润率，促进企业间的平等竞争。

投标单位在消化标书，搞清"标书"全部内容的基础上，按照报价要求计算报价这是一项严肃的工作。"算标"的指导思想应当是认真细致、科学严谨、不存侥幸心理、也不搞层层加码。

"算标"首先要按照标书的计价合同，分别确定"算标"的方法、程序、报价结构体系。计算和核实工程量，可以两方面入手。其次"算标"时要准确计算工程量并核实报价。计算和核实工程量，可以两方面入手：一方面认真研究招标文件，吃透设计技术要求，检查疏漏；另一方面要进行实地勘察，取得第一手资料。工程量计算的准确与否，是整个"算标"工作的基础。因为施工方法、用工量、用料量及机具设备、模板脚手架和临时设施的数量都是根据工程量的多少来确定或设计算出来的。在核实工程量的基础上，必须查实、核实或推算出与直接费用诸因素有关的价格。

（三）定额管理改革措施

定额伴随着管理科学的产生而产生，伴随着管理科学的发展而发展。定额是企业管理科学化的产物，也是科学管理企业的基础和必备条件。尽管管理科学发展到现在的高度，但是它仍然离不开定额。因为，如果没有定额提供的可靠的基本管理数据，即使是用电子计算机也是不能取得什么结果的。所以定额虽然是管理科学发展初期的产物，但是它在企业管理中一直占着重要的地位。无论是在研究工作中还是在实际工作中，都很重视工作时间和操作方法的研究，都很重视定额的制定。定额是企业管理科学化的产物，也是科学管理企业的基础。

由此可以看出，定额不是"计划经济的产物"，工程定额在不同社会制度的国家都需要。社会需要定额，社会没有定额不行，它将永远存在，并在社会和经济发展中，不断发展和完善，使之更适应生产力发展的需要，进一步推动社会和经济的发展。

1. 改革预算定额制度

"预算定额"这一特定的名词，我国的预算定额指的是在高度集中的计划经济管理体制下，国家投资而且又使国家的施工队伍施工的工程，为便于国家定价而制定的按分部分项工程确定的工料机消耗数量，也就是制定工程单价的法定依据。在我国一般由三部分组成：一是工程量计算规则，二是消耗量的标准，三是单位价格。

在国家经济统收统付的情况下，由国家对建筑业制定统一的计算工料量的预算定额、统一的材料预算价格和统一的费用标准，编制统一的地区单位估价表，用以编制工程预算和确定工程造价，而且用以对国营施工单位作为经济核算的标准。

各地预算定额管理部门转变职能，发展成为有权威的价格信息机构和资产评估机构，及时客观地公布建筑材料、设施、劳动力的价格信息和价格指数，为宏观调控投资规模和队伍规模提供准确的价格信号。

2. 理顺工程造价的费用构成

按照国际通行的做法，理顺工程成本的费用构成，把一些属于生产经营成本、福利性质和工资性质等全部引入成本，不再有税后利润开支。

目前困扰工程造价改革的最大难点，在于我国现有的一大批国有大中型企业，由于历史遗留的劳保问题，他们无法轻装上阵，无法与一些小企业或个体企业进行平等竞争。因此健全社会保障制度，有助于劳动力的流动和抑制不同行业和企业分配差距的过分扩大，对维护市场公平竞争，特别是对国有企业改革和公平参与市场竞争意义重大，它将是"入世"后保证社会稳定的重要因素。

3. 改变目前工程造价中的取费问题

我国工程造价的费用构成是以直接费或人工费为取费基础，按照规定的"费率"计取。实质上是按照直接费或人工费的大小来分摊其他费用，不能准确反映出承包商在工程建设过程中的管理费用和利润，其结果会限制企业的发展，不利于分工协作，不利工人专业技术水平的提高，因此应改变目前造价费用的构成和计费程序。

我国在工程"间接费"取费问题上采取差别费率原则，有的省市按企业类别取费，有的按工程类别取费。这是一种地方保护主义的做法，给国有大型企业开绿灯，这种做法违背现行市场经济的发展要求，不利于市场经济的发展。同时对外来说，势必会引起争论和纠纷，会受到制裁。

我国施工企业收取的计划利润与国外相比似乎并不少，但实际上企业长期亏损、生存艰难，这主要是由于我国企业的利润，并不能完全作为利润来使用，如福利、住房补贴、职工医疗，物价上涨等等，都要从利润中开支。在国外，这些大都属于生产成本开支的范围。

"入世"后，我国的工程造价水平将会随着国际市场的波动而波动，同时在工程造价的成本构成、成本核算等方面也将面临接轨问题。

4. 工程建设定额管理的任务

（1）深化工程建设定额改革

在当前市场经济条件下，为确切反映建筑安装工程费用的性质和内容，创造公平竞争的市场环境，按照"量价"分离和工程实体性消耗与施工措施消耗相分离的原则，对计价定额进行改革；实行国家宏观控制与放开调整权相结合的管理方式，针对当前价格、汇利率、税率等的不断变动，组织好定期发布反映市场价格水平的价格信息和调蟊指数；实行动态管理，提高工程造价的准确性，推广采用差别费率和差别利润率，促进企业间的平等竞争。

（2）通过定额管理加强投资管理和企业管理

提高经济效益，是管理的最终目标。工程建设管理是投资管理与施工企业管理的一个环节，其作用在于定额来约束和强化投资管理和施工管理，为后两者提供管理的信息与依据。同时，通过定额的执行达到节约投资控制生产耗费，节约社会劳动的目的。

（3）协调工程建设中各方面的经济利益关系

在社会主义市场经济条件下，工程建设中有关各方面都有着自身的经济利益，工程建设定额管理的任务，在于本着实事求是和"公正合理"的态度，利用各种定额手段协调各方主体的经济利益，处理好国家、集体、个人的经济利益关系，逐步完善市场机制下的分配关系，加快向市场经济转轨和集约型增长方式的转变。

二、招投标中工程造价的计价方法

（一）目前我国招投标中定额计价方法的不足

随着国家改革开放政策逐步深入，建筑业作为第二产业已迅速发展起来，建筑业步入了一个崭新的时代，建筑市场逐步形成。国家为了使建筑业迅速成为一个独立的支柱产业各项改革措施不断出台，其中建筑产品价格改革是我国建筑业改革的主要内容，而建筑预算定额的改革是建筑产品价格改革的关键。

现在经济体制改变了，旧的高度集中的计划经济已转变为新的社会主义市场经济。对国有施工企业来说，已经不能吃大锅饭了，不再受到政府的特殊"保护"，今后也要走向市场。与其他的企业（包括集体企业）在市场中竞争，在市场中寻求生存和发展，同时发挥自己的优势，积极采用新技术，加强企业管理，有计划、有步骤，组织好施工，提高劳动生产率，保证产品质量，节约原材料，降低产品成本，在竞争中切合实际提出工程单价。按照《中华人民共和国价格法》第三条的规定，"大多数商品和服务价格实行市场调节价，极少数商品和服务价格实行政府指导价或者政府定价"。

我国目前工程建设项目在实施阶段，建设单位与施工单位之间工程造价的确定一般采用定额单价法，但是随着市场经济的发展，定额单价法越来越暴露出其不足，需要新的更适应市场经济发展，更有利于建设项目通过市场竞争，合理形成造价的计价方式来确定工程项目的建筑工程造价。

工程造价计价依据的管理原则具有以下几点：

1. 集中领导和分级管理的原则。工程造价计价管理的集中领导，主要体现在统一政策、统一规划、统一组织、统一思想。统一政策，就是不论部门和地区，在大的政策上应该统一。统一规划就是指随着经济的发展要求制定出和国民经济发展计划相适应的发展规划。统一组织，一是统一规划和安排部署的管理工作，统一分工，组织落实；二是统一组织机构，作为各项管理工作的组织保证。统一思想，就是随着国家政治经济形式的发展和需要，管理思想要不断转换观念，从产品经济向商品经济观念的转变，突破传统思想和经验模式，借鉴和吸收现代管理科学的成果，逐步形成新的观念和理论体系。

集中领导不意味着管死、统死。集中领导和分级管理是相辅相成的。

分级管理，是指管理的权限划分，按执行范围，分部门、分地区、分级分层的管理。

分级管理是由计价依据本身的多种类、多层次决定的，也是由各部门、各地区和企业的具体情况不同所决定的。

2. 标准化原则。标准化是指为制定和贯彻产品和工程的质量，降低成本、减少消耗，促进新技术的发展。

标准化的内容包括统一化、系列化、通用化、组合化和简化。统一化要求把同一事物两种以上的表现形式归并为一种，或将其限定在一定的范围内，以消除由于不必要的多样化而造成的混乱。在工程建设中，同一种产品、同一种材料往往有许多不同的名称，往往用不同的计量单位，采用不同的符号和代号，给自动化管理带来一定的困难。只有推行统一概念、统一名词术语、统一符号和代码、统一编号、统一计量单位才能为科学管理奠定基础。系列化要求对同类产品中的一组产品同时进行标准化。

3. 经济和技术统一的原则。工程建设定额既不是技术定额也不是单纯的经济定额，而是一种技术经济定额。定额作为工程建设中生产消耗定额来说是经济定额，但是它与许多技术条件、技术因素有密切的关系，受到他们的约束和影响。

4. 适应性原则。首先要适应社会主义市场经济发展的需要，不断完善计价依据的体系、内容和管理体制。其次要适应社会的需要不仅要面对政府投资的项目，也要适应全社会其他投资主体对工程建设定额的需要，不断为他们提供及时而准确的信息服务。

以定额单价法确定工程造价，是我国采用的一种与计划经济相适应的工程造价管理制度。随着我国经济发展水平的提高和经济内在弊端逐步暴露出来，与计划经济相适应的概、预算定额管理制度以及定额单价法确定的工程预结算造价。实际上是以行政指令对工程造价实行的直接管理，遏制了竞争，抑制了生产者的积极性与创造性，定额反映的技术水平、信息具有一定的滞后性，具体来说用定额方式计价具有以下缺点：

1. 不利于企业依据正确的成本计价。客观的确定销售收入及在合同旅行前确定自己的预期利润，投入与产出利润与风险关系，进而逐步利于自己的资源配置。

2. 不利于企业组织管理生产。在市场人工、材料、机械台班价格波动较大的情况下，采用定额单价法计算的结果往往会偏离实际水平，造成误差，价格波动越大，所造成的误差也越大，会对企业组织管理生产造成混乱。

3. 不利于企业投标报价。建设工程项目招投标是以公平、公开、公正为原则，通过竞争使工程质量、工期和造价得到全面优化，使建设资金发挥最大效益，其实质是施工技术和管理能力的竞争，体现了市场经济原则。招标方以按预算定额单价法编制出的标底，作为重要指标来判定投标人能否中标，忽略了对其施工技术和管理能力的评价，有违建设产品作为商品，应遵循自由竞争的市场经济原则。

4. 按施工企业的施工资质等级计取其他直接费、间接费、计划利润等各项费用，确定预算造价的方法，不但体现了我国对国有大中型建筑安装企业的保护政策，同时给层层转包，坐吃级差造成机会。大型企业的优势应在承包大型项目上得到体现，规模较小的建筑安装企业应与大型企业机会相等。

5. 建筑定额合法不合理，而建筑企业领导若采用合理的市场价格竞标，则中标后会承担一切亏损的风险。而若采用定额定价竞标，一旦中标，则不管盈亏，都有定额这把价格保护伞撑着，永远不会有亏损的风险。

若采用单价分析的方法对不同的工程地点，不同工程的分部分项进行单价分析，合理确定分部分项工程价格及工程总造价，合理计取工程利润。这种方式比传统定额计价具有很多优点：

1. 使企业投标报价具有客观性，利于企业客观的看待自己的投入与产出，确定其投入产出率，利于在不同项目之间进行选择，优化自己的资源配置，实现利润最大化的组织目标。

2. 企业对分部分项工程的定价可以直接指导施工，对组织与管理生产具有积极意义。

3. 通过成本比较控制，利于企业劳动生产率的提高，材料损耗不断降低。

4. 企业可以针对地域与单位工程的不同特点制定真实的报价，针对工程中的新问题、新特点、实事求是、采用新技术、新设备。

建筑安装施工企业是建筑市场的主体，必须有自己定价的权力，如果连从事建筑经济活动的最基本的定价权都没有，说明只是一个不完备的市场，企业仍是政府的附属物。当然，在建筑市场上，并不是个别企业决定建筑产品价格，而是由市场竞争形成价格。但在决定社会资源分配的招标投标环节上，应表现为企业自主定价。在目前情况下，国家规定有直接费定额、间接费定额和规定的取费程序及标准，只允许企业在利润和投标策略上有自己的自主权，造成企业竞相压价，要么通过一些不合法手段弥补所受损失，要么使施工企业所创造价值被其他部门无偿占有，是不利于施工企业发展的。

要做到企业自主报价，采用工程量清单报价法是一个有效途径。造价管理部门应针对这种变化，加强工程造价信息的收集、处理和发布工作，及时公布人工、材料、机械的参考价格，依据市场状况发布工程造价相关信息和指数，为施工单位填报综合单价提供有效依据。同时，要统一划分基本的工程项目（分项工程）和制定工程量计算规则，工程量清单中所列的工程数量应按照统一的规则计算出来。

还应要求以下几点：

1. 实行国际性竞争招标投标承包制和合同制管理，采用国际通用建筑土木工程和条款、工程索赔制度、合同担保制度。

2. 建立健全监督机构，实行工程监理制度。

3. 推行国际 ISO9000《质量管理和质量保证》系列。

4. 完善有关建筑工程技术法规体系和标准体系。

5. 推行国际财务会计准则。

6. 建立健全外国建筑企业注册营业等工商行政管理制度。

7. 建立工程咨询公司、专业会计事务所、审计事务所、法律事务所等中介服务公证机构。

8. 健全有关对外开放建筑市场的立法，使有关法律、法规和行政命令的制定注意与国际服务贸易协定和国际惯例相衔接，建立起符合国际惯例的规范、法制和程序，保证市场正常发育，保障外国建筑企业的合法权益。

（二）工程量清单报价方法

国外建筑工程预算的编制，没有国家颁布的统一定额依据。在国际上没有统一的概预算定额，更没有统一的材料、设备预算价格和取费标准，因此投标报价全由每个承包商除了严格遵守国际通用或所在国的合同条件、施工技术规范、当地政府的有关法令、税收、具体工程招标文件和现场情况等外，还应根据市场信息、分包询价、自己的技术力量、施工装备、管理经营水平以及投标策略和作价技巧等以全部动态的方法自由定价，从竞争中争取获胜又能赢利。所有报价均需从人工费、材料费、设备价格、施工机械费、管理费率、利润率等基础价格或费率作具体的调研、分析、测算，然后再按工程内容逐项进行单价分析，开办费的估算和盈亏测算，最后还得做出报价的决策，确定由竞争能力的正式标价。不论采用何种报价结构体系，大致都要按照下面的程序进行投标报价工作。

在国际工程中，工程招标时的招标文件中，一般包括合同条件、规范、设计图纸、工程量清单、投标书格式以及投标者须知等内容。在这些文件中，不管是采用总价合同或单价合同的承包方式，工程量清单是不可缺少的内容。按一般惯例，投标者在投标报价时，可以根据工程量计算（或标准方法）和设计图纸，对工程量清单进行核对，发给投标方作为统一的依据，投标方按原有工程量清单进行报价，对自己认为工程量清单中有错漏的部分，采用补充报价的办法加以补充。评标时，可根据工程量清单的内容，评审各投标方作价的合理程度或存在的问题，从而针对其承包能力、信誉、工期等多方面，进行全面分析、考察、确定中标单位。

工程量清单是指按照招标要求和施工设计图纸要求规定将拟建招标工程的全部内容和项目，依据统一的工程量计算规则、现行预算定额或综合预算定额子目分项要求，计算拟建招标工程的分部分项实物工程量，按工程部位性质分部分项以及按某一构件列在清单工作为招标文件的组成部分，供投标单位逐项填入单价。工程量清单是由标底编制单位编制的。

1. 工程量清单的分类

（1）直接费单价

直接费单价由人工、材料和机械费组成，即工程量清单的单价，是按照现行预算定额的人工、材料、机械消耗标准及预算价格和可进入直接费的调价确定。其他直接费、间接费、利润、材料差价、税金等按现行的计算方法计取并列入其他相应价格计算表中。

（2）部分费用单价

部分费用单价只综合了直接费、管理费和利润，并以综合单价计算公式确定综合单价。该综合单价对应的图纸内分部分项工程量计价标价，一般属于非竞争性费用。

（3）全费用单价

全费用单价又是直接费、非竞争性费用、竞争性费用组成。该工程量清单项目分为一般项目、暂定金额和计日工三种。一般项目是指工程量清单中除暂定金额和计日工以外的全部项目。暂定金额是指包括在合同中，供工程任何部分的施工或提供货物、按材料、设备，或提供不可预料事件所需费用的一项金额。全费用单价合同是典型的、完整的单价合同，工程量清单按能形成一个独立构件为子目来分部分项编制，同时对该子目的工作内容和范围必须加以说明界定。工程量清单不能单独使用，应与招标文件的招标须知、合同文件、技术规范和图纸等结合使用。

2. 工程量清单的编制要求

（1）合理划分工程量清单项目

①统一的工程项目划分、统一的计量单位和统一的工程量计算规则；

②与不同等级要求的工程项目要分开；

③与同一性质，但属于不同部位的项目要分开；

④属于不同报价范围的项目要分开；

⑤项目子目划分可依据工程所在地现行的预算定额或综合预算定额的定额子目来划分，并根据工程现场情况，考虑合理的施工方法和施工机械。

（2）认真进行工程量清单复核，确保工程量清单内容符合实际，科学合理。一般可采用以下方法：

①技术经济指标法。将编制好的工程量清单进行套定额，然后从工程造价指标、主要材料消耗量、主要工程量指标等方面与类似工程进行比较分析。

②分组计算复核法。分组计算复核法是一种快速复核工程量的办法，它把工程量清单中的项目划分为若干组，并把相邻且有一定内在联系的项目编为一组复核可计算同组中某个分项的工程量，利用同组工程量间具有相同或相似计算基础的关系，判断同组中其他几个分项工程量计算的准确度。

3. 工程量清单的编制

（1）采用直接费单价工程招标的工程量清单的编制

工程量清单应与投标须知、合同条件、合同协议条款、技术规范和图纸一起使用。

工程量清单所列的工程量系招标单位暂估的，作为投标报价的共同基础。付款以实际完成的符合合同要求的工程量为依据。工程量由承包单位计量、监理工程师核准。

工程量清单中所填入的单价和合价，应按照现行预算定额的工、料、机消耗标准及预算价格确定，作为直接费的基础。其他直接费、间接费、利润、有关文件规定的调价、材料差价、设备差价、现场因素费用、施工技术措施费以及采用固定价格的工程所测算的风险金、税金等按现行的计算方法计取，计入其他的报价表中。

工程量清单不再重复或概括工程及材料的一般说明，在编制和填写工程量清单的每一项的单价或每一项的合价时应参考投标须知和合同文件的有关条款。

（2）工程量清单报价表

工程量清单报价表包括"报价汇总表""工程量清单报价汇总及取费表""工程量清单报价表""材料清单及材料价差价报表""设备清单及报价表""现场因素施工技术措施及赶工措施费用报价表"等。

（3）采用部分费用单价工程招标的工程量清单编制工程量清单说明

建筑工程产品价格，实行按工程实物量，以部分费用单价的形式编制。工程计价实行统一的工程项目划分，统一的工程量计算规则，统一的计量单位，统一的项目编码，统一的消耗量标准。

在以后的工程施工中，按工程进度每次拨款时，即可根据清单中的分部分项及其单价，以当日完成的工程量。另加其他变更部分，确定当日拨款额度，这种结算工程价款的做法，可以重复多次，直至竣工估算完毕。

在我国实行招投标承包之中，多数是采用总价合同制。在招标文件中，也大都不符工程量清单，因此，各投标方在投标时，各自按招标文件，概预算定额及其工程量计算规则和设计图纸等需由自己计算工程量与作价。评标时也以投标总价来衡量的。

以上是国际上对"工程量清单"的应用。结合我国实际情况，在实行招投标承包的过程中，可以初步理解"工程量清单"的作用有以下几个方面：

进一步发挥目前标底中"工程量"部分的作用，除确定标底本身的造价外，更可作为投标文件的内容之一，并据以供投标方统一作价的依据。

避免了目前各投标方须各自计算工程量的重复劳动（只需进行核对即可），可以节省大量时间，缩短投标周期。

可以提高投标报价的正确性，使其集中精力于作价的精确度和投标策略上，避免由于各自计算工程量而产生的量差所造成的误差。

可以根据详细分部分项工程量的报价进行评标，从而提高了对各投标方报价的全面考核，有利于正确确定中标单位。

可以按照合同附件中的分部分项报价表，根据工程进度完成的工程量进行拨款和竣工结算，有利于简化目前的各种拨款和结算办法。

为招标方编制工程量清单和投标方编制清单报价提供拟建招标工程的工程实物量，为投标方提供了一个平等竞争投标的基础，符合商品交换要以价值量为基础进行等价交换的原则。

由此可见，在整个招投标承包之中，"工程量清单"的作用是显而易见的，已是国际上采用的惯例。

三、以市场形成价格为主的价格机制

（一）概预算"三超"现象

近年来我国经济持续快速发展，固定资产投资数额逐年大幅度增长，投资规模不断扩大，尤其是一些政府投资的公益项目，基础设施的建设，大大改善了我国投资环境，提高了人民的生活水平。但是，同时随着政府投资项目建设对资金的需求量越来越大，超概算的现象层出不穷。预算超概算，决算超预算的严重情况，以至造成大量的拖欠工程款；导致施工企业资金困乏，运转不灵，人力、物力、财力不能合理使用，国家投资不能发挥应有效益，造成项目建设超概算的原因是多方面的，有合理因素，有不合理因素。政府投资项目超概算的现象有：

第一，项目立项审批前，没有科学合理的概算，靠粗略的估计数代替，或投资概算缺乏科学的依据，为了项目易审批，人为压低概算。有的人为扩大投资概算，给自己预留宽松的资金使用环境。

其次由于地貌与设计图纸不符，或由于地质条件与设计不符，是工程造价增加的一个很主要的原因。在勘察设计阶段缺少深入细致的调查，设计缺少全局概念，工程中敷衍了事，以及设计水平低下造成设计工作深度不够，导致项目实施过程变更频繁，漏项补充，因而增加额外投资。另外由于承包商采用巧妙的投资策略，承包商在投标报价时，在不影响总价的情况下将工程预计会增加的项目的单价提高，以求在工程结算中得到更理想的造价，导致工程费用增加。另外主要是因为建筑工程分部分项工程的人工、材料、机械台班的价格已不能准确反映当时当地以及价值规律所带来的各种价格变化，一些企业煞费心思，想尽各种办法。很多企业在施工中偷工减料，导致各种建筑产品质量不过关，这些与建筑产品的价格有必然的联系。

在进入市场经济后，建立在高度集中的计划经济管理模式条件下的预算定额制度，显然是不适应开放竞争的市场经济，其实社会强烈要求放开价格和取消"定额"的呼声已喊多年了。随着《中华人民共和国价格法》的颁布实施，明确了建设主管部门对建筑产品价格管理权限，明确了工程造价管理机构具有对建筑产品价格实行管理，监督和必要的调控权力。工程造价管理体制改革的目标是在工程量规则和统一消耗量标准的基础上遵循价值规律，建立由市场形成价格为主的价格机制，工程造价的管理工作转移到建筑产品的价格管理上。

随着我国经济发展水平的提高和经济结构的日益复杂，计划经济的内存弊端逐步暴露出来，传统的与计划经济相适应的概（预）算定额管理，实际上是用来对工程造价实行行政指令的直接管理，遏制了竞争，抑制了生产者和经营者的积极性与创造性，市场经济虽然有其弱点和消极的方面，但它能适应不断变化的社会经济条件而发挥优化资源配置的基础作用。

长期以来，我国工程建设项目的"三超"现象普遍存在，严重影响了工程项目的投资管理。

在我国工程建设领域，工程与经济分离，正如许多外国专家指出的中国工程技术人员的技术水平工作能力知识面与国外相比，几乎不分上下，但中国的设计人员大多缺乏经济意识，设计思想保守。国外技术人员在做设计方案中时刻想着如何降低工程造价，而中国设计人员则把它看成与己无关，认为这是概预算人员的职责，而工程概预算人员也很少了解设计和工程进度中的各种关系和存在的问题，常常只负责设计完成后的算账，不管设计，也不以工程造价价格来控制和约束设计，因而形成你搞你的设计，我算我的账，使技术与经济严重脱节，难以从根本上有效控制工程造价。

目前，为控制工程造价推行限额设计，就是按照批准的设计任务书和投资估算控制初步设计。按照批准的初步设计总概算控制施工图设计，同时各专业又要在达到使用功能的前提下，按分配的投资限额控制专业设计，严格控制技术设计和施工图的不合理变更以保证总造价不被突破。

另外在控制造价过程中，还需充分搜集资料，提出多种可供选择的方案科学的实事求是的进行技术经济分析比较。在充分论证的基础上，筛选出技术上先进，经济上合理的方案作为最优方案，以提高投资估算的准确性，并以批准的投资估算为控制设计概算的限额。

在施工图设计阶段，严格控制设计规模，设计标准，合理确定设计原则，以控制工程设计造价，把施工图预算控制在批准的概算限额内。

（二）建筑产品价格的改革方向

20世纪80年代，中国建筑业改革与发展并举，因此在这两个方面均出现了较深刻的变化。但是，旧的计划经济体制尚未完全改变，在一些领域依然有较大的影响，许多经济体制中深层次的问题尚未解决。而且，新旧体制交替必然会暂时出现两种体制的摩擦和"真空领域"。因此，建筑业的发展出现了一些新的问题。

建筑业发挥支柱产业作用的主导障碍是长期受传统体制的影响在经济运行中忽视建筑业作为一个独立物质生产部门的地位和作用，基本建设投资与建筑业混而不分，政企不分，导致管理体制不顺，全行业效益低下，盈利水平过低，后劲不足，很难自我积累，自我发展；企业技术进步能力不足，技术素质、管理水平、产品质量、生产效率与发达国家差距较大，参与国际竞争缺乏应有的优势；代表行业先进技术水准的大型国有企业活力不足，社会负担重，经济效益滑坡，走向市场步履艰难。

我国建筑造价费用的构成及计算程序和方法对招标投标有着极大的约束力，在取费方面，以直接费为取费基础，按照规定的费率取费。但是以单位工程直接费来取间接费等费用的方法，使各分部工程的费率都一样，实质上是按直接费的大小来分摊其他费用和利润，这是不合理的，势必会限制建筑行业的分工协作，不利于工人专业技术水平的提高，也不利于管理水平，协调能力的提高。

现行的工程造价计价制度不适用于社会主义市场经济体制的要求，及其弊端已为人们所共识。逐步建立以工程成本为中心的报价制度，让企业可以结合工程特点和经营管理水平，自主确定计价或报价标准，不强调报价的一致性，体现出"活市场，活价格"的特点，真正实现企业自主定价，市场形成价格的机制。

目前，我国大部分地区在建设工程招标投标过程中，报价和标底价的确定依然沿用计划经济体制下的工程价格计算模式，既以国家和省市的定额，单位估价表相配套的工程量计算规则和图纸计算工程量编制工程预算总价，然后根据费率得出最终的投标报价。这种工程价格的确定模式严重地影响了市场机制的作用。

1. 我国建筑产品价格机制及其作用

在我国，建筑产品价格的概念，只是在经济体制改革后才逐步为人们所认识。随着社会主义市场经济体制的确立和投融资体制改革及企业改革的深化，投资方与建筑企业之间，已经有计划经济下的附属关系转变为商品经济社会必有的市场契约关系。建筑工程承发包价格性质自然就成为一种社会价格行为。建筑产品价格的形成，将受到商品经济规律即价值规律，供求规律和竞争规律支配与制约。现在，这一系列的新观念，已经为人们所共识，与此相适应，现有的工程造价理论体系，也就面临着重新构筑的形势。按照建立社会主义市场经济的要求，为适应入世后的国际市场惯例，建立以市场形成价格的工程造价运行机制势在必行。

以市场形成的价格，即市场价格，与传统体制下的计划价格相比有着极大的差异。在高度集中的计划经济体制下，决定产品价格的主要因素实际上是一个时期的政治经济需求。所谓计划价格基本上是长期不变的固定价格，价格根本不反映价值，不反映市场供求关系。经济体制改革以后，随着理论与实践的发展，人们对市场和价值规律的认识也不断深化。从改革初期的"计划调节与市场调节相结合"到党的十二大提出"计划经济为主，市场调节为辅"，一直到党的十四大最终确定了社会主义市场经济体制，才把市场调节推到了基础性调节的重要地位。市场价格理论随之得到了迅速发展和深化。市场价格和计划价格的最大区别是，市场价格反映了价值和供求关系，价格应该经常处于变动之中，变动的价格又反作用于市场，对市场起到重要的调节作用。这种商品价格变化与市场供求变化之间相互作用的过程就是价格机制。价格机制对市场的调节作用，实质上就是价值规律通过价格功能发挥的调节作用。由于价格机制的作用，市场价格受市场供求关系的影响不断变化，变化着的市场价格不断地向生产者发出价格信号，生产者又不断根据价格信号调整商品供给量和商品品种。这种过程不断地持续和反复，直至市场商品供求相对均衡。所以，价格机制的作用过程是：供小于求——市场价格提高——生产者增加供给量——供大于求一市场价格降低。通过价格机制的作用，市场价格调节着社会生产与消费。我国计划经济时期，不重视价值规律的作用，因而也把价格的调节功能封闭起来。随着我国社会主义市场经济的发展，价格在社会经济中的调节作用已经开始启动。实际上价格在调节市场资源配置方面，像一只"无形的手"时刻发挥着作用，在市场经济体制下，只有把价格机制同市场资源配置联系起来，才能把握市场价格运动的规律，才能充分运用价值规律的杠杆作用，促进市场的发育和完善，促进经济结构的优化和调整。因此，必须逐步取消完全由政府计划定价的管理方式，切实把价格机制置于国民经济微观经济运行的核心部分，保证价格机制的正常调节作用。

2. 我国建筑产品价格

由于建筑产品具有单件性、固定性和劳动者的流动性，以及体积大、价值高、生产周期长的特点，决定了其定价活动比较复杂，往往是一个较长的过程。其中合同价是生产前的预定交易价，结算价是最终的成交价。从合同价签订到结算价形成，涵盖了整个建筑产品的生产过程，同时承发包双方的交易也贯穿于这个过程之中。

因建筑产品具有单件性、体积大、工期长特点造成了特殊计价方法—工程估算、概算、预算、结算。建筑产品都是为特定用户一次性设计建造的，不能批量生产和事先确定价格，只能按分部分项套用技术经济参数如定额费率等进行测算，形成不同阶段的测算价格，供定价做参考。

因建筑产品生产周期长和影响因素的不确定性特点造成的特殊定价过程—标底价、投标报价、中标价、合同价、结算价。建筑产品是需求在先、供给在后，定价也是分阶段进行的。标底价是发包方的测算价，投标报价是承包方的测算价，中标价是双方达成一致的测算价；合同价一般是中标价；结算价是包含了设计变更政策性调整和物价变化因素所形成的最终价。

建筑产品的固定性使建筑产品的价格具有较强的地区性——地区之间价格差别很大。由于建筑地点不同，各地的建筑材料、水电、运输、人工的价格以及施工条件等有很大不同，所以地区间定额水平、工程价格均有较大差异。

因建筑产品计价的复杂性和市场主体的不成熟性造成的计价纠纷较多，工程定额解释、价格纠纷调解和仲裁仍是工程计价活动不可缺少的重要环节。

价格改革包括两个方面的内容：一是理顺价格关系，克服扭曲状态，使价格结构趋于合理；二是改革价格体制，除极少数重要的资源垄断性产品和公共产品的价格外，绝大多数商品和劳务的价格，多在市场竞争中形成。国家主要运用经济政策和经济手段，控制物价总水平的上涨幅度。在这两方面改革中，后一方面的改革，即价格形成机制和调控机制的改革，是更为重要的、实质性的。

市场经济有许多共同的特性，在市场经济条件下，一切生产要素都是商品，市场经济是以市场机制配置社会资源。企业是市场的主体，凡是市场能够解决的问题，就不需要政府去解决，政府只需解决市场本身不能解决的问题。市场经济是法制经济，市场中的各方行为要由法律来规范；市场经济是一种竞争经济，利益驱动经济，竞争就会有风险，风险应当由人承担，在竞争中优胜劣汰，政府不保护落后；市场经济是开放性的外向经济。

当前的投标报价的价格确定方式必须改革。在建筑市场中，并不是个别企业决定着建筑产品价格，而是由市场竞争形成价格。在目前情况下，国家规定由直接费定额、间接费和规定的取费程序标准，只允许企业在利润和投标策略上有自己的自主权，造成企业竞相压价，要么通过不合法手段弥补所受损失，要么使施工企业所创造的价值被其他部门无偿占有，是不利于施工发展的。建筑工程造价费用构成及计算程序和方法对招标投标有着极大的约束力。一方面，在取费方面，是以直接费为取费基础。按照规定的费率取费，各企业的报价在不考虑投标策略与技巧时都追求接近标底，使企业的自主权变得很小，竞争空间狭小；另一方面，以单位工程直接费等费用的方法，使各分部工程的费率都一样，其实质是按直接费的大小来分摊其他费用而实际情况是就整个单位工程来讲，规定的费率可以使承包商有相应的管理费用和利润，但就某一分部工程如土石方工程，因定额直接费与市场价格相比相差甚远；同样的费率，就使该分部工程管理费用不足。如果允许分包的话，照目前国有企业的状况，则分包商就无利可图，甚至亏损，这样的结果会限制社会上尤其是建筑行业的分工协作，和专业化程度的提高，不利于工人专业技术水平的提高。同时也不利于企业管理水平，协调能力的提高。由此也可看出计费程序已不适应现时的市场情况，也说明造价费用构成中有不合理因素存在。因此应改善目前的造价费用构成和计费程序。目前我国在工程间接费取费问题上采取差别费率原则，有的省市按企业类别和工程类别取费这实际上也是一种地方保护主义做法，给国有大型企业开绿灯，这种做法违背市场经济的发展要求，不利于市场经济的发展。"入世"后对国外投资工程来说，势必会引起争论和纠纷，这种做法违背公平竞争会受到制裁。

市场经济最大的优点是能适应不断变化的社会经济条件，起到优化资源配置的基础作用。因此对于建筑方面，要从基本建筑产品也是商品的认识出发，以价值为基础，确定建筑安装工程的造价，通过建设市场的有序竞争，逐渐克服现行工程造价计价方式中的消极因素，建立市场机制下的造价体系。

1. 强制推行全国性的统一工程量计算规则及计量标准，可覆盖或原则覆盖全国各地现行规则和标准，为解决量的统一问题，打好基础。

2. 遵循商品经济价值规律，建立以市场形成价格为主的价格机制，实现"量价"分离，变由政府部门发布定额单价或指导价格为市场价格。企业根据政府和社会咨询服务机构提供的市场信息和造价指数，结合企业自身实际情况，自主报价，通过市场竞争予以定价并以合同的形式明确约定，同时也可随物价指数变动而调整的条件，解决定额单价法中争议较大的价格波动问题和由定额规定统一消耗量的问题。

3. 切实落实建设工程招投标制度，消除建设市场中的条块分割，地方保护，行政干预及违法挂靠，倒手转包等违规违法做法，通过招标投标竞争，使工程质量、工期和造价得到全面优化，提高投资效益。

4. 企业根据自身管理情况和工程情况，自主确定投标报价取费标准，克服指令性的政府主管部门调控取费计取费率的不合理因素，从根本上消除工程施工中的层层转包，坐吃级差等妨碍市场发展的不规范因素，体现公平、公正的市场竞争原则。

5. 政府部门实行工程建设中的宏观职能，规定政府投资项目的管理实施办法，指导而不干涉工程建设中的招投标等法人行为，收集、管理并定期公布市场信息和物价指数，以及各种设备材料、工资、机械台班的价格指数以及工程造价指数，供建设单位，施工单位造价咨询服务单位参考。

6. 为建设市场提供工程造价咨询服务的社会中介机构，通过优质高效的服务、准确可靠的工程造价信息及较高的业务水平、较强的技术能力，为业主方、工程承包方等提供工程造价管理、控制等咨询服务。

工程造价的计价方式，最终应通过市场价格机制的运行，形成统一协调，有序的工程造价管理体系，达到合理使用投资，有效控制工程造价，取得最佳投资效益的目的，逐步建立起适应社会主义市场经济体制，符合中国国情与国际惯例接轨的工程造价管理体制。

建筑产品的固定性使建筑产品的价格具有较强的地区性一地区之间价格差别很大。由于建筑地点不同，各地的建筑材料、水电、运输、人工的价格以及施工条件等有很大不同，所以地区间定额水平、工程价格均有较大差异。

因建筑产品计价的复杂性和市场主体的不成熟性造成的计价纠纷较多－工程定额解释、价格纠纷调解和仲裁仍是工程计价活动不可缺少的重要环节。

要适应社会主义市场经济的价格形成机制，必须达到三大目标：

1. 第一，绝大多数商品、劳务的价格和收费应由企业根据市场的供求决定产品价格；

2. 要形成以合理的比价体系和差价体系。在市场经济条件下，总体上要由市场机制来配置资源，通过价格信号来配置资源，这是实现资源合理配置的主要途径。通过市场形成价格，实行优质优价、劣质低价，调节市场供求关系。

3. 要形成合理的价格管理体制。产品定价的主体应由国家转向企业和经济单位；政府主要管好宏观调控，控制物价总水平，避免价格大起大落和通货膨胀。因此要促进市场体系的发展和成熟，必须进一步加快价格改革步伐，逐步建立起以市场形成价格为主的价格机制。

（三）建筑企业竞争方式的改变

施工企业的经济效益来源于一个具体的工程项目，而工程项目的承揽来源于市场。因此，充分研究市场，做好企业在市场中的作用，对企业的发展具有重要的意义。长期以来，由于建筑产品采用政府定价，行政干预，价格机制严重扭曲，工程承发包中竞争不充分，施工企业缺乏活力和创新。建筑工程造价出现偏差则引发建筑市场秩序混乱、腐败滋生、质量、安全事故频发之事。在市场经济体制下，我们要勇于开拓，深化改革，遵循市场经济规律，是现有市场定价，企业自主报价的目标。

建筑市场是一个广阔的市场，对于每一个建筑企业来说，可利用的自然资源有限、人力资源有限、时间有限、资金有限。竟如一个有形市场，就需要投入资源，如果市场定位不准，就会造成资源浪费。因此，必须研究建筑市场，开拓建筑市场。

因此建筑产品实行市场定价是市场经济发展的产物。定额在编制时，使用的是已经发生的价格，而编好之后一般使用好几年，是一个静态价格，虽然每年各省出汇编，调整价格，那也是有限的个别材料调整，不能对所有的材料做出全面的动态调整。也就不可能真实反映建筑产品的价格，因此根据定额编制出来的预算价格明显滞后于市场价格，存在严重的脱节。建设单位编制标底的依据是定额，施工企业编制标底的依据也是定额，并且计算口径都是统一的。从理论上分析，各投标单位编制的价格以及标底价格应是完全相同的。按原有的评标办法，中标价控制在标底的合理幅度内，往往最靠近标底的中标，而报价较低者却反而缺乏竞争力，甚至成为废标。于是承发包市场招投标竟成"预算比赛"，这样的制度显然不利于投标单位在价格上竞争，施工企业的自身技术专长和施工经验，施工设备配备情况，材料采购渠道的多样性和管理水平等优势均无从体现，而且容易引发标底泄密的严重问题。

成本价也是一个动态值，是一个可变因素，往往会随时间、环境、地点变化而变化。建筑产品不同于一般商品，它是先定价，后形成产品，且建设周期长，因时间的差异，当初中标时的成本价与最后竣工时的成本价存在差距，即使承包时不低于成本价，由于市场影响的原因或实际施工过程管理不当，最终价格难免要低于成本价。因此采取"量价"分离，在统一量，统一项目划分，统一工程量计算规则的基础上实行实物清单报价。在市场经济体制下，根据市场需求和内部定额，结合市场价格信息，管理技术水平，进行自主报价，开展充分竞争。发挥价值规律的作用，通过市场来调节供给需求，实现优胜劣汰增进企业的创新性和活力。

长期以来，由于建筑产品采用政府定价、行政干预，价格机制严重扭曲，工程承发包中竞争不充分，施工企业缺乏活力和创新，导致"僧多粥少"，供给需求失衡。因此建筑市场秩序混乱、腐败滋生、质量、安全事故频发。

以往，在工程招投标中采用的是根据定额编制出来的预算价格，而定额是"政府定价、企业生产、政府报销"的计划经济的产物。如果定额在那个时代是适用的，那么时至今日则已落后，有着明显弊端。定额在编制时使用的是已经发生的价格，而编好之后又往往几年不动，只是一个静态价格，没有及时动态调整，因此我们必须在统一计量单位、统一项目划分、统一工程量计算规则的原则下实行实物工程量清单报价。

在控制量的前提下，根据市场需求放开价格，提供激励机制。将确定投标价的权利归还给企业，由企业根据市场需求和内部定额、结合市场价格信息，管理技术水平进行自主报价，开展充分竞争。发挥价值规律的作用，通过市场这双无形巨手来自发调节供给需求，实现优胜劣汰，增进企业的创新性和活力。

实物工程量招标的出发点，并不是以牺牲施工企业的经济效益来换取业主节约投资的效益，而是要求施工企业通过先进技术方案、提高管理水平来降低造价，所以在评标过程中也并不是一味地以低价作为唯一标准。

采用实物工程量，工程报价单是建设工程施工合同的组成文件，其作用是：

为招标方编制工程量清单和投标方编制清单报价提供拟建招标工程的工程实物量，为投标方提供了一个平等竞争投标的基础，符合商品交换要以质量为基础进行等价交换的原则。

在工程实施过程中，工程款结算时可按照工程量清单表中序号对应的项目，按合同单价和有关合同条款计算工程款是工程款结算的依据。

在工程变更增加项目或索赔时，可以选用或参照工程量清单中的单价来确定新项目或索赔项目的单价和价格。

工程量清单的编制应与投标须知、合同条件、合同协议条款，技术规范和图纸一起使用。工程量清单所列的工程量系指招标单位暂估的，作为投标标价的共同基础。付款以实际完成的符合合同要求工程量为依据。工程量由承包单位计量，监理工程师核准。工程量清单中所填入的单价和合价，应按照现行预算定额的工料机消耗标准及预算价格确定，作为直接费的基础。其他直接费、间接费、利润、有关文件规定的调价、材料差价、设备差价、现场因素费用、施工技术措施费以及采用固定价格的工程所测算的风险金、税金等按现行的计算方法记取，计入相应的报价表中。

建筑工程产品价格，实行按工程实物量，一部分费用单价的形式编制。工程计价是统一的工程项目划分，统一的工程量计算规则，统一的计量单位，统一的项目编号，统一的消耗量标准。

招标方提供的实物量与招标图纸实际工程量不符，其工程量之差应给与调整，单价以工程投标中标后确定的单价为准。

因设计修改而引起的实物量变化，应予以调整，其单价以修改时的综合价格为准。

第二节　工程造价的指数编制

工程造价指数是反映建筑市场不同类型建设项目在不同时期内相应各项技术经济指标、各投入要素价格变动的相对数。通过将各个时期的造价指数组成时间序列，能够较好反映建设工程造价的变化幅度和变动趋势，客观地反映建筑市场的价格变动水平和供求关系对建设工程造价的影响。因此，工程造价指数是一种衡量建筑市场价格趋势的指标，通过该指标可为建筑市场参与主体、投资决策、政府宏观调控提供有力的参考依据。

建设工程工程量清单计价模式下，投标企业根据同类相似工程的招投标价格指数走势情况，并结合自身的实际，制定科学合理的工程量清单报价，建设单位评标时可依据指数设定一定范围作为某一单项是否"合理低价"的参考依据，通过单位工程、单项工程的价格指数分析计算其价格变动对建设项目总报价的影响，从而为评标提供可靠的数据。

然而，目前大部分省市定期发布的工程造价信息多是人工、材料价格、人工费调整系数及费率调整文件，这种被动、静态、滞后式的跟踪方式虽在一定程度上反映了建筑市场价格的变动，却难以及时反映价格水平的变化，且价格水平跳跃性大，前后连贯性差。虽然近些年，业内逐渐认识到工程造价指数在反映市场变动对工程造价影响的重要性，对工程造价指数进行了很多尝试和研究，但各个省份多是依据地方编制标准进行相关指数的编制，造价指数的编制种类、计算模型口径不一。一方面指数编制的科学性较弱，另一面也造成造价信息的流通性较差，因此需要针对工程造价指数的编制进行研究，构建全国统一的造价指数编制标准，规范指导各主体的编制工作。

一、工程造价指数的概念、意义及分类

（一）工程造价指数的概念

工程造价指数是指数在工程建设领域的一种延伸，从指数的定义演绎至工程建设领域，工程造价指数可定义为反映建筑市场不同类型的建设项目在不同时间、不同区域的技术经济指标、建筑劳务价格和建材设备价格变动的相对数。通常基期指数取 100，是衡量建筑市场价格水平变化趋势的主要指标。

（二）工程造价指数编制意义

同物价指数、股票指数一样，工程造价指数能够较好地反映建筑市场的价格变动趋势和变化幅度，是工程造价动态性管理的一种重要工具，在建设工程造价管理中具有十分重要的意义。

1. 工程造价行政主管部门可以通过分析、测算及发布工程造价指数，掌握并向社会提供建设工程造价的总体发展趋势信息，为工程建设市场服务，为投资决策服务，为政府部门宏观调控服务；

2. 在工程量清单计价形式下，通过分析工程造价指数，投标方可以确定人材机因素的风险系数，可作为建筑市场交易过程中承发包方合理投标报价、评标的重要依据。

3. 大中型造价咨询或相关领域企业，通过组织（参与）工程造价指数测定工作，建立自身造价资料数据库和技术统计分析系统，对于提高企业技术管理水平有重要的意义，从而提升企业品牌、提高企业根本竞争力；有条件时向社会发布非官方造价指数，可以对官方造价指数提供重要的参考校验值，甚至在局部领域获得社会认可，成为代表该领域的权威指数而发挥重要社会经济影响，例如香港利比、威宁谢等知名咨询企业的指数在业内具有很高的影响力。

因此，工程造价指数工作是建设工程领域特别是建设工程经济领域的一项基础性管理技术工作。

（三）工程造价指数的分类

工程造价指数有下列四种分类方法：

1. 按照指数反映对象范围，工程造价指数分为单项价格指数和综合造价指数单项价格指数也称为个体指数，是分别反映各类型工程的人工、材料、机械及主要设备等的价格变化指标。

综合造价指数是反映因人工费、材料费、施工机械使用费等因素的综合变化而对分部分项工程、单位工程、单项工程和各类建设项目的造价影响程度的指标。通过综合造价指数，可以分析研究造价总水平变化趋势和程度。

2. 按工程造价指数的内涵及作用可分为价格指数和成本指数

价格指数包括投入品价格指数和建筑价格指数（投标价格指数）两类。其中，投标价格指数是反映由于市场价格变化及投标企业的投标策略对工程报价影响幅度的指标；投入品价格指数包括人工价格指数、材料价格指数和机械使用价格指数，它从工料机角度反映价格的变动情况，

建造成本指数是由人工价格指数、材料价格指数和机械使用价格指数等级别指数乘以工料机在不同工程类型中的权重后综合得到，是反映建筑工料机综合成本价格变化的指标。

3. 按造价资料期限长短分为时点造价指数、月指数、季指数、年指数。

4. 按计算所取不同基数分为定基指数和环比指数

除以上造价指数基本分类外，根据《建设工程分类标准》（GB50359-2010）建设工程按自然属性分为：建筑工程、土木工程、构筑物；按使用功能分，房屋建筑工程、铁路工程、公路工程、水利工程、市政工程、环保与节能工程、煤炭矿山工程、水运工程、海洋工程、民航工程等。不同的专业对应不同的造价指数，由于专业类别广泛，专业之间的差异性也较大。根据目前的条件，应分不同专业领域逐步安排造价指数测定工作，可以先从常见的房屋建筑工程开始，进行房屋建筑工程造价指数的编制，不断积累经验。

二、建筑工程造价指数类型的确定

（一）确定原则

以指数理论为基础，根据各建筑市场参与主体的需求，提出确定房屋建筑工程造价指数类型的四个原则。

1. 一致性原则

房屋建筑工程造价指数类型的选择应与我国现行造价规范、造价政策法规的一致性。我国从 2003 年 7 月 1 日开始推行工程量清单计价模式，于 2008 年对 03 版清单规范进行了修订，并将于 2013 年 7 月份颁布新版《建设工程工程量清单计价规范》，工程造价指数的编制类型应该与工程量清单计价规范一致。由于造价的地域性特点，造价指数内容的

确定还应该与当地的造价政策、管理条例相一致。此外，造价指数的类型还应该符合国家、地方统计方面的有关规定。

　　2. 稳定性原则

　　造价指数类型的确定必须以最根本的指数分类作为基础和标准，并结合各级工程造价管理主体及各造价指数使用对象对造价指数的使用要求综合进行确定，在一定的周期内保持造价指数体系的稳定，尽量避免指数的类型的频繁更换。

　　3. 可拓展性原则

　　工程造价指数的编制作为工程造价管理的一部分内容，是随着工程造价管理制度不断发展完善的，构建的造价指数体系应有较好的灵活性，能够对指数体系中某些指数的名称、内容、编制方法进行扩充拓展，以满足后期发展的需要。

　　4. 实用性原则

　　编制的造价指数应满足各级工程造价管理主体及使用者的实际需求状况，使编制的工程造价指数具有较强的实用性，能够改善目前工程造价管理现状，提高造价管理水平。如：政府调控部门能够通过造价指数把握建筑市场的价格波动状况，有针对性地制定相应的调控政策，投资机构通过造价指数判断未来的市场走向，做好投资估算，施工单位通过造价指数更为合理进行投标报价。

　　（二）房屋建筑工程造价指数类型的确定

　　基于以上原则，并考虑国内建筑市场的行业习惯、资料数据采集的难易程度等因素，通过对《建设工程工程量清单计价规范》（GB50500-2008）的研究分析，确定编制两大类型房屋建筑工程造价指数：要素价格指数、综合造价指数。

　　1. 要素价格指数

　　要素价格指数，也称为投入品价格指数。在建设过程中，人工、材料、机械是构成一个项目的主要要素，各要素费用总和构成工程造价的主要部分，要素价格的波动会引起建设工程造价的相应波动。此外，在工程量清单计价模型下，综合单价的内容包括完成工程量清单中一个规定计量单位的项目所需的人工费、材料费、机械使用费、综合管理费用，并考虑风险因素。因此，通过编制投入品价格指数，对工程建设中人工、材料和机械使用价格的变动研究，对提高工程造价管理具有基础性的作用。

　　（1）人工价格指数

　　人工价格指数分为主要实物工程量人工价格指数、人工工种单项价格指数和人工费价格指数，其中实物工程量人工价格指数是反映完成单位实物工程量人工价格的价格变动；人工工种单项价格指数分别反映各类主要工种人工单价水平的波动情况；人工费价格指数是反映某种类型工程项目人工费总体变动指标。

（2）材料价格指数

一般情况下，发达国家建筑材料费占建筑成本的30%左右，而我国材料费占建筑成本的比例达到50%～60%。材料费是工程造价的一个重要组成部分，材料价格的变化会对工程造价造成较大影响。因此，目前很多地区专门针对工程建设中的几大主材单独编制价格指数。

材料价格指数主要分主要材料价格指数和材料费价格指数。主材价格指数是指选取建设过程中用量较大，且对造价影响程度较大的几种主材分别编制单项材料价格指数，是对单种材料价格波动的反映。材料费价格指数是对建设工程材料费的综合波动的反映。

（3）机械台班价格指数

随着科技的发展，施工机械不断改进，建筑业的机械化作业程度将日趋提高，所以编制机械台班价格指数，反映市场施工机械的价格波动，对完善工程造价管理具有积极意义。

2. 综合造价指数

目前，以国有资金投资或国有资金投资为主的工程建设项目必须全部使用工程量清单计价模式，鉴于良好的适用性，许多非国有资金投资的工程建设项目也逐渐采用工程量清单计价模式。

采用工程量清单计价，建设工程造价由分部分项工程费、措施项目费、其他项目费、规费和税金组成。对于城市中常见的房屋建筑工程而言，结合清单计价规范，相对完整的工程量清单价格指数体系包括分部分项工程造价指数、单位工程造价指数、单项工程造价指数。

编制与工程量清单相匹配的分部分项工程造价指数，作为投标报价、评审"合理低价"的参考依据。

三、建筑工程造价指数的编制主体及流程

（一）建筑工程造价指数的编制主体

针对造价指数的编制主体，我国可以借鉴香港的做法：以政府为主体，编制官方的造价指数，实力雄厚的造价咨询单位和施工企业也可以根据自身的技术类型编制非官方的造价指数。

就政府层面而言，编制主体为分管建设工程管理的机构、造价信息管理机构，统计部门也可以给予数据统计方面的参考。政府机构也可以与实力雄厚、年业务量大的咨询管理企业合作，政府给出指数的编制标准，咨询公司依据此标准编制相关指数，政府再对咨询公司编制的指数质量进行复核。

此外，咨询公司和施工企业可以结合自身的实力编制造价指数，作为指导自身经营活动的参考依据，也可以对外发布非官方造价指数，作为对政府造价指数的补充和印证。

（二）建筑工程造价指数的编制流程

首先，根据确定要编制的造价指数类型采集相关的工程造价资料。准确的指数形成，建立在正确的数据收集方法之上。资料收集的标准、种类、渠道，以及对收集到的造价资料进行调整、审查，保证数据信息的质量。

其次，针对不同类型的造价指数，选择科学缜密的指数模型进行编制测算。

第三章　工程造价估算、结算

第一节　工程造价估算概述

一、工程造价估算的概念

工程造价，即工程的建造价格，是指建设一项工程预期开支或实际开支的全部固定资产投资费用。工程造价数额较大，从几十万到几百万甚至上亿元，对国民经济产生很大影响，其价格构成是多个行业市场价格的综合反映，做好工程造价管理具有特殊的重要意义。

工程造价管理就是合理地确定和有效地控制工程造价，即合理确定投资估算、概算造价、预算造价、承包合同价、结算价和竣工决算价在优化建设方案、设计方案的基础上，在建设程序的各个阶段，采用一定的方法和措施把工程造价的发生控制在合理的范围和核定的造价限额以内，以取得较好的投资效益和社会效益。随着建设项目的进展，有效减少工程投资的可能性会逐步减小。也就是说，尽管工程进入施工期以后是资金投入的高峰，但控制和节约工程投资的潜力却越来越小。据有关资料统计，在工程建设各个阶段中，投资决策阶段影响工程造价的程度最高。因此，决策阶段项目的内容是决定工程造价的基础，直接影响着决策阶段之后各个建设阶段工程造价的确定与控制。搞好项目决策阶段的投资估算是工程造价管理的重要内容。

工程造价估算是指在投资决策阶段，依据所掌握的资料及投资估算指标、经验和方法，对工程项目的投资额进行估算。投资决策是选择和决定投资行动方案的过程，是对拟建项目的必要性和可行性进行技术经济论证，对不同建设方案进行技术经济比较，选择并作出判断和决定的过程。投资决策正确与否，直接关系到工程建设的成败，关系到工程造价的高低及投资效果的好坏。随着投资决策的逐步深入，掌握的材料逐步丰富，投资估算工作也相应地分为四个阶段规划阶段的投资估算；项目建议书阶段的投资估算；可行性研究阶段的投资估算；评审阶段的投资估算。工程造价估算是投资决策过程中必不可少的关键环节，是工程项目前期工作的重要组成部分。同时它还是编制投资计划，进行资金筹措及申请贷款的主要依据，是作为控制整个工程造价的最高限额如果工程造价估算误差太大，必将导致决策的失误，进而严重影响工程的建造质量，甚至使工程中途下马，给国家造成重大损失。日益更新与不断涌现的新材料、新工艺、新科技以及入世后的市场竞争，对投资估算本身的精度和速度提出了高要求。因此，快速、准确地估算工程造价，对工程造价进行合理分析与测算，是工程造价管理的重要任务，也是当前迫切需要解决的问题。

二、工程造价估算影响因素

工程造价估算受到许多因素的影响，既与投资环境有关，又与技术方案有关，工程投资环境。

（一）工程状况

在投资决策阶段，对工程状况的了解仅限于需求调查，掌握信息极为有限，因此有必要根据建设需要对工程信息进行深层次的挖掘，以尽可能准确地理解工程需求，保证建设资金用到实处，精简工程开销，提高资源的有效利用程度。还要受到估算编制方法的影响。下面分别介绍这些影响因素。

1. 外围因素

外围因素主要有政策因素、燃料动力供应、运输及通信条件、环保。要力求全面、细致地了解、掌握这些因素的详细资料，避免工程支出有不必要的损失，尽可能地实现工程价值的最佳。

2. 技术配套因素

先进的生产技术及装备是项目规模效益赖以存在的基础，相应的管理技术水平是实现规模效益的保障。若获取技术的成本过高或当前技术及装备还没有达到与经济规模生产相适应的先进水平，将会给项目日后的发展带来危机，导致项目投资效益低下，工程造价支出严重浪费。

3. 市场因素

工料机的市场供求及费用涨落，项目本身的要求，结合建设期的长短，要提前做好摸底工作，并依照市场规律，尽可能准确地作好推算，汇制图表，了解工程造价可能发生范围，从而做到心中有数，保证资金的充足供应。

鉴于该因素对工程造价估算的影响，需要做到掌握足够海量的数据，并且深刻理解其内涵。只有这样，才能较好地完成技术方案的设计工作，进而直接影响到工程造价大小及其构成。

（二）工程建设方案

项目方案的优劣直接影响建设费用的大小和建设时间的长短，影响建筑施工的目标和投入的人力，决定建设项目长期的使用价值和经济效果。在建设项目的决策阶段，对方案的设计主要抓其深度，在保证合理工期的前提下，进行较为细致且全面的方案规划。

1. 建设标准的制定

建设标准的主要内容有建设规模、占地面积、工艺装备、建筑标准、配套工程、劳动定额等方面的标准或指标。建设标准是编制、评估、审批项目可行性研究的重要依据，是衡量工程造价是否合理及监督检查项目建设的客观尺度。

建设标准能否起到控制工程造价、指导建设的作用，关键在于标准定得是否合理。建设标准应从我国目前的经济发展水平出发，区别不同地点、不同规模、不同等级、不同功能，合理地制定，力求各项指标的最优化组合。

2. 建设地区及建设地点的选择

建设地区的选择是指在几个不同地区之间，对拟建项目适宜配置在哪个地区或范围的选择。建设地区选择的合理与否，在很大程度上决定着拟建项目的命运，影响着工程造价的高低。建设地区的选择要遵循以下两个基本原则靠近原料、燃料提供地和产品消费地的原则工业项目适当聚集的原则。

建设地点的选择是在选定建设地区的基础上，具体确定项目所在的建筑地段、坐落位置和东南西北四邻。建设地点的选择，不仅关系到建设工程造价的高低和建设期限，对项目投产后的运营状况也有很大影响。选择建设地点应满足以下要求节约土地选在工程地质、水文地质条件较好的地段，尽可能满足工程对象的需要交通便利，可缩短运输距离，减少建设投资应便于供水、供电等协作条件的取得应尽量减少对环境的污染。

3. 生产工艺方案和平面布置方案的确定

生产工艺方案的确定，使得当前工程的建设成为可能，并以最小的消耗获得最大的经济效果为实施目标。以先进适用和经济合理为标准，确定拟采用的可行方案。

正确合理的平面布置设计，能够做到工艺流程合理，总体布置紧凑，减少项目投资，发挥良好的投资效益，节省经营管理费用，提高劳动生产率。

4. 设备的选用

设备的选用是根据所确定的生产规模、产品方案和工艺流程的要求，在遵循先进适用、经济合理、稳妥可靠的原则下，选择高效率、低能耗的设备和机械装置。设备的选用直接构成对设备的估价，影响项目总投资和项目的技术经济评价结果，进而影响投资机会的选择。

在选用设备时，应放眼未来、长远打算，注意处理好以下问题符合工程实际，综合考虑动力、运输、资源、能源等情况立足国内，尽量使用国产设备尽量采用标准化、通用化和系列化生产的设备，避免重复引进注意设备之间、设备与原材料和备件、设备与维修能力的衔接配套问题注意设备相关的技术及资料的引进问题。

（三）工程造价估算编制方法

工程造价估算，从实际上来说，是利用某种方法对工程造价所做的一个预先估计或称预测。以上影响因素只是为工程造价估算工作打下基础，其真正落脚点在于工程造价估算的编制，这需要在准确掌握并全面审核以上资料的前提下，运用具体的编制方法，完成对工程造价的估算。显然，这在很大程度上受到人为因素的影响。

为发挥该因素对工程造价估算结果的积极作用，对负责该工作的造价工程师提出了相应要求应具备扎实的专业基础知识和良好的职业道德。其次，在实际工作中，应不断提高业务处理能力，善于运用个人经验，寻求较好的估算编制方法，使工程造价估算系统化、具体化、综合化，从而保证工程造价估算的准确性。

所谓系统化，是指为加强工程造价的有效估测，应建立完备的、连贯的、准确的估测系统，使工程造价估算中的估算过程、估算精度都处于严格、客观的分析评价及控制系统中具体化；是指对某工程的造价估算，应根据其具体的结构形式、建造地点等特征，采用合适的方法，产生符合客观实际的工程造价综合化；是指在造价估算中，应综合地判定不同因素对工程造价的影响程度，考察在它们的共同作用下工程造价的确定，得到一个全面的工程造价的结果。

通过介绍工程造价估算工作的性质，分析影响该工作的各个因素，意识到工程造价估算编制方法具有较大的研究空间，故选择将其作为本文的研究对象，以实现工程造价估算的重要作用。

第二节　工程造价估算方法

实现工程造价估算在工程建设中的造价控制作用，是一项很有价值的系统工程，需要高度重视。目前，国内外对工程造价估算方法的研究十分活跃，本节介绍了以下几种常用的工程造价编制方法。

一、基于定额的工程造价估算方法

定额是基于行业平均生产率水平以及国内自产设备生产率进行制定的，反映当时社会的平均生产力水平。用定额法编制投资估算是根据工程的规模、结构、特征等信息，套用相应的估算指标，分别计算出直接费、间接费、利润、税金等等，最后汇总得出工程投资估算。

这种方法是参照苏联的模式建立的，经历五十多年的沿革，工程定额的名目繁多，既有国家统一定额、行业定额，又有地方定额；既有投资估算指标，又有概算定额、预算定额。因而采用定额法编制工程造价，操作规范，易于掌握。

在工程项目策划、可行性研究阶段，受设计深度以及其他客观条件的限制，难以使用定额法由于定额是按一定的时期、一定的范围、由行政部门编制颁发，反映了特定时期、特定行业或特定地域的"共性",与某个具体工程"个性"之间必然存在差异,且这种差异会很大人、材、机供应的市场化使得工程定额总处于一种相对滞后状态。虽然在工程计价过程中进行了调差处理,但按实找差的调差方法过于麻烦,其结果与实际情况有较大差异。采用国家或地方政府颁发的统一费率计算工程造价,难以体现企业的竞争优势,这是应用定额法估算工程造价的主要弊端。随着我国市场经济的发展,这种缺陷就越来越突出。

二、基于实物的工程造价估算方法

实物法与工程和市场实际情况以及适合本工程施工的施工企业水平直接挂钩,将工程各种投入品的耗量和单价进行分列,以人、材、机数量分别乘以相应的基础价格为基本计算公式,编制更切合每个工程具体情况的合理造价。

这种方法改变了定额法采用平均先进水平、宏观控制投资的基本观点,对工程逐个量体裁衣,体现了量、价分离的原则。实物法的基础数据包括人、材、机的数量和价格两部分,数量根据具体工程的实际建设条件而定,价格则来自市场,实行动态定价,因而该方法切合实际、合理、准确。从理论上讲,实物法是一种最为准确的估价方法。

然而在实际中,无论是在国内还是在国外,实物法都没有得到广泛的应用。究其原因主要有实物法在实际中的可操作性较差,从繁多的工程项目中汇总投入品消耗量,需要耗费大量的人力、物力和时间该方法适用范围有限。在施工图纸完备和各种资源投入编制指南具备的条件下才适用,而在工程前期,由于待建工程资料有限,不可能做出准确的实物估价。

三、基于模糊数学的工程造价估算方法

考虑到工程造价受到许多不确定性因素的影响,具有模糊性,根据模糊数学原理,提出了工程造价的模糊估算方法。通过确定特征向量、计算工程间特征对比的模糊隶属度及贴近度,从众多已知造价的典型工程中找出待估工程的若干个相似工程,利用相似工程的造价作为原始资料,采用某种可行的预测技术,结合模糊数学的某些方法,对待估工程进行造价估算。

这种方法只考虑了待估工程与典型工程的建筑结构与构造的相似性,并不能反映出因建造时间的差异引起的价格费用的变化。当建造要素的价格和费用构成稳定时,建筑结构和构造的相似性才能反映出造价的相似性,此时估算结果是正确的,方法合理可行而在价格变动幅度大、费用构成不稳定时期,建筑结构和构造的相似性无法反映出造价的相似性,估算结果将失真。

模糊数学方法对模糊信息进行处理,使当前工程和已建工程之间的相似度定量化,并以此为依据估算工程造价,具有可行性。但该方法不能准确反映出工程造价的实际变化特性,为确保工程造价估算的准确性,必须考虑各个工程建造年价,即使是在物价相对稳定时期。因此,在原有方法基础上,还须补充考虑资金时间价值因素,以某一时间为基准,

计算当前工程与已建工程之间的相似度，从而选择其中的典型工程来估算工程造价。

四、基于神经网络的工程造价估算方法

分析研究神经网络数学理论，发现由于神经网络是由大量处理单元神经元、处理元件、无电元件等广泛互连而成的网络，它是一个非线性动力学系统，并以分布式存贮、并行协同处理和自适应学习为特色，直接使用样本数据实现输入层与输出层之间的非线性映射，因此不需要建立精确的计算方程或规则，非常适用于难以建立精确数学模型但易于收集学习样本的问题。而工程造价估算正是这样一个问题。

运用神经网络进行工程造价估算，将已建工程特征的量化数据作为输入，对应的造价资料作为输出，对神经网络进行训练，用训练好的神经网络来实现工程造价的估算。这种方法通过实例训练学习来确定模型的权重，避免了某些方法的人为计取权重的主观影响，计算简单、准确，非常适合快速估算工程造价并且，造价中隐性考虑了不同时期主材价格，使造价更加符合实际。

基于神经网络的工程造价估算方法的主要限制在于工程特征的选取和训练样本的选取上。为确保估算模型的准确度，要求做到选取的工程特征能够反映工程本质，便于众多样本彼此区别开来。同时，选取的训练样本要和当前工程类似，才可能使估算模型为问题求解提供支持。然而这两个方面的选取工作，目前只能凭借经验来完成，缺乏理论的指导，容易造成个别输出目标值偏离实际值。

目前常用的工程造价估算方法有很多，这里仅对最具代表性的几种方法做了介绍。由于工程项目系统的隐蔽性、模糊性、多层次性等复杂性，迄今为止仍没有一套成熟有效的工程造价估算方法。通过剖析数种工程造价估算方法，了解其特点，权衡利弊，以指导探索更科学有效的工程造价估算方法。

第三节　工程造价的结算审核

我国经济的快速发展极大地促进了我国工程建设的发展，同时也加剧了工程建设施工企业间的市场竞争。如何在激烈的市场竞争中站稳脚步，赢得市场？是现代工程建设施工企业的首要问题。工程造价管理的科学实施是企业赢得市场。作为提高经济效益的关键，对企业工程造价实施的监督与控制，工程造价结算审核是检验企业工程造价编制、管理的重要工作。其对投资力的经济效益、施工力的经济利益都有着重要的影响。因此，现代工程造价审核管理上须通过对预、结算进行全面、系统的检查和复核，及时纠正所存在的错误和问题，使之更加合理地确定工程造价，达到有效地控制工程造价的目的，促进建设单位对工程项目的资金有效管理从而保证项目目标管理的实现。

一、工程造价结算审核的重要性

工程造价结算审核工作是一项烦琐的、细致的技术与经济相结合的核算工作，其对编审人员的专业技术知识有着较高的要求。工程造价结算审核的有效实施关系到投资主体与施工企业的经济效益，更关系到施工企业对自身工程造价水平的认识。通过科学的工程造价结算审核能够及时地对工程造价实施过程存在的问题进行纠正，提高施工企业工程造价管理水平，促进施工成本控制与管理的实施，为保障投资主体与施工企业的经济效益奠定基础。工程造价结算审核已经成为现代工程管理工作的重点，是关系到投资与施工双方经济利益的重要工作。

二、工程造价预结算审核的主要内容

工程造价预结算审核主要是审核工程量计算的准确性、费用计取的准确性以及单价套用的合理性三方面。在施工图审核的基础上与施工合同、招投标文件、地质勘查资料、隐蔽性工程验收资料、工程协议、会议纪要、工程的变更签证以及材料设备的价格签证等中的概念资料相结合，对工程造价预结算的计算审核进行开展。

（一）审核工程量计算的准确性

工程量中存在的误差主要是正误差和负误差，其中主要在建设工程中的土方施工中得到表现，与设计室外的高度相比，土方的实际开挖高度要低一些。在计算的过程中，根据图纸实施计算。当实际工程量与图纸上的工程量相比较小时，应与图纸相结合实施计算，具有重复性计算的特点。负误差主要表现的是完全根据理论尺寸开展工程量计算，存在计量项目的遗漏等。在审核施工图工程量时，最重要的是准确掌握科学应用工程量计算规则。针对签证凭据中涉及的工程量审核，主要内容是结合现场签证、修改通知书及设计变更等实际状况开展核实工作，使其达到合理计量、实事求是的效果。

（二）审核单价套用的合理性

工程造价定额有一定的科学性、权威性和法令性特点，严格按照相关标准要求造价定额的形式、计算单位、内容以及数量标准，禁止随意将其提高或降低，在套用审核预算单价的过程中，应对直接套用的单价、换算的定额单价以及补充定额等内容进行审核。

（三）审核费用计取的准确性

严格按照工程项目所属地相关工程造价管理部门所颁发的文件及制定的规定开展费用计取工作，与工程合同和招投标文件相结合，使费率得到准确地确定。在审核费用计取的准确性时，应对计费文件的时效性、费率计算的准确性、执行的费用表与工程性质之间的相符性、存在差价调整的材料与相关文件之间的相符性进行重点关注。

三、工程结算的审核方法

（一）全面审核法

与施工图纸的设计要求相结合，将目标定额、工程合同或协议、施工组织设计以及关于造价计算的规定和文件相综合，全面审查作为综合审查工程量、综合单价组成计算的审查方法得到应用。

（二）重点审查法

重点审查法就是把握工程预决算的重点开展审查的方法。该方法与全面审查法基本相同，两者之间的差异就是不同的审查范围。通常对较大的工程量、较高的投资费用以及复杂的工程结构的分项工程的工程量进行选择，使其作为审查重点。

（三）对比审查法

对比审查法就是分解单位工程的直接费和间接费，再分解根据分部分项将直接费实施分解，也可分解材料消耗量，通过细分之后，再对比审核标准预决算或综合指标。若有某一部分工程价格差之间有较大的问题产生时，对该分项的详细子项目实施进一步仔细核对，使工程量和综合单价的审查得到重点关注。该方法的特点是通常不对设计图纸和工程量熟读，实施重新计算，在审查时，只需对 1 ~ 3 种指标进行选取，不仅使时间得到有效节约而且还能达到较高的准确度。

（四）筛选法

作为一种统筹法，筛选法也作为工程造价预决算的审核方法之一得到应用。相同类似的建筑工程即建筑面积、建筑高度等不同的各项指标，但是两者各个分部分项工程的单位建筑面的所有数据都有较小的相差。因此，能够有效收集这些工程的分部分项数据，然后进一步优化，归纳同类工程单位面积上的工程量、金额和人工等基础数据，使其作为该类工程的预算标准得到应用。通过采用该类基础数据，有效筛选拟建工程预算的分部分项工程数据，若工程数据落在基础数据的范围内，即可将其忽略审查。但若超出该范围内，则需要详细审查工程各分部分项目。当审查的预算的建筑标准与基础数据的建筑标准不符，那么则应开展更换调整工作，快速审查、发现问题速度快都是筛选审查所具备的优势，在住宅工程或无法全面审查条件的工程中得到应用。

（五）标准预算审查法

对于完全按照标准图纸或通用图纸开展施工工作的工程项目，应采用事前编制好的标准预算作为依据，使其作为审查预算的方法即称之为标准审查法。根据标准设计图纸或通用图纸开展施工的工程，所运用的建筑结构的施工方法基本一致，唯一不同的则是由于现场施工条件的不同而形成一些调整和变化。该类工程的预决算则无须一一审查所有项目，应在编制事前预算和标准图纸的预算审查上下功夫，作为标准预算，也就是在日后都应根据标准图纸或通用图纸施工的工程进行运用，全部将该标准预算作为基准，开展对照审查工作。

四、对建筑工程结算审核的几点建议

（一）建立健全各项规章制度

首先是须在制度上进行完善对工程造价有效控制，制定明确的岗位责任制度，提高建设项目管理人员的执行力，使建设项目合同管理制度更加合法化和规范化。建设项目的质量、进度、造价必须以建设合同为基础，建设单位管理人员应该强化书面化意识，确保施工记录的完整和证据的保存，为化解索赔和反索赔的风险提供资料积累。

（二）强化与职能部门的沟通

由于建设工程具有周期长、单件性、管理部门多的特点，决定了建设项目在预决算审核过程中会涉及政府职能部门以及勘察设计、购货、施工、监理等多个单位。在涉及一些取证工作时，却受某些因素制约，使审核难以保证已收集证据的充分性和完整性，造成工作判断和处理问题时的被动性。因此造价人员应与之沟通协调工程相关管理单位，努力取得有关职能部门的协作和支持，才能提高审核质量。

（三）优化设计方案

建筑工程的设计没有推行优选设计方案、限额设计，建设单位几乎都不怎么重视工程设计，不少设计单位片面追求设计的工作量和经济效益，缺乏精品意识。设计单位原告严格按照批准的投资估算来控制初步设计，按照批准的初步设计总概算控制施工图设计，将经批准的初步设计总概算作为拟建项目工程造价的最高限额。通过该措施能有效地处理技术与经济的关系，提高设计质量扭转投资失控的现象，优化设计方案，提高投资效益，降低工程造价。

（四）收集材料要深入现场

建筑工程很多经济业务需要进行外调工作，为了保证审查的事实更具有说服力，更真实可靠，我们需要深入现场取得第一手真实可靠的证明材料作为进一步审查的依据。在预算定额或间接费定额、有关文件有规定的项目，不得另行签证。设计变更单的内容、数量、项目、原因、部位、日期等要明确，价款的结算方式、单价的确定应明确商定。对于一些重大的现场变化，还应及时拍照或录像，以保存第一手原始资料。特别是对于新技术、新材料以及新结构等不具备数据资料库的工程造价的审核，需要造价人员深入市场的实际考察，积累资料保证造价审核准确性。

（五）提高资料审核力度

审核建筑资料是工程预决算审核的重要组成部分。许多小项目不按正规程序办事，只是粗略地设计草图，没有经过审图办审查直接作为施工图，导致在施工过程中出现太多的设计变更和签证，增加工程预算，使得结算造价超出了合同的预算造价；有时候建设单位现场管理不完善，责任心也不强，对于施工单位提供各种签证和设计变更随意的签字，导致工程预算的增加。

（六）严格审核现场签证

1. 避免重复签证。审核人员必须熟知定额和 08 清单内容，熟悉建筑工程费用项目的组成内容，防止施工单位报送的现场签证把定额中已包括的内容再拿出来重复签证。

2. 按实签证。现场签证时一定要以定额为依据，审核人员一定要结合现场情况来进行，审核时一定要实事求是，仔细核对签证内容，不能见签证就计算工程量，减少不必要的支出，造成预算控制失控。

（七）努力提高审核人员的综合素质

建筑工程预决算审查是一项需要耐心细致且专业要求比较高的工作。这项工作要求我们造价管理人员要熟悉相关的造价管理法律、法规，同时也要经常接受再教育及培训班的学习，努力提高自身的专业素质。审核人员审查工程预决算应采取公正的立场和科学的态度，不能感情用事，应具有耐心、细致的态度，保证预算审核工作的准确度。

第四章 市政工程造价

市政工程是土木工程的一个分支，它包括城市道路、桥梁、隧道、给排水、交通、照明、绿化等基础设施工程，是保障城市正常运转的物质基础，也是促使城市经济发展的基本条件。随着我国经济建设的飞速发展和国家对基础设施建设的大力支持，各地方政府都投入了大量的人力、物力和财力进行市政工程基础设施建设，以加快城市化进程，而大规模的建设使得市政工程造价的确定与控制成为人们极为关注的问题。为了使投入的资金在市政工程中得到合理的分配，且能以最经济的方式取得最大的经济效益和社会效益，工程造价管理行业应运而生，并逐步发展起来，加强工程造价管理的研究和应用能更好地控制市政工程的造价和提高工程项目的经济效益。

第一节 市政工程概述

一、市政工程的概念

"市政"的含义很广，城市的组织、法制、管理、规则建设都包括在内。市政学出现较晚，它属政治学中的一门学科。城市发展了，市政内容大增，市政学也逐渐演变为综合性学科。最初它研究的对象多集中于市议会、市政府机构和市政管理，其内容包括财政、税收、治安、教育、司法和消防等。后来由于工商业日益发达，城市交通和公共卫生等急需改进，市政工程学（包括道路桥涵、下水道及河流堤岸等）公共工程应运而生，但它是从属于城市工程建设事业而不是市政学。根据城市里居住和活动着的是高度聚集的人群这一特点，决定了政治学、经济学、法学、教育学、伦理学、社会学、心理学、工程学等都与市政学有关。因此，总的来讲，"市政"其含义很广，有城市就有市政，这是客观存在的，它包含着城市组织、法规、管理、规则、建设等。市政工程学是市政学的一个分支，它包括的内容绝大部分是市政工程设施的范围的，如道路、桥涵、雨污水排水管渠、防洪河道、洪道、污水处理、泵站、路灯等。

市政工程设施和城市的发展密切相关，是随着城市的发展而同步发展的，既是从属关系又是互相依存的关系。城市是个整体，市政工程设施不能脱离整体，否则整体就残缺不全，局部也不可能生存；另一方面整体也不能排斥局部，否则局部就会不起作用，对整体不利。因此，局部与整体是从属关系，又是依存关系，更重要的是生存关系。局部服从整体，服务于整体，围绕整体发挥作用；另一方面整体要关心局部，照顾局部，支持局部，使它充满活力。

所谓市政工程，又称城市公共设施或城市基础设施，是指为城市的物质生产和人民生活提供一般活动条件或依据的具有公共服务性质的设备、设施的总称。它是指为物质生产和人民生活提供一般条件的公共设施，是城市赖以生存和发展的基础。

城市基础设施一般被分为"社会性基础设施"和"技术性基础设施"，或被分为"非生产性基础设施"和"生产性基础设施"两大类。市政工程主要包括以下内容：城市水源和供水、排水与污水处理、煤气厂和输配管网、集中供热、城市交通和道路桥梁、城市电源和输变电线路、城市邮电通讯、防火、防洪、防震等城市防灾设施、城市战备设施、城市园林绿化、环境卫生等设施。

根据我国当前情况，市政工程包括以下六个方面。

城市能源设施。是指为城市生产和人民生活提供动力、照明、炊事、采暖、娱乐等功能的设施。主要包括城市用电的生产及输变电设施；人工煤气的生产及煤气、天然气、液化石油气的供应设施、热源生产及供应设施。

城市供水及排水设施。包括水资源开发、利用和管理设施；自来水的生产和供应设施；雨水排放设施；污水排放、处理和下水道等设施。

城市交通设施。包括城市内部交通设施即道路、电、汽车、轨道交通、出租车、自行车、公用货运汽车、管道运输、货物流通区、交通管理等设施、城市对外交通设施，即航空、铁路、公路、水运、管道运输等设施。

城市邮电通信设施。包括城市邮政设施和电信设施，即市内电话、长途电话、国际电话、电报等设施。

城市生态环境设施。包括城市环境卫生、园林绿化、环境保护等设施。

城市防灾设施。包括防水、防洪、防地面下沉、防风沙、防雹、防震以及人防性战备等设施。

二、市政工程的经济技术特点

市政工程是土木工程的一个分支，由于自身工程对象的不断增多以及专门科学技术的发展，虽有其自身的特点，但又在很大程度上具有土木工程的共性。每项市政工程都要经过勘察、设计、施工三个阶段，这就要求技术人员必须掌握这三个阶段的专门知识，因而市政工程是一门涉及面很广的综合性学科，其经济技术特点如下：

1.随着社会的发展，城市在经济、政治、文化、交通、公共事业等方面既有自成体系，又密切相关。市政工程起着调节和纽带作用。根据城市总体规划，将平面及空间充分利用，将园林绿化公共设施结合起来统一考虑，减少了投资，加快了城市建设速度，美化了城市，提高了市政设施功能。这是它的综合性。

2.市政工程的多样性。就其功能而言，即使建造的类型相似，但在不同的地区建造，也受不同地区的影响，使市政设施表现出差异。有幽静的园林步道及建筑小品；有供车辆行驶的不同等级道路，有跨越河流为联系交通或架设各种管道用的桥梁；有为疏通交通、提高车速的环岛及多种形式的立交工程；有供生活生产用的上下水管道；有供热煤气、电讯等综合性管沟；有污水处理厂与再生水厂、防洪堤坝等。

3.由市政工程的综合性、多样化引出的市政是流动性很强的行业，除作业面层次多、战线长之外，全年在不同工地上、不同地区辗转流动。

4.市政工程施工系露天作业，受自然气候影响大。冬季需要考虑防寒措施，雨季需要制订防雨、排水计划，否则工期、质量、经济核算都将直接受到影响。

5.市政工程多系在先有用户的情况下改建和扩建，影响面广、干扰大。

6.市政工程的施工条件变化大、可变因素多。如自然条件（地形、地质、水文、气候等）、技术条件（结构类型、施工工艺、技术装备、材料性能）和社会条件（物资供应、运输能力、协作条件、环境等诸多因素）。

市政工程建设是城市基础建设的重要组成部分，直接影响城市的经济发展，该类工程一般由政府组织相关部门经营管理。市政工程均属于线型工程，且多处于市区内，是一项与人民生活息息相关，与社会活动密切联系且涉及多专业的系统工程，在实施的过程中常遇到众多的地下及地上障碍物、施工作业点多而且分散、工期短、质量要求高、对居民出行和生活影响较大等客观因素，而且存在较多的交叉作业，因而给市政工程造价控制带来了一定的困难。

三、市政工程特征分析

市政工程项目包括的内容丰富，前面已经提到：市政工程包括市政道路工程、市政排水工程、给水工程、热力管道工程、燃气管道工程、地铁工程、路灯工程、电力电缆等。各种市政工程都有它自身的特征和特点，正是这些特征、特点影响着甚至决定着市政工程的造价。因此，我们将这些特点与它们的造价联系起来，就能建立"工程特征—工程造价"这样一个关系系统。

一个工程项目的工程造价通常受多方面因素的影响，比如工程的规模、工程结构形式、建筑材料的价格、人工单价、施工工艺、施工方法、质量标准以及合同工期，甚至地质条件和气候特征都会影响到工程造价，这些特征因素有些对工程造价影响较大。有些对工程造价影响较小，而通过估算模型预测工程造价时，在模型中，不可能也没有必要事无巨细地把所有因素都考虑进去。因此，在建立"工程特征—工程造价"这个关系系统时，就必须得对市政工程项目的工程特征进行分析比较，选择对工程造价影响大的特征因素，而忽略那些次要因素。近年来，我国建设工程领域进行了多项改革，其中备受关注的工程造价方面的改革涉及工程造价计价方式、建筑安装工程费用的组成等方面。根据建标〔2003〕206号文件的通知，目前我国的建筑安装工程费用已经调整为由直接费、人工费或人工费与机械使用费的和为基础乘以一定的比例系数来确定，而只有直接费才是工程实体形成过程中所直接耗费的费用，主要包括人工费、材料费、施工机械使用费。因此，确定工程造价关键就是确定工程的直接费，直接费的多少取决于工程量的大小，一旦工程量确定了，直接费就基本确定了。所以，分析工程特征，应从影响工程量的角度来考虑：对工程量影响大的因素，对工程造价影响也就大；对工程量影响小的因素，对工程造价影响也就小。

第二节　市政工程造价过程管理

一、决策阶段的造价管理

（一）决策阶段造价管理概述

1. 项目决策与工程造价的关系

项目投资决策是以业主或投资方为主体进行的项目策划活动。它是指在调查分析、研究的基础上，抉择投资行动方案的过程，是对拟建项目的必要性和可行性进行技术经济论证，对不同建设方案进行技术经济比较、选择及决策的过程。项目投资决策是整个工程建设活动进行的依据，项目决策的正确与否直接关系到项目造价的高低及投资收益的好坏。加强对项目决策阶段的造价管理，提高此阶段的造价管理工作的精确性，有利于更好地实现投资控制目标。

项目决策的正确性是造价合理确定和控制的前提。正确的决策即是做到资源的最优配置，若在错误决策的基础上进行工程造价的控制就不再具有现实意义；决策的内容是决定工程造价的基础。起始阶段的工程计价对项目全过程的造价起着宏观控制的作用，对工程造价的影响程度最大；决策的深度影响投资估算的精确度。决策的不同阶段对应的估算不断被精准化，且前一阶段的估算数据为后续阶段估算的基础，故只有先掌握可靠的数据资料，经过科学计算，才能实现投资控制目标。最后得到的投资估算数据反过来也会影响项目决策。投资估算是进行投资方案是否可行的重要依据之一，也是主管部门进行项目审批的参考依据。

2. 决策阶段影响项目造价的主要因素

在项目决策阶段，影响工程造价的主要因素有：建设规模的大小、建设地点的选择、技术方案、设备方案、工程方案及环境保护措施等。要选择合理的建设规模，必须充分调查了解项目相关市场、技术、环境相关要素，正确处理好三者之间的关系。对于市政工程建设，功能即为最优化满足社会需要，对于大部分城区道路建设，地点是固定的。而对于泵站、垃圾填埋厂等工程项目，建设地点的选择对建设投资和施工难易程度有直接影响，需用系统观点和方法来分析其相关制约因素的影响并加以决策。技术方案包括生产方法、工艺流程及方案的比选。在选择时，应遵循先进适用、安全可靠、经济合理的基本原则。工程方案选择是在已选定项目建设规模、技术方案和设备方案的基础上，研究论证主要建筑物、构筑物的建造方案，包括对于建筑标准的确定。选择时应建立在可行的基础上并满足项目各项既定目标包括环境保护的要求。对上述主要因素进行有效合理的控制，则为科学确定和控制后续各个建设阶段的工程造价奠定了基础。

3. 决策阶段造价管理内容

决策阶段的造价管理内容包括项目策划和项目经济评价。项目策划是对项目整体的统筹规划，它是项目决策过程的第一步。工程项目策划是一项将建设意图转换为定义明确、系统清晰、目标具体且具有策略性运作思路的高智力的系统活动。工程项目策划可分为全面性的总体策划和局部的专业性问题策划。它包括项目的构思策划，给予工程明确的定义、定位、构成等，还包括项目的实施策划，从组织、融资、设定目标到具体实施过程均需变成有实现可能性和可操作性的行动方案。这些方案的确定都需要通过技术性和经济效益的比选。工程项目策划承担了构思工程项目系统框架的任务，为工程项目决策奠定了基础，并将指导工程项目管理工作的开展。

工程项目经济评价是从经济的角度对项目策划成果进一步比选的过程。评价应从项目所处环境因素的要求，采用财务分析和经济分析的方法，对拟建项目的盈利能力和社会贡献进行分析论证，为工程项目的科学决策提供经济方面的依据。

（二）可行性研究

决策阶段造价管理的具体工作体现为控制投资估算。投资估算又是建立在可行性研究基础之上的。可行性研究工作是一个逐步细化的过程，主要包括四个阶段：

1. 机会研究。为确定该项目是否具有开展的需求价值和基本条件，可以根据以往的类似的工程项目来进行价格估算、提供备选方案及初步分析投资效益等。这个阶段估算的精确程度控制在 ±30% 左右。

2. 初步可行性研究。在项目建议书被批准后，对于投资规模大，技术工艺又比较复杂的大中型骨干项目，需要先进行初步可行性研究，对其中存在的难度较大的问题进行专题研究。该阶段估算的精确程度大约控制在 ±20%。

3. 详细可行性研究。可行性研究的关键阶段，对技术、经济等主要问题需进行确定。它是对初步可行性研究的细化和深入研究。它通过技术、经济、社会、商业角度对不同的项目建设方案进行效益分析，并进行抉择建议，同时需提供被选择方案的可行性和依据的标准，为项目的具体实施提供科学依据。这个阶段估算精确程度控制在 ±10% 以内。

4. 评价和决策阶段。评价是由投资方进行最终决策，投资方可以组织有关咨询公司或有关专家，代表业主和投资方对建设项目可行性研究报告进行全面的审核和再评价。

当建设项目经决策后，影响其静态价值的内在因素如建设规模、结构形式、功能布局、工艺设备等就已确定，其相应的投资额（即投资估算）就可以大致确定。可行性研究是政府部门对固定资产投资实行调控管理，进行技术改造投资的重要依据。因此，建设单位必须认真履行职责，充分发挥管理职能，加强调查研究，加大可行性研究工作的深度，做到认真、实际、全面、科学、准确。

（三）投资估算

决策阶段造价管理控制的重点就是投资估算的控制。投资估算正确与否决定着整个项目的发展趋势，投资估算过高会造成不同程度的浪费，过低又会导致投资膨胀。

1. 投资估算的定义

投资估算是在投资决策阶段，以方案设计或可行性研究文件为依据，按照规定的程序、方法和依据，对拟建项目所需总投资及其构成进行的预测和估计；是在研究并确定项目的建设规模、技术方案、设备方案和工程建设方案及工期计划等的基础上，依据特定的方法，估算项目从筹建、施工直至建成投产所需全部建设资金总额并测算建设期各年资金使用计划的进程；投资估算书是项目建议书或可行性研究报告的重要组成部分。

2. 投资估算的作用

投资估算作为论证拟建项目的重要经济文件，既是建设项目技术经济评价和投资决策的重要依据，又是该项目实施阶段投资控制的目标值。投资估算在建设工程的投资决策、造价控制、筹集资金等方面都有重要作用。

项目建议书阶段的投资估算，是项目主管部门审批项目建议书的依据之一；可行性研究阶段的投资估算，是项目投资决策的重要依据，也是研究、分析、计算项目投资经济效果的重要条件；它是设计阶段造价控制的依据，投资估算一经确定，即成为限额设计的依据，用以对各设计专业实行投资切块分配，作为控制和指导设计的尺度；项目投资估算可作为项目资金筹措及制订建设贷款计划的依据；投资估算是建设工程设计招标、优选设计单位和设计方案的重要依据。

3. 投资估算的阶段划分

投资估算精度应能满足控制初步设计概算要求，并尽量减少投资估算的误差。根据投资估算的不同阶段，主要包括项目建议书阶段及可行性研究阶段的投资估算。我国建设项目的投资估算可分为四个阶段且相应估算精度要求如下：（1）项目规划阶段的投资估算允许误差在 ±30%；（2）项目建议书阶段的投资估算的误差控制在 ±30%以内；（3）初步可行性研究阶段的投资估算误差控制在 ±20%以内；（4）可行性研究阶段的投资估算误差控制在 ±10%以内。英、美等国把建设项目的投资估算在上述四个阶段的基础上增加了第五个阶段，即对工程设计阶段投资估算精度要求误差控制在 ±5%以内。

4.投资估算编制的要点

可行性研究阶段的投资估算编制一般包含静态投资部分、动态投资部分与流动资金估算三部分。编制投资估算时应对影响造价变动的因素进行全面考虑，充分估计物价上涨因素和市场供求情况对造价的影响，确保投资估算的编制质量。编制时，应确定拟建项目建设方案的各项工程建设内容，要注意遵循相关政策规定并保持一致性，尤其是投资估算办法、各类指标、价格指数等有关造价文件；要注意考察工程所在地同期的工、料、机市场价格；要包含工程勘察与设计文件的内容，图示计量、主要工程量和设备清单；与项目建设相关的其他技术经济资料也应予以考虑。

（四）决策阶段存在问题的分析及对策

1.问题分析

（1）利益主体的期望目标不一

与其他融资类型的工程不同，政府工程的资金来源以财政为主。工程建设资金获得的一般程序为：建设单位提出下一年度建设工程计划及资金需求—财政部门年度审批—获批项目实施—规定时间前完成审计的项目财政完全拨付。财政部门希望投资控制在合理水平；而建设单位从顺利完成建设任务的角度考虑，对决策阶段的投资估算的期望往往略高于合理水平。因为工程的具体施工过程中有太多的不确定性，为了对工程建设后期具体工作的顺利开展留有充裕的可用资金，建设单位会从财政部门争取尽量多的投资，做到宁多勿缺。即使在后期发现资金有余，也可在施工等一系列活动中将费用消化掉，造成合理利用的假象。另外，建设单位还要对安全、质量、工期全面负责，这些目标的达成也会对资金需求造成波动。而财政部门比较缺乏相应的建设工程专业人才，且本身又承担了大量的管理工作，无法从微观层面对工程造价进行详细审核。只要程序中不存在重大纰漏，财政部门对同是政府职能部门的建设单位的审核是较为宽松的。如果财政部门的干预控制力度过大，资金无法满足工程建设的需要，将无法达成工程建设的目标，这也是不合理的，并会引起负责建设单位的不满。存在的资金缺口，还要在下一年度经复杂的程序进行弥补，这无疑也增加了财政部门的工作量。如何协调好顺利完成建设任务的目标和合理控制造价之间的关系，是决策单位需要进行考虑的。

（2）决策环节缺乏科学管理监督，缺少对可行性研究报告的审核评价过程

耗费大量精力和时间完成的可行性研究成果经过科学数据收集、论证的一系列过程，应该是具有权威性的建议，对项目的建设具有重要的指导意义。对于使用政府资金的工程，未对项目可行性研究报告经过任何专业的审核和再评价，该建设单位直接放弃选用项目可行性研究报告的结论，在向上级主管单位汇报的时候，其上报内容与所附可行性研究报告存在差异，明显缺乏科学的依据，却获得了上级主管单位的批准。

（3）建设单位对项目前期工作管理力度不足

要做好造价控制的工作，建设单位的管理人员必须具备丰富的专业知识，虽然造价相关具体控制工作可以委托设计和咨询公司去做，但要控制好投资，建设单位是工程项目建设的各个阶段的直接参与者、引导者、控制者。尤其是项目的决策阶段，对项目投资的影响程度最大，甚至可达75%左右，而最终的决策的主体就是建设单位。管理人员若缺乏专业的造价控制理念，将导致对关键环节的忽视。从本项目的决策过程看，建设单位直接放弃可行性研究报告的数据，导致可行性研究这一过程未发挥出其应有的作用。这说明建设单位对可行性研究过程的管理存在欠缺。

（4）前期工作准备不足，可行性论证缺乏指导性

对于许多市政工程项目，建设单位随意决定建设规模、违反程序办事，可行性研究报告化为一纸空谈，审批部门对建设项目的可行性论证和工程造价重视不够等这些现象都是前期工作准备不足的现象。

2. 问题对策

（1）从立法上切断建设单位在工程建设之初形成的利益链

现阶段市政工程都是由设施主管部门代为建设，由财政部门进行投资。一般意义上讲，政府业主代表的是公众利益，应追求实际投资额最小。投资方不对工程建设过程的造价管理进行监督，或者只有形式上的监督是不合理的。因为某种意义上来说代为建设的设施主管部门已经作为市场中的经济主体，掌握着很大的主导权力并追求代建报酬效用的最大化。政府财政部门是掌管着人民财富的宝库，建设单位如果非常轻易就能从宝库中获得超出工程规模所需的资金，滋生腐败将是不可避免的。财政投资的分配应该是按劳分配，而不是按需分配。在进行工程投资时，应对建设单位的管理能力予以充分评估并对工程的决策资料予以审核，切不可为完成建设任务草草将项目直接打包上马。建设单位若以表面正当的形式就能获得自身更多的利益，又为何不为呢，虽然在实质上损害了国家的利益。当然，由财政部门来主管工程建设的可能性微乎其微。首先财政部门的职能定位是收入再分配、调控经济和监督管理，不可能去具体管理每一类国有资金投资项目的建设。再者，只要是由个别的部门或个人掌握了这种权力，就能产生利益链和滋生腐败。有权力之处，就必有法律准绳的约束。要避免决策阶段的造价管理混乱的现象，就必须严格立法监管。如果职务犯罪或不作为的法律代价能起到令相关权利人员望而生畏的效果，估计不正当的利益链现象会改善很多。

（2）切断建设单位和可行性研究实施方的经济利益关系

按照政府体制的设计，建设单位的行为是存在着若干个监督环节的，程序流程可谓是非常复杂烦琐，尽管这样仍没有起到应有的效果。这主要是各环节没有发挥应有的作用。拿可行性研究报告和投资估算来说，虽然项目的不确定因素客观存在，但建设单位的引导思想才是重要原因。建设单位作为可行性研究报告单位的衣食父母，可行性研究单位必须

为建设单位提供令其满意的服务，或者从根本上说它是帮助建设单位实现投资估算最大化的合法化的途径。所以，在决策阶段应该切断建设单位与可行性研究实施方的经济利益关系。

（3）对相关参与企业实行诚信制管理，对存过错行为予以追责

在决策阶段，对可行性研究实施单位的管理也是非常重要的。政府部门对可行性研究实施单位可实行诚信制管理，一旦发现可行性研究实施单位存在蓄意扩大投资估算、骗取财政资金行为的立即列入黑名单，限制其再参与从事政府投资项目。可行性研究成果内容和质量不达标的，应按约定酬劳的倍数予以罚款。

（4）对前期决策过程工作的安排应往合理化方向发展

在进行可行性研究之初，就应做好各类数据的收集整理工作。比如对工程现场状况的了解，是建立在勘察数据的基础上。对工程造成变数最大的地下管线情况，不能仅依靠管线图档案资料。既然可估计到现场情况可能与档案不符，那管线现场交底的工作就应该安排到决策阶段，而非等到施工阶段再去了解。虽然有些现场情况等到施工后还会发现与掌握的数据存在差异，但是至少已经最大限度地去了解现场实际情况，尽可能地缩小实施时的变数。所以，前期决策的管理工作不能停留在既有模式上，而应该根据实践中存在的问题加以改进，不断地实现创新与发展。

（5）加强建设单位的造价控制意识，规范并监督项目决策过程

对可行性研究成果应予以审核，建设单位的决策过程应做到严格按照程序规定办理，并予以监管。像本实例项目中可行性研究报告成为一纸空文的情况在现实中应不在少数，制度的存在就是为了预防过程中不正当行为的发生，弃制度于不顾，说明建设单位的法律意识太淡薄，也反映出违规操作的成本过低，不具有威慑力。

另外建设单位人员的业务水平也应予以提高。关键岗位上应安排符合能力要求的人进行管理。建设单位管理方如若不存在这种意识，管理工作自然受到水平的限制。

决策这一阶段对工程造价控制的有效与否有着决定性的作用。代为利用国家资金实施工程的建设单位是造价控制的关键主体。所以对建设单位的行为进行规范和约束，是解决决策失误问题的根源。对可行性研究成果及其产生过程进行审核监督，是决策阶段造价控制的关键工作。

二、设计阶段的造价管理

（一）设计阶段造价管理工作内容

设计工作是将项目决策的方案进行技术分析和详细产出的过程，形成的设计图纸等文件能够清楚传递项目的技术信息，作为施工的重要技术参数依据。这一过程同样承担着分析处理项目方案经济的关键任务，该阶段是进行控制工程造价的重要阶段。根据我国相关文件规定，工程设计阶段的细分为：

一阶段——施工图设计，项目设计难度最易，故可简化为一阶段；

两阶段——初步设计和施工图设计，项目设计难度一般，最为常见；

三阶段——初步设计、技术设计和施工图设计，难度较大、技术复杂项目适用。

初步设计阶段在设计阶段中是一个关键性阶段。它的任务是要按照可行性研究报告及投资估算进行多方案的技术经济比较，明确拟建方案的技术可行性和经济合理性，并规定主要技术方案、工程总造价和主要技术经济指标，形成相应的造价文件—设计概算，经批准后，一般不得调整；技术设计阶段，也称为是扩大初步设计阶段，它的主要任务是根据更详细的勘察资料和精确的技术经济计算对初步设计的成果进行补充修正，包括根据技术设计的图纸和说明书及概算定额编制技术设计修正总概算，形成相应的造价文件—修正概算；施工图设计阶段，主要根据前期设计成果确定施工图设计方案，具体包括建设项目各部分工程的详图、验收标准、施工方法、设备材料的选择等，形成相应的造价文件—施工图预算。

通常工程项目只允许调整一次概算，而且调整原因必须符合规定的情形，如超出原设计范围的重大变更、不可抗拒的重大自然灾害、国家重大政策性的调整等原因。设计概算是设计单位根据有关依据计算出来的工程建设的预期费用，作为造价控制的费用标准之一。它是设计阶段进行限额设计和设计方案评价和优化的依据，也是招投标过程中造价控制的依据，甚至在项目结束后也作为考核投资效果的依据。

（二）设计阶段影响工程造价的因素分析

工程决策和设计的失误必将造成全过程造价管理的最大浪费，在项目做出投资决策后，控制工程造价的关键就在于设计。设计阶段对建设项目的工期、造价、质量及建成后产生的经济效益和社会功能起到决定性的作用。虽然建设项目的设计阶段的花费只占工程总投资的很小的比例，但初步设计阶段的设计成果对工程造价的影响程度最高可达95%，可见设计工作的重要程度。如果对设计阶段的造价控制工作不予以重视，把控制重点放在后期环节的话，将会事倍功半。

设计方案的具体选择直接影响工程造价，设计方案的各组成部分都存在影响工程造价的因素。市政工程建设标准设计，是市政工程建设必须遵循的科学依据，可以节约建筑材料、降低造价。总平面设计部分的功能分区、运输方案的选择；工艺设计中的标准、产品方案、工艺流程的确定；建筑设一计中的形状、结构、空间组合；材料、设备选用等均为主要影响因素。以材料选用为例，建筑材料一般可占直接费的60%～70%。合理选择建筑材料，控制材料单价或数量，是控制工程造价的有效途径之一。

设计任务的委托方式也会对造价控制形成影响。对于一定规模以上的项目，设计工作应该通过设计招投标方式进行优选。一般规模的项目设计，建设单位也应对设计单位进行比选。选择标准不能停留在设计费用的高低层面，而是应对设计方案的优劣、方案质量、和设计的深度进行综合考虑。设计单位的管理水平和设计人员的知识水平对造价控制的影响是客观存在的。有些设计单位对设计人员的设计过程重效率轻效果，重利益轻质量的管理方式，对委托设计的项目投资造成了不小的损失，而且不同的设计单位、人员在处理项目利益相关者的期望、项目设计风险问题时的能力也存在差异，这些过程也会间接地影响到工程造价。以设计者的知识水平的影响来说，如若设计人员能懂得运用科学方法将设计方案做到技术与经济的完美结合，并能协调处理好项目利益相关者的利益，设计阶段的工作就能达到有效控制工程造价的目标。

（三）设计阶段应进行限额设计和设计方案的评价与优化

为做好设计阶段的造价控制工作，在进入项目设计阶段后，建设单位应择优委托设计单位负责设计阶段的全部工作并在过程中予以沟通配合，按既定的项目要求对设计成果实施检查，审核设计概算并根据投资限额提出限额设计的要求。

限额设计是指按照批准的可行性研究报告中的投资限额连环控制初步设计、施工图设计及各个专业设计文件的过程。它是设计阶段进行技术经济分析，实施工程造价控制的一项重要措施，目标是在投资额度不变的情况下，实现使用功能和建设规模的最大化。实行限额设计的有效途径和方法是进行投资分解和工程量控制。它贯穿于项目每一个设计阶段中的每一个专业的每一道工序，强调技术与经济的统一。它的实施程序可分为目标制定、目标分解、目标推进和成果评价四个步骤，工作内容则包括不同阶段的不同任务。限额设计应实现纵向控制。在投资决策阶段，获批的投资估算总额是进行限额设计的重要依据。故在投资决策阶段应在多方案技术经济分析和评价后确定最终方案，提高投资估算总额的准确度，合理确定设计限额目标；在初步设计阶段，需要依据最终确定的可行性研究方案和投资估算，对影响投资的因素按照专业进行分解，每个专业通过应用价值工程的基本原理，经多方案技术经济比较，选出价值较高，技术经济较为合理的初步设计方案，并将设计概算控制在批准的投资估算内；在施工图设计阶段，应按照批准的初步设计方案进行限额设计，施工图预算应控制在批准的设计概算范围内。另外在限额设计过程中还应重视确定研究重点、新技术、新设备、新工艺的应用等内容。

工程量控制是实现限额设计的主要途径，工程量的大小直接影响工程造价，但是工程量的控制应以设计方案的优选为手段。设计方案的评价与优化是设计过程的重要环节。它是针对不同的设计方案，通过各项指标进行技术比较、经济分析和效益评价分析，从中选出经济效果最优的方案，并且要力求达到技术先进与经济合理的协调统一。因为不同的设计方案，其包含的技术因素如功能、工期、材料等均存在差异，故技术经济分析法要兼顾技术方案和工程费用。进行方案优化的最基本重要的工作内容就是建立合理、严谨、标准明确的指标体系，并采取有效的评价方法。因工程项目的质量、造价、工期、安全和环保五大目标之间互相关联，故设计方案的评价与优化的目标是在保证工程质量和安全、保护环境的基础上，追求全过程成本最低的设计方案。

（四）设计阶段存在问题的分析及对策

1. 问题分析

（1）方案设计、初步设计的周期太短、深度不够，导致设计概算的质量不高

一些市政工程项目的可行性研究和初步设计一起进行，虽项目规模一般，但还是存在设计时间被压缩现象。设计深度不够，会导致频繁更改设计及造成投资决策失误。在前期工作当中缺少重要数据的准确性，初步设计的方案并未达到工程工期、费用、场地的要求，导致相应的设计概算缺失指导意义。设计概算中的部分项目有概算指标，可参照规定的指标费用标准，但是为完成工程施工必须采取的措施这一项的费用计算就比较粗犷，因不同的措施方式导致差异也非常大。设计的粗糙、概算的简单化使得设计概算流于形式。设计的粗糙，必然造成方案、工程量实际实施时需进行变更，使得设计概算已存在了与合理值的偏差。另外概算人员对施工过程不熟悉，对施工方案无法做出正确建议，对工程量无法正确把握，对工程施工造价不按实询价、估价等，都在不同程度上影响着设计概算的准确性。

（2）重进度、轻质量和忽视经济因素

由于设计费是设计单位直接向业主收取的，故设计方会尽可能服从业主的要求，即使是不合理的要求，也会尽量满足。一些工程项目的施工图设计并非初步设计的延伸，而是按业主的意向进行了变更。设计方案应是各项目标的合理协调统一的结果，只重工期，而忽视其他确实不甚明智。按设计流程来说，方案设计应做限额设计和经过方案的评价优化，以达成技术与经济优化组合。有时，设计即使进行多方案比较，也只是形式主义，比较的结果都是尽量满足业主的要求，而不是对项目进行客观的、合理的、详尽的多目标结合的分析。

（3）设计发包形式、取费方式不甚合理

设计业务的发包形式为直接委托，也不利于方案的优化。话说货比三家，合理的竞争会帮助提高设计质量。一般规模的工程设计往往不会采取设计招投标的方式，而是由业主直接选择。这样，与业主关系的密切程度直接决定了设计业务的归属。这种方式一方面不利于保证设计方案的质量，从某种意义上来说也会加剧设计行业内部的不正当竞争现象，导致设计企业重视非正规的市场钻营，而忽视自身实力的提高。有些工程即使进行了设计招投标的工作，招投标阶段也存在不正当竞争的现象。另外传统模式中勘察、设计、施工各主要环节之间的相互脱节，在项目建设的整体中各为己利，也会导致各环节工作衔接问题多、隐患多、效率低。条条大路通罗马，但是并不是每一路径都是最佳途径。工程建设的最终目标都会达成，但是因设计标准不同，选用材料设备不一等原因，都会使完成目标的费用千差万别。造价控制的重点在设计阶段绝对是正确的。

另外，设计费的比例提取是建立在工程造价高低的基础上，客观上也会不可避免地导致有的设计单位为追求利润，设计方案可以优化的不优化，费用可以节省的不节省，人为地增加工程造价。有些工程的规模虽不大，但是其设计内容也是较为繁杂的，如若要确保

设计质量，同样要花费设计单位较多的物力和人力。但是，当按比例提取的设计费与付出的劳动量不相匹配时，设计人员也会发生"偷工减料"的行为，影响到设计方案的质量。

（4）设计管理的滞后

梅加将内部控制的研究分为了微观、中观、宏观层面的三个部分。设计的管理可以分三个层次来说明，一是政府对设计企业的管理；二是业主对设计产出的管理；三是设计企业内部的管理。政府对设计企业也是实行资质管理办法，但是重形式不重实质，重资料不重过程监管。一旦设计企业跨进了资质标准的门槛，对其企业行为的监管力度就大打折扣。虽然报建的项目设计也需至政府部门进行设计备案，但是政府部门的备案人员是行政管理人员，并无非常专业的设计知识和造价，即使设计内容和设计概算有细节上的问题，也不一定能发现。再者如果发生造价超估算或质量事故，对设计质量缺陷追责也非常困难。因为工程的建设是一个多方参与的过程，即使项目超支或质量事故有设计缺陷的原因，但追责或无法可循或无从查证，这也大大降低了对设计企业的行为约束力。

业主单位对设计产出的管理也十分地重要。高标准严要求的管理才能成就好的作品。但是往往设计方案或图纸出来后，业主对设计成果缺乏专业的考核与评价。从表面上看，业主委托了专业的有资质的设计企业，过程中还有政府有关部门备案，但若缺乏业主针对工程特点作详尽考评的话，很多重要的问题也容易被忽略，无法起到评价和优化的效果。这样往往会导致后期工程施工时需要进行大量变更，为造价工作的管理增加很多变数。

设计企业内部管理也是很重要的。设计工作一般要经历"设计—校对—审核—审定"的程序，但大多数都是作为手续来执行，而非真正的严格意义上的把关。市场经济主导下的设计单位同样是追求业务量，设计任务是越多越好，而且工作量都是落到具体执行设计任务的人员身上。他们超负荷的运转，只能是完成任务交差，难以对每个项目作更深入的设计思考，也就没有设计质量的提高这一过程可言了。

再者对设计概算的管理也比较忽视。设计概算长期以来一直处于从属地位，其工作价值及重要程度也未得到足够的重视。设计的程序控制与设计的概算管理均存在问题。设计方一般只会重视设计工作的执行、规范和要求，对于技术、经济分析的合理性不进行评估，从而导致设计在成本控制中无法发挥作用。还有一种现象是设计人员既做设计又搞概算，编概算时又常常因缺乏数据导致工程量统计太过笼统粗糙，或者瞎编乱造数据。这样的设计概算作为审批立项的依据非常缺乏科学性。所以，尽管制度上设计得每一环节都有章有节，但是每一环节的执行在追逐经济利益、缺乏有力管理监督的环境中都是软弱无力的。

2. 问题对策

（1）对工程设计需充分优化

设计阶段要达到降低工程造价的目的，要做好合理选用技术标准、优化设计方案、优化细节设计、加大设计深度等工作。设计阶段是承上启下的环节，既是对决策阶段既定方案的细化执行，又是对后期工作开展提供技术支持。从设计本身工作角度来讲，设计时应该充分掌握项目的实际情况，充分考虑自然地理、交通影响、安全质量等因素的影响，对可行性研究确定的方案进一步进行技术经济的最优化组合，并对设计质量精准度负责。严格按照规定要求实施的设计才能尽可能减少错漏，减少后期设计变更出现的风险，形成的施工图预算也更为准确可靠。从设计的委托形式来讲，达到规定要求以上规模，达到工程设计应实行设计招投标；对设计单位来讲，增加了竞争力度，有利于设计作品质量的提高；而对于建设方来说，设计招投标有利于促进设计方案的最优化，获得更好的设计方案成果。另外，建设方必须做好设计方案的审核管理工作。

（2）加大限额设计的执行力度

设计过程中有效控制造价要把握全过程控制、主动控制、技术经济相结合三项原则。一般设计人员对限额设计的执行停留在总价不超投资额的层面上，仍有改进空间。限额设计的本质要求是进行层层环节的控制，确保最终实现设计优化和造价控制的目标，要求在施工图阶段，每个专业和工序中都要把限额设计作为重点工作内容。但实践中，设计工作的开展都是套用模板一样，对细节问题的考虑都比较粗犷。限额设计的执行力度远达不到要求。因此必须强化设计人员优化设计的意识，发挥限额设计应有作用。值得注意的是执行限额设计过程中，确定各专业的投资限额不是简单地提出几个经济限定指标。建设单位一定要避免凡事最低的思想，因为限额过低必然限制设计人员的创造性；当过低限额造成设计方困扰时，设计方往往迫于配额指标而选择忽视技术上的合理要求，到施工阶段又会频繁变更设计加以弥补，最终造成造价失控。

（3）推行价值管理在设计阶段造价控制中的运用

现阶段我国建筑业正在积极推广价值管理方法在造价管理各阶段的运用。价值管理是一种以价值为导向的有组织的创造性活动，以最终实现项目各利益相关方利益和项目价值最大化为目标。价值管理的运用应做到以团队为管理主体，在明确业主的价值倾向后，对项目进行各项功能定义并开展具有前瞻性和创造性的价值研究活动。价值管理不是单纯地去降低成本，而是要实现价值的增加。

价值管理在设计阶段主要体现为在初步设计中找到价值最大化的设计方案，在施工图设计中实现设计方案价值最大化。价值管理的执行过程大致为确定开始时间、价值管理研究目标、主要任务清单、持续时间及参与人员、价值管理研究。价值管理研究过程又包括信息收集阶段、功能分析阶段、方案创造阶段、评价阶段、发展阶段、成果汇报阶段的活动以及各类技术手段的运用。价值管理实际上也是为项目不同利益相关者的需求提供了互相沟通的平台。

在设计过程中推广应用价值管理研究，能够避免以往设计仅从设计任务或合同规定出发所带来的缺陷。不只是关心工程的造价，更要反映业主、使用者等项目利益相关者的需求和目标，还应对潜在利益相关者的利益予以充分考虑。

（4）建立健全设计奖罚制度

好的制度和方法必须由人来执行。设计人员的水平更是设计阶段存在的客观影响因素是建设单位在招标代理单位专业的协助下，对工程实施工作的进一步抉择的过程。

（2）招投标实施工作的质量

招投标实施过程最主要的工作就是招标文件的编制，这是发包方关于工程意愿的全部书面体现，具有法律效力。招标代理单位在筹划确定好工程的标段、计价形式、合同类型之后，就开始进入了招标文件编制过程。在编制过程中，工程量清单作为工程信息的载体，要将设计图纸包含的全部项目和内容完全、准确地表现出来。招投标阶段的造价管理工作正是建立在该计价模式的基础上。工程量清单是表现工程项目的分部分项工程项目、措施项目、其他项目、工程其他信息的明细清单。对于所有的投标人来说，工程报价的主体部分—分部分项工程的数量在招标方公布的工程量清单中均已确定，竞争胜利的关键为自报单价和为完成工程采取措施的费用高低上。可以说，工程量清单是招投标双方进行造价确认的重要依据。工程量清单列项的是否全面和数量的准确与否都会对中标价格产生重要的影响。工程量清单编制质量的高低，受到先决条件的制约即工程的设计深度，又受到人的因素的影响即编制人员的技术水平和经验。

工程量是投标报价最直接的依据。工程量的准确度直接关系到中标价、合同价、结算价。工程量的准确程度将会对投标单位的投标策略造成影响，进而影响到工程造价的生成。投标单位在编制投标文件时，必须踏勘工程现场情况和认真发掘、计算设计图纸包含的信息，据此对工程量清单提供的数据进行复核。对工程量清单存在的错误，可以向招标人提出，由招标人统一修改并把修改情况通知所有投标人。如果不允许调整工程量，投标单位仍需要进行仔细的核对，发现这些项目有误差时，也可以利用这些项目的特点进行投标策略调整。

招投标操作过程的公正性也会对造价产生影响，主要是体现在关于招标方和代理单位对应保密的项目的关键信息管理和评标过程的公正性。投标单位通常会研究招标文件中的评标办法，如能了解到竞争对手的数量和单位信息，将可以对竞标对手的投标价范围进行预计，并据此调整自身投标价。为达到中标的目的，有些投标会采用多种不正当竞争手段，例如向建设单位进行贿标，或串通其他施工企业进行围标，对中标价进行人为导向控制；或通过各种渠道招标代理单位拉关系，获得更多的关于招标项目的信息等，网上甚至还有公开叫卖招标项目的参与投标单位的数量和名称等信息的公司。从评标因素来讲，如果评标办法是以最低价中标，将容易导致投标单位故意压低价格以低价中标，在中标后巧立各种名目进行工程变更索赔。如果评标委员会不能公正地评价，故意倾向某一投标单位也会导致中标价的偏离。这些行为将对投标单位之间的公平竞争更添阻力，也对工程造价的管理形成了人为的干扰因素。

（3）招标控制价的设定

招标人可以自行决定是否编制标底，如果设标底，就必须做好保密工作，如果设招标控制价，就需在招标文件中明确。招标过程中若设标底，则很难做到标底价格与市场合理价的吻合，又容易导致暗箱操作、泄露标底，滋生行业腐败；若不设标底，又易造成投资工程特性是决定工程造价的主要因素，因此所选的工程因素首先要全面，如若考虑不全面，造价的特殊性和差异性就体现不出来。另一方面，实践告诉我们，工程的任何一个特征都会影响到总的工程造价，如果将所有的因素都考虑进去，所建模型就没有实际意义，因此我们只能挑选那些对工程造价有较大影响的工程特性。因此工程特性只有结合工程实际的客观规律来挑选，它的选取要"全"而"精"，尽量选取独立的因素，最好不要有多余的。

下面说明一下如何根据市政道路工程造价的组成原理选出的工程特性。

根据概预算的编制办法，只要知道了建安费，则根据各种费用的取费方法，可以计算出其他的各种费用，从而得出整个工程造价。由此可见建安费是整个工程造价的基础，是整个造价的决定因素。市政道路工程建安费主要包括：路基工程、桥涵工程、隧道工程、互通工程、路面工程、其他工程及沿线设施等几部分，这几项占到了整个公路工程建安费的绝大部分。

那么根据各主要组成建安费的单位工程，可以提炼出决定建安工程费的工程特性。路基工程方面可提炼出：横断面类型（路堑、路堤、半挖半填）、横断面高度、横断面宽度、地基处理类型等四个工程特性。但是关于这四个工程特性的数据难以找到，因此在本模型中用两个工程特性—主线里程和路基宽度来代替。

桥隧互通等结构物：单位公里桥梁数量、单位公里通道数量、单位公里隧道数量、单位公里互通立交数量，单位公里分离立交数量等共五个工程特性。

路面工程可以提炼出：路面形式这一个工程特性，是沥青混凝土路面还是水泥混凝土路面。

另外，还有一个全局的工程特性，就是地貌特征。高速公路施工的地形分为三种情况：平原微丘区、山岭区、重丘区。而普通公路则分为两种情况：平原微丘区、山岭重丘区。不同的地貌特征下，高速公路单位公里造价的差异是很大的。

此外，还有一些动态因素。造价的确定必须按当时、当地的人工、材料、设备的价格计算或采用预留费、价差预备费、材料设备价格指数、包干系数等形式合理地确定动态因素对造价的影响。由于不同的时期，各种物品的价格都在随市场不断地变化，建筑工程的造价很大一部分就是材料费这一块（直接费用），因此，还要考虑时间因素的影响。

最后，还要考虑工程所在地区的影响。在我国的不同地区取费标准不一样，在偏远的西藏、新疆的取费标准要比我国其他地区高得多的多。我按照《公路基本建设工程概算、预算编制办法》中的取费标准，把我国分为一、二、三，三类地区，把此亦当作一个工程特性。

（四）基于案例推理理论

1. CBR 的基本原理

基于案例的推理（Case-Based Reasoning， CBR），是伴随着认知心理学的研究而发就基于案例推理方法自身而言，它对人类思维方式进行了模拟，适用范围广泛，而市政工程造价估算涉及因素繁多，问题复杂，属于该适用范围；我国工程建设历史久远，市政道路工程作为工程建设的以部分亦是如此，以往工程建设经验的累积可为应用基于案例推理的方法奠定基础。应用该方法，能够提供对工程造价相关知识的简化、清晰的表示、组织和处理方式，针对问题的主要矛盾加以解决，使问题化繁为简。通过案例学习，改善案例库中案例的质量，防止案例过时失效，可适应工程建设科技不断发展的要求，减小时间、历史状况等因素对造价估算的影响。基于案例推理的方法较好地兼顾了工程造价估算对反应快速与结果准确两方面的要求，可发挥工程造价估算对整个工程造价管理的重要控制作用，满足工程建设市场激烈竞争的需求。故求解工程造价估算问题，可套用基于案例推理方法。

随着基于案例推理方法的逐步推广应用，在工程造价领域已取得了一定研究成果，成功地运用该方法对住宅建筑主要工料消耗进行了估算，为市政道路工程造价估算决策提供了参考依据，具有重大价值。这一研究证实了基于案例推理方法能够成为市政道路工程造价估算工作之有力工具的想法。

第五章　建筑工程成本管理

施工项目作为建筑产品的基本单位，是建筑施工企业最根本的工程管理实体，也是企业的能量和竞争实力最根本的体现。正因为如此，建筑施工企业将其管理中心向施工项目下沉，全面推行了施工项目管理，以工程项目管理为核心的企业生产经营管理体制已基本形成。施工项目成本管理作为项目管理的重要组成部分，正在成为施工项目成本管理向深层次发展的主要标志和不可缺少的内容，体现了施工项目管理的本质特征，具有重要的意义和作用。

第一节　项目成本管理概述

一、成本管理的概念界定

（一）成本

成本是商品经济范畴，是商品价值的重要组成部分。人们要进行生产经营活动或达到一定目的，就必须耗费一定的资源（人力、物力和财力），其所耗费的资源的货币表现及其对象化称之为成本。它有几个含义：成本是生产和销售一定种类与数量产品，而耗费的资源用货币计量的经济价值成本是，为取得物质资源所付出的经济价值成本，是作为实现一定目标而付出资源的价值牺牲成本，是为达到一定目标而放弃另一个目标而牺牲经济价值。

（二）施工项目成本

施工项目成本是指建筑施工企业以施工项目作为成本核算对象的施工过程中所耗费的生产资料转移价值，和劳动者的必要劳动所创造的价值的货币形式。也即，某施工项目在施工过程中发生的全部生产费用的总和，包括所消耗的主、辅材料、构配件、周转材料的摊销费用或租赁费、施工机械的台班费或租赁费、支付给生产工人的工资、奖金以及项目经理部（或分公司、工程处）一级为组织和管理工程施工所发生的全部费用支出。施工项目成本不包括劳动者为社会所创造的价值（如税金和计划利润），也不应包括不构成施工项目价值的一切非生产性支出。施工项目成本是施工企业的主要产品成本，一般以项目的单位工程作为成本核算对象，通过各单位工程成本核算的综合反映施工项目成本。

（三）成本管理

成本管理是现代企业管理的重要组成部分，是对企业生产经营活动过程中所发生的产品成本，有组织、有系统地进行预测、计划、控制、核算、分析、考核等一系列科学管理工作的总称。其目的在于组织和动员全体职工在保证产品质量的前提下，挖掘降低成本的潜力，达到以较少的劳动耗费取得较大经济效益的要求。它是管理者在满足客户需要的前提下，在不断地降低与控制成本的过程中所采取的一系列行为。

（四）施工项目成本管理

施工项目成本管理是指施工企业结合本行业的特点，以施工过程中直接耗费为对象，以货币为主要计量单位，对项目从开工到竣工所发生的各项收支进行全面系统的管理，以实现项目施工成本最优化目的的过程。施工项目成本管理是企业管理很重要的基础管理，它包括落实项目施工责任成本、制订成本计划、分解成本指标、进行成本控制、成本核算、成本考核和成本监督的全过程。

（五）全面成本管理

全面成本管理是企业内部全员、全过程、全方位、全环节的综合性的成本管理。其特点表现在以下四方面：1.企业内部全员参加的成本管理；2.企业内部生产全过程的成本管理；3.市场、科技、人力资源三位一体的全方位成本管理；4.成本管理各环节的全面管理。全面成本管理是市场经济条件下，现代企业成本管理的必然趋势，是财会理论界和实务界进行成本研究的重要领域。

二、项目成本管理的组成及特点

工程项目成本管理是指在施工过程中运用一定的技术，和管理手段对生产经营所消耗的人力、物力等费用进行组织、监督、调节和限制，及时纠正将要发生和已经发生的偏差，把各项施工费用控制在计划成本的范围内，以保证成本目标实现的一个系统过程。工程项目成本管理包括工程项目成本的合理确定和有效控制两方面，工程项目成本的确定实际上就是确定工程项目投资者或者成本的目标和计划值，因此工程项目成本确定是工程项目成本控制的前提。工程项目成本对于不同的工程建设参与方来讲是不同的。从业主角度来讲，工程项目费用就是指对建设项目的投资，从施工承包商角度来讲，工程项目成本控制是指承包商在整个工程中所花费的所有费用和成本。我们这里着重讨论的就是施工承包商的成本管理，因为这是项目运行的核心内容。

（一）建筑工程的成本构成

建筑工程成本有直接成本和间接成本构成。材料费、人工费、机械使用费和其他直接费，由于直接耗用于工程的施工过程，叫作直接费，可以直接记入"工程施工"账户和各项工程成本。施工间接费由于属于组织和管理工程施工所发生的各项费用，要按照一定标准分配计入各项工程成本，叫作间接费，在核算上应先将它记入"施工间接费用"账户，然后按照一定标准分配计入各项工程成本。

1. 直接成本

材料费：指在施工过程中所耗用的构成工程实体的材料、结构件的实际成本以及周转材料的摊销和租赁费用。

人工费：指直接从事工程施工工人（包括施工现场制作构件工人，施工现场水平、垂直运输等辅助工人，但不包括机械施工人员）的工资、奖金、津贴和职工福利费。

机械使用费：指在施工过程中使用自有施工机械所发生的费用，包括机上操作人员工资、职工福利费、燃料动力费、机械折旧、修理费、替换工具及部件费、润滑及擦拭材料费、安装、拆卸及辅助设施费、养路费、牌照税、使用外单位施工机械的租赁费，以及按照规定支付的施工机械进出场费。

其他直接费：指现场施工用水、电、蒸汽费、冬雨季施工增加费、夜间施工增加费、、土方运输费、材料二次搬运费、生产工具用具使用费、工程定位复测费、工程点交费、场地清理费等。

2. 间接成本

措施工单位为组织和管理工程施工所发生的全部支出，包括施工单位管理人员工资、职工福利费、办公费、差旅交通费、行政管理用固定资产折旧修理费、低值易耗品摊销、财产保险费、劳动保护费、民工管理费等。如搭建有为工程施工所必需的生产、生活用的临时建筑物、构筑物及其他临时设施，还应包括临时设施摊销费。

（二）工程项目成本管理特点

工程项目成本管理具有以下特点：

1. 工程项目费用是贯穿了工程建设全过程的动态的控制，每个工程建设项目从立项到施工都必须有一个较长的时间，在此期间会有许多因素对工程建设项目的费用产生影响，工程建设项目的费用在整个过程里都是不确定的，直至决算后才能真正形成建设工程投资。

2. 工程项目成本的层次性。工程项目的成本都是由若干分项工程，分部工程组成，最终汇总为单位工程。

3. 工程项目成本的控制与质量，进度控制是不能够完全分开的。工程项目的成本管理是一个动态的控制系统，这个控制过程应该每两周或一个月循环一次，其表达的含义如下：①系统投入，即把人力、物力、财力等各种生产要素投入到项目实施系统中；②在工程进展过程中必然存在各式各样的干扰，如恶劣天气、设计出图不及时等；③收集实际数据，及时对工程进展情况进行评估；④把工程项目成本目标计划值与实际值进行比较；⑤检查实际值与计划值有无偏差，如果有偏差则要分析产生偏差的原因，并针对原因采取控制措施。在这一动态控制过程中应着重是目标计划值的确定；是否收集实际数据，及时对工程进展进行评估；是否对计划值与实际值进行比较以判断存在偏差；是否采取有效的控制措施以确保投资控制目标的实现。

三、施工项目成本管理体系

施工项目成本管理包括：成本预测、成本决策、成本计划、成本控制、成本核算、成本分析和成本考核等。

（一）成本预测

现代成本管理着眼于未来，要求项目通过制定科学的成本预测计划、环境调查、搜集整理成本预测资料、建立预测模型、选择成本预测方法、进行成本预测、提出预测报告、分析预测误差等成本预测程序，借以科学地预见未来成本水平的发展趋势，充分挖掘项目内部潜力，制定出目标成本，然后在施工活动中，对成本指标加以有效的控制，克服盲目性，提高预见性，引导项目施工人员努力实现成本目标。

（二）成本决策

成本决策，是对企业未来成本进行计划和控制的一个重要步骤，是施工项目成本管理水平高低的重要标志，是根据成本预测情况，由参与决策人员认真细致地分析研究，运用一定的专门方法，结合决策人员的经验和判断能力而做出的决策。项目施工活动错综复杂，所涉及的部门、单位、人员很多，所谓"麻雀虽小，样样俱全"。为了顺利完成施工项目的建设任务，实现成本目标，这就需要参与决策的人员认真研究，选择最优的成本方案。

（三）成本计划

成本计划是以施工项目生产计划和成本资料为基础，对计划期施工项目的成本水平所做的筹划，是施工项目制定的成本管理目标，是施工项目成本决策结果的延伸。它是以货币形式编制施工项目在计划期内的生产费用成本水平，降低成本率和降低成本额所采取的主要措施和规划的方案。项目在具体确定计划指标时，应从实际出发，尚有余地，做到既能挖掘企业内部潜力，又能调动项目各级人员积极性。成本计划一经批准，其各项指标就可以作为成本控制、成本分析、成本检查的依据。

（四）成本控制

成本控制是加强成本管理，实现成本计划的重要手段，是项目成本管理的中心步骤。科学、先进的成本计划，只有加强成本控制，才可以得以落实。项目必须狠抓成本控制，对影响项目成本的各种因素实行有效的控制，并采取有效的措施，随时发现和制止施工中发生的损失和浪费，严格审查各项费用是否符合标准，是否按照原计划在运行，并推广节约施工费用的先进技术，先进方法和先进工作经验，促使实现和超过预期的成本目标。

施工项目成本控制，应贯穿于施工项目。从招标、投标阶段开始，直到施工项目竣工验收的全过程，它是企业全面成本管理的核心功能，成本失控将阻碍整个成本管理系统的有效运行。

（五）成本核算

成本核算，是对施工项目所发生的施工费用支出和工程成本形成的核算。项目应当根据其工程施工的特点和施工经营管理的需要，正确组织施工费用核算和工程成本计算，要求项目会计核算人员严格遵守国家财经制度、税收法规、施工企业会计制度、会计准则，真实、准确和及时地进行成本核算，不断提高核算质量，为成本管理各环节提供必要的资料，便于成本预测，决策、计划、分析和检查工作的进行。

（六）成本分析

成本分析，是对工程实际成本进行分析、评价，为未来的成本管理工作和降低成本途径指明努力方向。对施工项目成本要经常地和定期地进行分析，分析工作要贯穿于施工项目成本管理的全过程，要认真分析成本升降的主观因素和客观因素、内部因素和外部因素，以及有利因素和不利因素，把成本计划执行情况的各项不利因素都揭示出来，以便抓住主要矛盾，采取有效措施，把成本管理水平提高一步。

（七）成本考核

成本考核，是对成本计划执行情况的总结和评价，项目应根据国家的要求和成本管理的需要，建立和健全成本考核制度，定期地对项目成本计划完成情况进行考核、评比，把成本管理经济责任制和物质奖励结合起来，通过成本考核，做到全面完成施工项目各项经济指标，实行有奖有罚，奖罚分明，调动项目职工在各自的岗位上努力完成成本目标的积极性，为降低施工项目成本，提高经济效益，做出自己的贡献。

在项目成本管理中，以上七个过程形成了项目成本管理的循环，在项目成本形成之前，项目要进行成本预测、决策和计划，可以说是计划阶段产成本形成过程中，项目要进行核算和控制，即项目管理的执行阶段在成本形成之后，企业要进行分析和考核，也可以说是成本的考核阶段。

四、施工项目成本管理流程

成本管理通常通过计划、实施、检查、处理循环，即 PDCA 循环来实现，具体而言，本文将建筑工程施工项目的成本管理归纳为以下几个组成部分成本预测、成本决策、成本计划、成本控制、成本核算、成本分析、成本考核等。项目成本管理要把企业的全体员工、项目的全体参与者以及各层次、各环节、各部门紧密联系起来，围绕减少工程项目成本、增加收益这一成本核心管理目标，通过系统化、信息化、科学化的管理方式，整合资源，优化项目管理实施过程，最终实现项目成本目标。其详细步骤如下：

1. 编制成本计划，细化成本实施目标。成本计划是规定计划期内项目的生产费用、成产水平、成本降低率等指标应该达到的水平的目标性文件。它是指导和考核项目成本控制的主要依据之一。成本计划的编制方法将在下文中详细论述。

2. 成本动态控制。建立主动控制系统，在项目实施过程中及时发现问题，及时纠偏，防止损失的出现和扩大。

3. 进行成本核算和工程价款结算，及时收回工程款。成本核算包含两个环节：一是按照规定的成本开支范围对施工费用进行整理，计算实际发生额；二是采取合适方法，准确地计算出项目的总成本和单位成本。

4. 进行成本分析。成本分析的内容主要是对成本变动因素进行分析。影响工程项目成本的变动因素主要有两个方面：一是生产要素在市场中的价格变动；二是企业经营过程中的变动。材料、能源、机械、人力等生产要素的变动要有准确的预测，并在实际实施过程中及时地调整相应计划，确保成本目标的实现。

5. 进行成本考核，编制成本报告。依据项目目标责任制的规定，对项目成本的实际发生值与成本计划进行比对，来判定工程项目施工成本计划的完成情况和各相关责任者的业绩。

6. 收集项目成本资料。工程项目成本资料是工程项目全过程技术经济的综合反映，是一段时间内施工企业实际生产力和管理水平的真实体现。这些资料对未来项目成本控制的实现做出不可估量的贡献。

五、项目成本管理的原则

工程承包企业众多，资质水平、企业业绩、技术水平也都千差万别，但是作为工程项目成本控制来讲，都应贯彻以下基本原则。

（一）全面控制原则

建筑项目成本控制中要遵循的全面性原则，有两方面的含义。

1. 建筑工程项目全员的成本控制。项目成本是一个综合性指标，其涵盖面非常宽泛，可涉及项目组织中的所有专业部门的工作业绩，与每位专业工作人员的切身利益密切相关。以此，项目成本目标是项目组织所有成员共同的工作追求，也只有大家团结一致、群策群力，才能保证成本目标的实现。要降低成本、履行成本计划，确保成本目标，就必须充分调动项目组织全员的成本管理、控制的积极性和主动性，仅靠项目经理和专业成本管理人员肯定无法实现成本控制效果。在强化专业成本管理的基础上，在项目过程中，都必须按照相关的费用标准、预指标算来进行成本控制，才能有效地降低成本，全面完成施工项目的成本计划。

2. 建筑工程项目全过程成本控制，就是要求成本控制工作的全过程性。所谓项目的全过程就是指，从项目招投标、施工合同签订、施工组织设计、施工计划安排、施工过程管理以及工程竣工验收等的整个工程周期。工程每一个阶段都必须涉及成本的管理、控制和考核。比如，项目招投标阶段，要进行成本的预测、决策；在施工前期要制订成本计划，并将成本计划与工程计划进行良好的匹配、结合；在工程实施阶段要对照工程进度，对成本计划与实际成本进行比较，拿出实时的进度 - 费用纠偏方法。

（二）全面奉行开源与节流相结合的原则

施工企业要全面地实现成本目标，提高项目的经济效益，必须要坚持开源与节流相结合的原则，也就是说，搞好成本测算和控制，使得企业获取利润、增加收入，同时又要严格控制分项工程、分包工程的费用支出。项目的过程管理当中，都要做到每一种费用支出，都要检查成本台账，看有无与其相对应的预算收入，做好收支平衡。节流即节约，是提高项目经济效益的核心，是成本控制的一项基本原则。节约绝不是消极的限制、监督，而是要积极采用科学的管理手段，给工程项目创造更加合理的运行条件，在保证项目质量、安全、进度的前提下，实现费用的支出控制。在实际工作中，施工企业往往只注重成本开支范围和有关规章制度的约束，强调事后的分析和检查，忽略过程收支平衡测算与纠偏，注定造成工程成本的失控，而项目具有一次性、不可逆的运行特点，这将给项目的成本控制带来毁灭性的打击，给施工企业带来不可挽回的损失。

（三）动态控制原则

动态控制原则就是对事先设定的成本目标以及相应措施的实施过程自始至终地进行监督、控制、调整和修正。施工项目成本的过程要素受到各种因素的影响，具有高度的不确定性，如建筑材料、设计变更、应急状况等都会直接影响工程的实际成本。对于影响成本的诸多不确定因素，在项目进程中要进行主动控制，预先分析成本目标的偏离情况，及时制定措施予以纠偏。成本目标的制定、成本计划的实施、施工组织方案的保证都不是一成不变的，项目进程中它们都在随着影响因素的变化而调整，所以说，成本控制需要一个动态的管理过程。

（四）责、权、利相结合的原则

工程项目管理模式，凸显项目成员责权利高度统一的项目管理特点。项目管理团队作为一个独立的组织，对项目的建设结果负责，围绕共同的成本目标，在项目经理的带领下认真、务实开展成本管理工作。项目进程中，专业部门以及相关的工程技术人员都必须贯彻责、权、利相结合的原则。一方面，项目经理、专业职能部门、项目管理人员都要按成本计划承担相应的成本指标，从而很好地形成成本控制责任网络。另一方面，项目经理、各部门以及专业人员在担负成本控制责任的同时，还应享有成本控制的权利，也就是在其约定的权限内，可以决定某项费用的支出以及支出额度、途径，以行使项目费用的实质性控制。项目部要制定成本考核制度，项目经理按照工程进度的要求，分阶段对各部门、专业人员的成本控制业绩进行检查和考核。

（五）目标管理原则

目标管理，通俗地讲就是为实现任务目标而采取的一种计划管理方式，把目标任务根据实施步骤加以分解，提出每一步的具体要求，落实到执行计划的项目经理、专业部门以及项目管理人员身上。成本控制是工程项目因标管理的一项重要课题，其活动的开展显然要遵循目标管理的工作原理。建筑工程项目必须以目标成本为工作导向，目标成本是项目进程中一切经济活动的指导准则。所有建筑企业针对具体的项目特点，都要完善、准确制定成本目标，力求做到工程每个实施阶段的成本控制，减少工程费用支出，为企业获取最大的经济效益。

目标管理的基本方法是 PDCA 循环，PDCA 循环指的是计划、实施、检查、处理四个阶段的往复循环过程，每循环一次，就改善一次，提高一步，是一个螺旋上升的过程。

（六）例外管理原则

例外管理是西方国家成本管理的常用方法，多用于成本指标的日常控制。在成本管理中，例外管理一般具备以下特点：

1. 例外的重要性。例外的重要性评价是根据成本金额差异的大小来判定，正常情况下，只有在金额上产生重要意义的差异，才是例外问题，要给予特别重视。通常在建筑工程的成本管理当中，我们可以认为差异额达到目标成本的 10% 以上即视为例外。工程差异包括有利差异和不利差异，在实现设计成果的前提下，追求成本的有利差异，是建筑项目成本管理的最终目标。

2. 例外的控制力。项目经理部因项目存在的巨大不确定性，无法实施成本控制，即使项目本身发生很大的差异，也不能视为例外，因为项目管理团队已经失去了控制力。比如工程材料的快速涨价以及建筑现场的地上附着物的高额拆迁补偿等。

3. 例外的一贯性。如果项目的成本指标已经偏离现实要求，虽然项目成本差异没有超过规定的限定值，成本差异一直在限额的上下限徘徊，这种情况也应该视为"例外"。

4. 例外的特殊性。在项目实施进程中，有一种成本项目对项目实施的全过程都能产生影响，即使成本差异没有达到重要的地位（10%以上），也应受到项目成员的密切关注。

对于以上列举的例外问题，项目团队应进行深入细致的分析、研究，并采取相应的纠正措施加以改善。

（七）政策性原则

1. 在工程成本的控制过程中，要妥善处理国家利益、企业利益以及消费者利益的关系。

2. 工程成本控制还要正确看待质量和成本的关系，绝不能通过降低质量要求来达到降低成本的目的。

3. 项目团队在实施成本控制时，应正确处理当前利益和长远利益的关系。

（八）制度配套原则

成本控制是一个工程项目管理的重要课题，它的研究和发展必将给项目的成本管理工作产生较大的推动作用，现实工作中必须要建立、健全针对自身企业特点的一套完整的管理制度。

（九）可控性原则

可控性是指项目成本的实施主体，也就是工程项目经理部采取何种措施，能对项目进程中工机料具的消耗有准确的预判，并及时对形成的工程成本进行准确计量和有效控制。

第二节　项目成本预测

成本预测主要是指通过运用相关的科学方法，对未来成本水平以及成本变化做出科学的估量。建筑企业通过成本预测，能够掌握企业的未来成本变化趋势，能够帮助减少企业在决策过程中的盲目性，便于企业经营管理者更好的选择最为优化的方案，使其做出正确的决策。

一、项目的成本预测

成本预测，就是根据成本的历史资料和有关信息，在认真分析当前各种技术经济条件、外界环境变化及可能采取的管理措施的基础上对未来的成本与费用及其发展趋势所作出的定量描述和逻辑推断。

项目成本预测的具体做法就是通过成本信息的采集、类似工程经验数据，结合具体工程的环境特点，对未来工程的成本水平及其发展趋势做出科学的预判，其本质上就是在工程项目开工以前对工程成本进行核算。通过准确的工程成本预测，使得施工企业在项目招投标过程中，产生竞争优势。同样，在项目部签订项目承包合同后，通过成本预测，结合工程预算，能比较准确地确定成本目标，进而编制项目成本计划。通过成本预测，项目的成本管理可以最大限度地减少盲目性，提高预见性，同时为施工各阶段的成本控制提高可靠的依据。

（一）成本预测的意义

1. 成本预测是投标决策的依据。建筑施工企业在选择投标项目过程中，往往需要根据项目是否盈利、利润大小等因素确定是否对工程投标。在投标决策之前，就要衡量出施工成本的预测值与施工图预算的差异，来分析投标的可行性。

2. 成本预测是编制成本计划的基础。要编制出正确、可行的成本计划，必须遵循客观经济规律，从实际出发，对成本做出科学的预测。

采用定量方法。

2. 新技术评估：对于一些崭新的工程设计及新型材料、机械的应用等，在没有或缺乏相关的数据，专家的判断更加直接有效。

3. 非技术因素起主要作用：在工程编制施工方案时，相应的设计及方案超出了技术和经济范围而涉及生态环境、公众舆论以及政治因素时，这些非技术因素的重要性在成本预测时更加突出，过去的成本数据及技术方案就处于次要地位，只能依靠专家才能做出判断。

（三）主观概率法：施工前期成本预测主观概率法是施工企业对建筑市场各种价格趋势分析事件发生的概率做出主观估计，或者说对建筑市场各种价格变化动态的一种心理评价，以此作为建筑市场各种价格变化趋势分析事件的结论的一种定性市场趋势分析方法。尽管施工前期成本预测主观概率法是凭项目人员主观经验估测工程成本的结果，但在建筑市场各种构成要素分析中仍有一定的实用价值，它为建筑市场价格趋势分析者提出明确的市场趋势分析目标，以帮助项目人员对项目各构成要素价格的变动情况判断和表达概率。

（四）调查访问法：施工前期成本预测访问调查法又称询问法，是指工程项目人员将所要调查的工程项目中的人、材、机等价格及各种专业分包价格，以当面、电话或者书面等不同的形式，采用访谈询问的形式向被调查者了解工程项目构成要素成本情况已获得所需要资料的一种调查方式。施工前期成本预测调查访问法可分为：直接访问法、小组座谈法、电话访问法、邮寄调查法、留置问卷调查法、日记调查法、投影技术调查法等。

（五）时间序列预测法：施工前期成本预测时间序列预测法是一种以往工程成本情况延伸预测，也称工程成本历史引申预测法。是以时间数列所能反映的工程各构成要素价格的发展过程和规律性，进行引申外推，预测其发展趋势的方法。

（六）回归预测法：施工前期成本预测回归预测方法是指在分析构成工程成本相关因素之间相关关系的基础上，建立自变量与因变量之间的回归方程，并以此方程作为预测回归模型，根据构成自变量的各成本因素在预测期间的变化来预测因变量成本的变化。因此，回归分析预测法是一种重要的工程前期成本预测方法。

四、成本预测的主要内容

对目标总成本预测，是通过项目在整个施工过程中，对成本应该达到的水平所做的预测。

目标成本＝工程总造价－利润－税金

对各施工阶段、各工序的成本预测，项目在施工过程中，各阶段各工序生产成本应该达到的水平所做的预测。

对施工期间发生的费用的预测，项目在施工过程中的所发生的一切费用。包括管理费，财务费、风险控制费等应达到的总水平所做的预测。

五、成本预测的整个过程

（一）编制成本预测计划书

因为计划是管理的第一步，编制一份好的计划书是保证项目工作顺利进行的基础。在编制前要认真分析、广泛搜集整理与项目成本，市场行情和施工耗资等有关的资料，对在施工过程中的物价变动等情况做出符合实际的预测，这样才能保证施工项目成本计划不脱离实际，切实做到控制施工项目成本的作用。在成本预测过程中如出现新情况或发现计划有缺陷，应及时修订和整改。保证成本预测的顺利开展并获得良好的预测质量。

（二）搜集和整理成本预测资料

广泛搜集和整理与决策有关的成本资料。如企业本身下达的与成本有关的指标、项目所在地的成本水平、历史上同类项目成本资料，以及人工、材料、机械台班、工时消耗、新材料、新工艺、新设备等的使用、运输、能源供应等。

（三）建立相应的预测模型

为了使成本预测更加规范和科学，应根据分析整理的资料，在研究成本变化规律的基础上建立相应的预测模型。在实验中，对于短期的成本预测，可以用较为简单的预测模型，考虑的因素也可以相应少些，而对于较长时期的成本预测，则应采用较为复杂的预测模型和多种预测方法，考虑的因素也应多些。

（四）选择合适的成本预测方法

1. 定性预测法：是运用已掌握的知识和经验，对未来的发展情况进行预测。主要适合有关预测对象的数据资料不足或影响因素难以用数字描述等情况。

2. 定量预测法是根据历史资料和现状数据，建立数学模型，对事物未来的发展做出数量化的预测，比较常见的是定量预测法。以上的预测方法只是提供预测的手段，而不是目的，我们的目的是要科学地认识施工项目的成本变化，为项目的决策和经营管理提供准确而及时的依据。

（五）分析预测误差，提高预测质量

成本预测的结果常常与实施后实际发生的预测有误差。预测误差的大小，反映了成本预测的准确程度。对这种误差进行分析，有利于提供今后成本预测工作的质量。企业根据目标预测，对各种可能情况进行科学分析后，确定一个适宜的目标成本。

（六）修正预测目标，提出预测报告

运用模型进行预测工程项目也会因为条件的不同而出现误差，使预测结果偏离实际，因此对预测结果进行科学分析和评价，才能更好检查和修正预测的结果。在正确结论的基础上提出预测报告，确定目标成本，作为编制成本计划和进行成本控制的依据。

第三节　项目成本计划

　　成本计划是我国建筑业从 20 世纪 50 年代开始创造的传统经验和制度，是过去计划经济体制下施工技术财务计划体系的重要内容，曾对工程保证工程质量，保证工程进度，降低工程成本，起到过重要的推动作用，在今天的市场经济条件下，随着传统的"三级管理，两级核算"的行政体制向项目制核算体制转变，运用好工程成本计划会收到更好的经济效益。

　　成本费用计划是实施项目成本管理的主要依据，是对项目过程进行全面控制的核心。它是以货币形式表示的预先规定的计划期内项目施工的耗费和成本所应达到的水平，其内容涉及项目范围内的人、财、物等方方面面与项目进展有关的资源。项目成本控制目标的实现有赖于对上述这些资源的有效控制，而项目成本计划就是来规定项目管理者如何有效地控制这些资源。

一、编制施工项目成本计划的重要性

　　项目经理代表项目部通过商务、技术的竞标，获取工程项目的承包权。建筑企业与项目经理部签订"施工项目承包合同"。在施工项目承包合同商务、技术条款的约定下，项目经理牵头各专业部门、职能人员，对项目成本计划进行分解。具体做法是，对成本形成进行预测，在每一个进度控制点上计算工程的预消耗水平，当然成本计划中已经涵盖了利润指标。这样在项目的进展过程中就可以实时地计算计划成本与实际成本的偏差。

　　成本计划是在保证工程进度计划的基础之上，为项目实施的各阶段明确了成本指标，所以它是施工项目成本控制的一个重要环节。其实，项目成本计划的编制是对施工项目成本预测的继续，在成本计划的编制过程当中就得对利润指标进行消化，对工程的成本组成、形成过程、挖潜的途径必须有充分的了解和认知。成本计划的编制不可能一蹴而就，它是一个反复推敲、测算的过程，所以要求项目经理要动员全体项目成员，积极发挥所有成员的聪明才智，充分深入到工程当中，集思广益查找成本潜力空间，只有这样才有可能编制出科学的成本计划，以成本计划实时地指导工程项目建设。

　　成本计划是项目经理部管理工程项目建设的综合性计划，它是编制成本控制责任制、控制工程费用支出以及成本考核的基础。

二、施工项目成本计划编制的原则

　　科学合理的成本计划是做好工程成本控制工作的基础，编制工程成本计划时应遵循以下原则：

1.按照从实际出发的原则

成本计划的编制必须在认真踏勘现场的基础上，针对承担工程的环境特点，从企业的自身实际出发，充分挖掘企业的内部潜力，提高施工技术水平，努力完成成本指标。项目经理部降低工程费用支出、实现成本目标的具体做法是：选择、优化、制定施工方案，为成本计划提供技术支持；加强培训，提倡新技术应用，提高劳动效率；改善材料供应，推行限额领料，控制材料消耗；搞好现场管理，减少工机料具的二次倒运费用，合理调配施工机械，调高工程机械的利用率；重视质量管理工作，杜绝返工浪费。

2.与其他计划相结合的原则

成本计划的编制，必须与施工项目的进度、施工方案、设备配置、材料供应等的实施紧密结合。工程项目的施工组织设计是实现成本计划的技术保证，而施工组织设计就涵盖工程实施的各个方面，诸如：工程进度计划、工程机械配置计划、材料需求计划、资金需求计划、动力需求计划等等。因此在编制成本计划时，要充分考虑其他工程计划，成本计划的实施要与其他计划紧密结合，切不可做"独行侠"。

3.采用先进工程定额的原则

编制成本计划，必须以招投标文件、施工合同约定的工程定额为依据，并针对工程的具体特点，完善工程施工组织设计，采取切实可行的技术措施为成本目标的实现作保障。

4.集中管理、分级实施的原则

前面已经提过，项目经理作为成本控制的核心，其必须在整个成本管理工作中发挥积极的牵头作用。在项目经理统一领导下，广泛征求项目成员的意见，在分解工程计划的基础上，制订成本计划。在实现成本目标的过程当中，必须把成本计划的分解落到实处，各级项目部门、专业人员必须高度重视自身所分担的成本指标，切实找到、制定出降低工程成本的正确、有效的途径，在项目部的集中管理下，使得工程成本的形成按照既定的发展轨迹前进。

5.弹性原则

所谓的"弹性"，就是要求在编制工程成本计划时，应留有余地，使得成本计划具有一定的弹性。在项目的实施进程中，可能因为功能、工艺的变更以及环境条件的急剧变化，导致了工程成本的必然调整，成本计划要随之进行适当的调整、变动，比如材料价格的瞬息万变，难以预测，资金需求也随着发生较大的变化。因此，成本计划的编制，必须要留有余地，在很多时刻，都要进行相应的调整。

三、成本计划的编制方法

施工项目成本计划工作主要是在项目经理负责下，在成本预决策基础上进行的。编制中的关键前提—确定目标成本，这是成本计划的核心，是成本管理所要达到的目的。成本目标通常以项目成本总降低额和降低率来定量地表示。项目成本目标的方向性、综合性和预测性，决定了必须选择科学的确定目标的方法。

（一）常用的施工项目成本计算法

在概预算编制力量较强、定额比较完备的情况下，特别是施工图预算与施工预算编制经验比较丰富的施工企业，工程项目的成本目标可由定额估算法产生。所谓施工图预算，它是以施工图为依据，按照预算定额和规定的取费标准以及图纸工程量计算出项目成本，反映为完成施工项目建筑安装任务所需的直接成本和间接成本。它是招标投标中计算标底的依据，评标的尺度，是控制项目成本支出、衡量成本节约或超支的标准，也是施工项目考核经营成果的基础。施工预算是施工单位（各项目经理部）根据施工定额编制的，作为施工单位内部经济核算的依据。

随着社会主义市场经济体制的建立，一些施工单位对这种定额估算法又作了其步骤及公式如下：

1. 根据已有的投标、预算资料，确定中标合同价与施工图预算的总价格施工图预算与施工预算的总价格差。

2. 根据技术组织措施计划确定技术组织措施带来的项目节约数。

3. 对施工预算未能包容的项目，包括施工有关项目和管理费用项目，参照估算。

4. 对实际成本可能明显超出或低于定额的主要子项，按实际支出水平估算出其实际与定额水平之差。

（二）计划成本法

施工项目成本计划中的计划成本的编制方法，通常有以下几种：

1. 施工预算法

施工预算法，是指主要以施工图中的工程实物量，套以施工工料消耗定额，计算工料消耗量，并进行工料汇总，然后统一以货币形式反映其施工生产耗费水平。以施工工料消耗定额所计算施工生产耗费水平，基本是一个不变的常数。一个施工项目要实现较高的经济效益（即提高降低成本水平），就必须在这个常数基础上采取技术节约措施，以降低消耗定额的单位消耗量和降低价格等措施，来达到成本计划的目标成本水平。因此，采用施工预算法编制成本计划时，必须考虑结合技术节约措施计划，以进一步降低施工生产耗费水平。

2. 成本习性法

成本习性法，是固定成本和变动成本在编制成本计划中的应用，主要按照成本习性，将成本分成固定成本和变动成本两类，以此作为计划成本。具体划分可采用费用分解法。

（1）人工费。在计时工资形式下，生产工人工资属于固定成本。因为不管生产任务完成与否，工资照发，与产量增减无直接联系。如果采用计件超额工资形式，其计件工资部分属工变动成本，奖金、效益工资和浮动工资部分，亦应计入变动成本。

（2）材料费。与产量有直接联系，属于变动成本。

（3）机械使用费。其中有些费用随产量增减而变动，如燃料、动力费，属变动成本。有些费用不随产量变动，如机械折旧费、大修理费、机修工、操作工的工资等，属于固定成本。此外还有机械的场外运输费和机械组装拆卸、替换配件、润滑擦拭等经常修理费，由于不直接用于生产，也不随产量增减成正比例变动，而是在生产能力得到充分利用，产量增长时，所分摊的费用就少些，在产量下降时，所分摊的费用就要大一些，所以这部分费用为介于固定成本和变动成本之间的半变动成本，可按一定比例划归固定成本与变动成本。

（4）其他直接费。水、电、风、汽等费用以及现场发生的材料二次搬运费，多数与产量发生联系，属于变动成本。

（5）施工管理费。其中大部分在一定产量范围内与产量的增减没有直接联系，如工作人民工资，生产工人辅助工资，工资附加费、办公费、差旅交通费、固定资产使用费、职工教育经费、上级管理费等，基本上属于固定成本。检验试验费、外单位管理费等与产量增减有直接联系，则属于变动成本范围，此外，劳动保护费中的劳保服装费、防暑降温费、防寒用品费，劳动部门都有规定的领用标准和使用年限，基本上属于固定成本范围，技术安全措施，保健费，大部分与产量有关，属无变动性质，工具用具使用费中，行政使用的家具费属固定成本，工人领用工具，随管理制度不同而不同，有些企业对机修工、电工、钢筋、车、钳、刨工的工具按定额配备，规定使用年限，定期以旧换新，属于固定成本，而对民工、木工、抹灰工、油漆工的工具采取定额人工数、定价包干，则又属于变动成本。

3. 按实计算法

按实计算法，就是施工项目经理部有关职能部门以该项目施工图预算的工料分析资料与控制计划成本作为依据，根据施工项目经理部执行施工定额的实际水平和要求，由各职能部门计算各项计划成本。

四、成本计划的编制程序

施工项目的成本计划工作，是一项非常重要的工作，不应仅仅把它看作是几张计划表的编制，更重要的是项目成本管理的决策过程，即选定技术上可行、经济上合理的最优降低成本方案。同时，通过成本计划把目标成本层层分解，落实到施工过程的每个环节，以调动全体职工的积极性，有效地进行成本控制。编制成本计划的程序，因项目的规模大小、管理要求不同而不同，大中型项目一般采用分级编制的方式，即先由各部门提出部门成本计划，再由项目经理部汇总编制全项目工程的成本计划小型项目一般采用集中编制方式，即由项目经理部先编制各部门成本计划，再汇总编制全项目的成本计划。无论采用哪种方式，其编制的基本程序如下：

（一）搜集和整理资料

广泛搜集资料并进行归纳整理是编制成本计划的必要步骤。所需搜集的资料也即是编制成本计划的依据。这些资料主要包括：

    1. 国家和上级部门有关编制成本计划的规定；

    2. 几项目经理部与企业签订的承包合同及企业下达的成本降低额、降低率和其他有关技术经济指标；

    3. 有关成本预测、决策的资料；

    4. 施工项目的施工图预算、施工预算；

    5. 施工组织设计；

    6. 施工项目使用的机械设备生产能力及其利用情况；

    7. 施工项目的材料消耗、物资供应、劳动工资及劳动效率等计划资料；

    8. 计划期内的物资消耗定额、劳动工时定额、费用定额等资料；

    9. 以往同类项目成本计划的实际执行情况及有关技术经济指标完成情况的分析资料；

    10. 同行业同类项目的成本、定额、技术经济指标资料及增产节约的经验和有效措施；

    11. 本企业的历史先进水平和当时的先进经验及采取的措施；

    12. 国外同类项目的先进成本水平情况等资料。

（二）估算计划成本，即确定目标成本

    工作分解法的特点是以施工图设计为基础，以本企业做出的项目施工组织设计及技术方案为依据，以实际价格和计划的物资、材料、人工、机械等消耗量为基准，估算工程项目的实际成本费用，据以确定成本目标。具体步骤是：首先把整个工程项目逐级分解为内容单一，便于进行单位工料成本估算的小项或工序，然后按小项自下而上估算、汇总，从而得到整个工程项目的估算。估算汇总后还要考虑风险系数与物价指数，对估算结果加以修正。

（三）编制成本计划草案

    对大中型项目，经项目经理部批准下达成本计划指标后，各职能部门应充分发动群众进行认真的讨论，在总结上期成本计划完成情况的基础上，结合本期计划指标，找出完成本期计划的有利和不利因素，提出挖掘潜力、克服不利因素的具体措施，以保证计划任务的完成。为了使指标真正落实，各部门应尽可能将指标分解落实下达到各班组及个人，使得目标成本的降低额和降低率得到充分讨论、反馈、再修订，使成本计划既能够切合实际，又成为群众共同奋斗的目标。

第四节　项目成本控制

一、项目成本控制的对象、内容及方法

（一）项目成本控制的对象

1. 以施工项目成本形成的过程作为控制对象。根据对项目成本实行全面、全过程控制的要求，具体的控制内容包括：在工程投标阶段，应根据工程概况和招标文件，进行项目成本的预测，提出投标决策意见；施工准备阶段，应结合设计图纸的自审、会审和其他资料（如地质勘探资料等），编制实施性施工组织设计，通过多方案的技术经济比较，从中选择经济合理、先进可行的施工方案，编制明细具体的成本计划，对项目成本进行事前控制；施工阶段，依据施工图预算、施工预算、劳动定额、材料捎耗定额和费用开支标准等，对实际发生的成本费用进行控制；竣工交付使用及保修期阶段，应对竣工验收过程发生的费用和保修费用进行控制。

2. 以施工项目的职能部门、施工队和生产班组作为成本控制的对象。成本控制的具体内容是日常发生的各种费用和损失。这些费用和损失，都发生在各个部门、施工队和生产班组。因此，应以部门、施工队和班组作为成本控制对象，使之接受项目经理和企业有关部门的指导、监督、检查和考评。与此同时，项目部的职能部门、施工队和班组还应对自己承担的责任成本进行自我控制。应该说这是最直接、最有效的项目成本控制。

3. 以分部分项工程作为项目成本的控制对象。为了把成本控制工作做得扎实、细致，落到实处，还应以分部分项工程作为项目成本的控制对象。在正常情况下，项目应该根据分部分项工程的实物量，参照施工预算定额，联系项目管理的技术素质、业务素质和技术组织措施的节约计划，编制包括工、料、机消耗数量、单价、金额在内的施工预算，作为对分部分项工程成本进行控制的依据。目前，边设计、边施工的项目比较多，不可能在开工以前一次编出整个项目的施工预算，但可根据出图情况，编制分阶段的施工预算。总的来说，不论是完整的施工预算，还是分阶段的施工预算，都是进行项目成本控制的必不可少的依据。

4. 以对外经济合同作为成本控制对象。在社会主义市场经济体制下，施工项目的对外经济业务，都要以经济合同为纽带，明确双方的权利和义务。在签订上述经济合同时，除了要根据业务要求规定时间、质量、结算方式和违约奖罚等条款外，还必须强调要将合同的数量、单价、金额控制在预算收入以内。因为，合同金额超过预算收入，就意味着成本亏损，反之，就是赢利。

（二）施工项目的成本控制内容

施工项目的成本控制，应伴随项目建设的进程渐次展开，要注意各个时期的特点和要求。各个阶段的工作内容不同，成本控制的主要任务也不同。为实现施工项目成本控制的目标，应做好以项目预算成本、计划成本和实际成本为主要内容的施工项目全过程的成本控制。

1. 施工前期的成本控制

（1）工程投标阶段：在投标阶段成本控制的主要任务是编制适合本企业施工管理水平、施工能力的报价，根据工程概况和招标文件，联系建筑市场和竞争对手的情况，进行成本预测，提出投标决策意见。中标以后，应根据项目的建设规模，组建与之相适应的项目经理部，同时以标书为依据确定项目的成本目标，并下达给项目经理部。

（2）施工准备阶段。一是根据设计图纸和有关技术资料，对施工方法、施工顺序、作业组织形式、机械设备选型、技术组织措施等进行认真的研究分析，制定科学先进、经济合理的施工方案；二是根据企业下达的成本目标，以分部分项工程实物工程量为基础，联系劳动定额、材料消耗定额和技术组织措施的节约计划，在优化的施工方案的指导下，编制明细而具体的成本计划，并按照部门、施工队和班组的分工进行分解，作为部门、施工队和班组的责任成本落实下去，为今后的成本控制做好准备；三是根据项目建设时间的长短和参加建设人数的多少，编制间接费用预算，并对上述预算进行明细分解，以项目经理部有关部门（或业务人员）责任成本的形式落实下去，为今后的成本控制和绩效考评提供依据。

（3）项目预算成本的控制。施工项目预算成本管理反映的是各地区建筑业的平均成本水平，是确定工程造价的基础。要做到完善的项目成本控制，首先必须按照设计文件，国家及地方的有关定额和取费标准编制完备的施工图预算，做到量准、项全。施工项目预算成本的管理是编制计划成本和评价实际成本的依据，是完成施工项目成本控制的前提。

（4）项目计划成本的控制。根据计划期的有关资料，考虑到采取降低成本措施后的成本降低数，预先计算计划成本，它反映了企业在计划期内应达到的成本水平。通过施工项目计划成本的管理可以确定与施工项目总投资（中标价）比较，应实现的计划成本降低额与降低比率，并且按成本管理的层次，将计划成本加以分解，制定各级成本实施方案。

2. 施工期间的成本控制

施工阶段的成本控制的主要任务是确定项目经理部的成本控制目标；项目经理部建立成本控制体系；项目经理部各项费用指标进行分解以确定各个部门的成本控制指标；加强成本的过程控制。

（1）加强施工任务单和限额领料单的控制，特别是要做好每一个分部分项工程完成后的验收（包括实际工程量的验收和工作内容、工程质量、文明施工的验收），以及实耗人工、实耗材料的数量核对，以保证施工任务单和限额领料单的结算资料绝对正确，为成本控制提供真实可靠的数据。

（2）将施工任务单和限额领料单的结算资料与施工预算进行核对，计算分部分项工程的成本差异，分析差异产生的原因，并采取有效的纠偏措施。

（3）做好月度成本原始资料的收集和整理，正确计算月度成本，分析月度预算成本与实际成本的差异。对于一般的成本差异要在充分注意不利差异的基础上，认真分析有利差异产生的原因，以防对后续作业成本产生不利影响或因质量低劣而造成返工损失，对于盈亏比例异常的现象，则要特别重视，并在查明原因的基础上，采取果断措施，尽快加以纠正。

（4）在月度成本核算的基础上，实行责任成本核算。也就是利用原有会计核算的资料，重新按责任部门或责任者归集成本费用，每月结算一次，并与责任成本进行对比，由责任部门或责任者自行分析成本差异和产生差异的原因，自行采取措施纠正差异，为全面实现责任成本创造条件。

（5）经常检查对外经济合同的履约情况，为顺利施工提供物质保证。如遇拖期或质量不符合要求时，应根据合同规定向对方索赔；对缺乏履约能力的分包商或供应商，要采取断然措施，立即中止合同，并另找可靠的合作伙伴，以免影响施工，造成经济损失。

（6）定期检查各责任部门和责任者的成本控制情况，检查成本控制责、权、利的落实情况（一般为每月一次）。发现成本差异偏高或偏低的情况，应会同责任部门或责任者分析产生差异的原因，并督促他们采取相应的对策来纠正差异如有因责、权、利不到位而影响成本控制工作的情况，应针对责、权、利不到位的原因，调整有关各方的关系，落实责、权、利相结合的原则，使成本控制工作得以顺利进行。

3..施工期间材料费、人工费和施工机械使用费的控制和分析

材料成本在整个项目成本中的比重最大，一般占到60%～70%左右，而且有较大的节约潜力，材料费控制分为价格和数量两个方面。首先要把好进货关，对用量较大的材料应采取招标的办法，通过货比三家把价格降下来，或者直接从厂家进货，减少中间环节，节约材料差异；其次是零星的材料要尽量利用供应商竞争的条件实行代储代销式管理，用多少结算多少，减少库存积压，以免造成损失；再次是实行限额领料和配比发料，严格避免材料浪费。对各台班组实行工资包干制度，配备一专多能的技术工人，合理调节各工序人数松紧情况，既加快工程进度，又节约人工费用。切实加强设备的维护与保养，提高设备的利用率和完好率。对确需租用外部机械的，要做好工序衔接，提高利用率，促使其满负荷运转对于按完成工作量结算的外部设备，要做好原始记录，计量准确。要压缩非生产人员，在满足工作需要的前提下，实行一人多岗，满负荷工作。采取指标控制、费用包干等方法，最大限度地节约非生产开支。项目的财务人员要按月做好成本原始资料的收集和整理工作，正确计算月度工程成本，同时要按照责任预算考核要求，按分部分项工程分析实际成本与预算成本的差异。要找出产生差异的原因，并及时反馈到工程管理部门，采取积

极的防范措施纠正偏差，以防止对后续施工造成不利影响或质量损失。对盈亏比例异常的现象，要特别引起重视，及时准确查清原因对于由于采用新技术、新工艺加快施工进度节约费用的应及时推广对于导致降低工程质量、偷工减料降低费用的应及时纠正。

（三）项目成本控制的方法

科学合理的成本控制方法的标准是：在保证工程项目质量、进度、安全的前提下，采取的成本控制方法，能够确保工程项目成本目标的实现。当然，选择成本控制方法的途径不是一成不变的，它要根据具体的项目特点以及实时的环境条件，来确定具体的筛选办法。

项目经理作为成本控制体系的中心，在工程项目的成本控制当中发挥积极的带头作用。项目团队一般以项目经理制定的成本目标为控制依据，在项目进程中实时控制工程费用的支出，具体的做法如下：

1. 人工费用的控制。根据"量入为出"的原则，项目经理部在与所辖施工队签订劳务合同时，一定要依据招投标文件以及施工合同中关于人工单价的约定价，进行相应的下浮。严格执行工程项目管理程序，使得工程在进度、质量、安全等全方面受控，减少变更和重复性施工，力求减少定额外人工费的产生，关键进度控制点或者关键工序，可以考虑人工单价的调增。

2. 材料费的控制。材料费的控制要从材料用量和材料价格两方面来进行控制，也就是遵循"量价分离"的原则。控制发料：将施工图纸的材料表与工程现场实际工程量进行有效核对，并准确测算工程定额的消耗量，实行限额领料；没有消耗量定额指导的工程子项，可根据以往类似工程施工经验，确定材料领用指标；在材料使用过程中，对部分小型、零星材料，可将其折算成费用，由作业者包干控制。材料价格控制：以前建筑工程的"三大材"，都是由发包方供应，但随着发包方式的转变（采用施工图预算固定总价），目前"三大材"都由承包方采购，价格由发包方确认，这一部分是建筑工程的主要成本组成，作为项目部必须实时掌握市场变化规律、洞察价格变化趋势，实时调整采购策略，在价格确认的范围内力求增加价格空间；其他项目部采购的主、辅材料，项目材料员也应关注相应的材料市场价格变化，广泛收集市场信息，在保证工程进度需求的情况下，实时做出采购决策。

3. 施工机械费的控制。施工机械费在工程项目成本中占有较大的比重，合理选择、调配施工机械，提高设备利用率，将对工程项目的成本控制起到至关重要的作用。首先，项目部要根据工程的具体特点和施工条件，科学确定施工机械的施工组合——搭配合理、运行经济、安全可靠。具体的做法是：加强设备的维护保养，避免造成设备故障性停滞；合理安排施工生产，加强设备租赁计划管理，减少安排不当造成的设备闲置；做好机上人员与辅助生产人员的衔接、配合，提高施工机械台班产量；加强设备调度，避免窝工，提高设备利用率。

4. 构件加工费和分包施工费的控制。构件加工以及分包施工费，必然对项目部的施工项目成本产生影响，因此项目经理部必须对构件加工费和分项工程分包价格进行有效控制。

首先，在落实施工总体方案的时候，就要明确分包范围，要有明确的分包预算。在签订分包合同的时候，一定要采用"施工图预算固定总价合同"，将合同价控制在分包预算额以内，并且相关的生产管理、过程监控、竣工验收、质保维修都要有相关的约定。

二、工程施工阶段的成本控制

（一）施工阶段成本控制综述

施工阶段的工程成本是指建筑施工企业以工程项目作为成本核算的对象，在施工过程中，所耗费生产资料的转移价值，也就是劳动者的必要劳动所创造价值的货币形式，或者说是工程项目在施工过程中，所发生的全部生产费用的总和。

按成本的经济性质，工程成本可以分为直接成本和间接成本。直接成本指施工过程中的直接的耗费，包括人工费、材料费、机械费以及其他直接费用；间接成本指企业内部为组织和管理工程施工所发生的全部支出，包括：管理人员的职工福利费、固定资产折旧费、固定资产修理费，还有水电费、保险费等。

工程项目成本控制是在保证工程质量、进度、安全的前提下，对工程项目实施过程中所发生的费用，通过有效的控制措施和技术保障措施来实现预定的成本目标的一组成本管理活动。项目管理团队在工程进程中要尽可能地降低工程费用支出、实现项目目标利润，为施工企业创造良好的经济效益。提高项目团队的成本控制能力，是施工企业提升市场竞争力的最有力的保障。

（二）施工阶段成本控制的内容

项目团队成本控制意识的提高，是实现成本控制指标的关键。在成熟的成本控制管理框架下，项目经理是成本控制的核心。首先，施工企业必须树立全员的成本控制理念，把工程的成本控制等同于工程质量、进度、安全的控制，对于工程"四项指标"的控制，都应有同样的考核、激励机制；其次，项目经理牵头专业部门和项目成员，积极制定完善控制工程费用支出的具体措施，并通过新技术的应用挖潜工程环节，降低工程成本。

项目团队严格按照工程成本控制管理程序办事，夯实基础工作，做好专业衔接，团结一致地把项目成本控制在目标范围之内。在工程项目进程中，成本控制的内容一般包括：合同控制、材料控制、质量控制和费用控制。

1. 合同控制

项目经理部管理具体工程项目的起始应该是"工程项目承包合同"的签订。任何项目团体追求的都是效益最大化、利益最大化，确保成本目标，实现企业目标利润是施工企业考核、评价项目团队的最确凿的依据。因此，"工程项目承包合同"是项目团队行动的纲领和目标，承包合同的管理和费用控制，是工程管理工作的重中之重。首先，依据合同的要求，确定项目的成本目标，分解落实项目成本计划；其次，根据合同要求的质量、进度指标，详细地编制施工组织设计，为项目成本计划提供技术支持。第三，依据合同约定，制定资金需求曲线，对应急状况、工程变更，要及时做出费用需求调整。

2. 材料费用控制

材料费用控制要贯彻"量价分离"的控制原则。

材料用量的控制：①限额领料、控制材料消耗量，超出限额的领料，要有正常的审批程序。②通过技术革新，推广使用新技术、新工艺、新材料，改进施X技术，降低材料用量。③加强现场管理，合理堆放，减少二次搬运。④根据工程进度需求合理安排采购进度，减少库存和资金占用。

材料价格的控制包括：①材料进场价格控制的依据是工程投标报价时的报价和市场供求信息。②材料采购时，企业应通过市场调研或者通过咨询机构，了解市场价格，在保证质量的前提下，货比三家，选择较低的价格进行材料采购。③材料采购时要注重对运费的控制。这就要求合理地组织运输，选用最经济的运输方法，同时要合理地确定进货的批次和批量。

3. 质量控制

工程质量的控制与工程成本的控制息息相关，是相辅相成的工程管理的两个方面。工程质量的控制主要表现在：①项回专业人员，钻研施工图，结合施工现场的实际情况，借用标准做法、类似工程经验等，拟定分项工程的施工方案，按照方案要求认真组织施工，做到达标而不超标。②施工过程中，要依据质量控制程序，对实施中的项目进行阶段性的质量验收，特别要注重隐蔽工程验收，力求做到质量一次性验收合格，杜绝返工浪费，减少成本损失。

4. 费用控制

（1）人工费的控制

与材料费的控制原则相同，人工费的控制也实行"量价分离"。采取的措施有：

项目财务主管人员按照项目部以及下属班组的承包范围，依据总用和各分项工程用工预算出承包费用总金额，可以在过程的进度控制点上或者在结算时进行对照。

每月的月初，应根据当月项目计划完成工作量，进行用工分析，计算当月总用工数及各分项工程用工数，并下发至项目各专业和施工班组，以此作为控制工程进度的依据。

每月的月末，项目财务主管人员在审核班组长出具的派工单时，须将其所出具用工单按总用工数和各分项工程用工数逐月累计，以计算截至本月班组长开具的用工单与计划用工以及工程形象进度之间的差异，并将结算总金额与预算承包总金额相比较，分析偏差原因制订纠正措施，从而较好地控制费用支出、调整工程进度。

（2）机械费的控制

工程机械费用的控制，采取的有效措施如下：

协调项目进程、加强机械设备的调度工作，尽量避免窝工，提高现场设备利用率。

合理调配施工机械，加强设备租赁计划管理，减少因安排不当引起的设备闲置和待用。

加强施工现场机械设备的维护和保养，保持设备的运转流畅，减少设备故障率，保证正常的生产秩序。

做好设备操作、指挥、使用人员的协调和衔接，切实提高机械台班的生产效率。

（3）管理费的控制

工程管理费用在项目成本中占有一定比例，不可忽视。管理费没有定额标准，只是在工程前期根据以往工程经验，制定使用额度，因其主观性强，在控制费用支出时，显得难度较大。日常的管理工作中常常采用以下控制措施：

根据工程特点和项目实施要求，制定项目管理费开支指标。项目经理在项目实施过程中，对管理费用的支出进行签批，项目成员都享有对支出费用的监督权。

根据项目成员的分工和专业特点，项目经理部各层面都享有不同的管理费开支权限。形成管理费用支出的检查程序，可以委托审计部门进行检查监督，定期对管理费用进行检查、评价和考核。

（三）施工阶段成本控制的步骤

做好材料、人工的过程管理。对分项工程特别是隐蔽工程要进行阶段性地验收，做好验收记录，特别将分项工程的实际消耗的人工、材料与工作任务单、限额领料单进行认真核对。

将工作任务和限额领料出现偏差以分项工程单价计算出分部分项工程的成本差异，及时分析偏差产生的原因，并制订修正措施，以其后期改进。

按照工程总体施工计划要求，确定分步的进度控制点。在每个进度控制点上，实时地收集原始资料，计算工程实际成本，并将实际成本与预算成本进行比较、对照，分析成本差异形成的原因。对有利差异、不利差异都要制订切实的修正措施，改进后续工程管理。

进度控制点上的责任成本核算。项目经理在项目成本员的配合下，根据项目开始前制订的成本计划、成本指标以及成本控制责任制，将每个进度控制点的实际成本与项目成员的责任成本相对照，对项目成员进行成本考核。项目成员要根据考评结果，进行实时纠偏，改进工作。

不定期地检查分包工程以及外协加工合同的执行情况，保证此项费用的支出可控，如遇拖期、质量等问题，须按合同约定的商务、技术条款向对方提出索赔。

项目经理牵头不定期检查成本责任制的执行情况，并根据"责权利"相结合的原则，对成本控制工作提出中肯的评价。

三、项目竣工验收、交接阶段的成本控制

（一）工程竣工验收阶段成本控制的重要性

工程竣工验收阶段是施工成本控制的最后一环，实时准确地进行竣工结算，将实际工

程成本与计划成本进行比较、对照，直接可以体现出工程的经济效益，是对项目管理团队进行成本考核的重要依据，也是整个项目后评估的重要评价指标。建筑企业流行的一句话叫"干得好不如算得好"，就凸显出了本阶段成本管理的重要性。

（二）工程竣工验收阶段成本控制的要点

1. 工程主材用量的核准。工程主材是工程造价的主要组成部分，主材的偏差将带来工程造价大的变动。当然也不能忽视辅材的浪费，检查定额子项中辅材用量，及时发现辅材的超用、超供现象，并采取抵扣措施。

2. 价差的调整，依据合同的约定或国家建设工程法律法规的要求，关注人工价差、材料价差、费用价差的调整。

3. 实际变更、现场签证带来的工程费的调整。

4. 违约与索赔，涉及进度、质量、安全、费用目标的应急性调整，要依据违约责任进行索赔。

（三）工程竣工验收阶段成本控制的步骤

1. 验收交接。收集、整理竣工资料，包括施工图、设计变更、现场签证，依据完整的工程资料对实际产生的工程量进行复核，对工程效果进行确认，对于未达到图纸要求和使用要求的，将依据合同界定进行限期整改。待工程确认无误、达到竣工验收条件，业主、监理、施工方签订单项竣工验收单。因工程实施过程中都存相关的阶段验收，以及变更签证、隐蔽工程都由相关的记录和台账，最终的验收工作将变得方便、快捷。依据竣工验收的资料，施工企业出具工程竣工图。

2. 编制工程结算。依据竣工图编制工程量清单，按照施工合同要求编制工程结算，套用的工程定额、价目表，采用的取费办法以及约定的工程类别、人工单价都必须符合相关合同条款的要求，涉及费用调整的工程变更和签证，要有业主的签字确认。

3. 工程结算内审。项目部提交结算之前要经公司工程造价专业部门进行预审。

（1）审慎核对承包合同条款。首先，项目承包合同应该是工程竣工验收的最重要的依据，也就是说，工程符合合同约定的施工范围和工程技术要求，才可以进入工程结算程序；其次，工程结算应按合同约定的结算方法——定额标准、取费依据、人工单价、工程类别等进行结算。

（2）规范设计变更、现场签证。设计变更和现场的工程签证，必然导致工程成本的调整，变更的规范管理非常关键。变更的技术资料、相关预算调整要有详尽的数据支持，涉及费用调整的按调整额度采用不同的审批程序。

（3）加强隐蔽工程管理。隐蔽工程的图纸以及验收记录必须齐全，监理、咨询单位都要签署验收意见，工程量必须澄清、准确。

（4）严格规范工程计量。工程量的审核要以竣工结算的竣工图、设计变更单和现场签证等为依据，并按国家统一规定的计算规则计算工程量。

（5）严格供材认价制度。工程施工合同的暂定价材料，一定要有市场调研的认价依据，并且充分考虑材保费的支取。分包工程中，要注意材料供应界定和供材抵扣。

（6）注意各项规费的计取办法和支付方式。比如安全文明措施费、社会保障金费、以及民工工资保证金等。

4. 全力配合业主审计。工程审结的速度，对工程成本有着直接的影响。对于工程结算提报和审结，在《建设工程施工合同法》中，都有明确的规定。工程按要求审结，施工方可及时获取工程款和支付分包工程款，减少工程款滞纳，可以对成本目标的实现起到积极的作用。

5. 控制保修费用。在工程保修期间，应由项目经理指定保修工作的责任人（或分包工程责任人），并责成责任者提出保修计划和费用计划，以此作为控制保修的依据。

6. 搞好工程索赔。工程索赔是施工单位在合同实施过程中，对非自身原因造成的工程延期、费用增加而要求业主给予补偿损失的一种权利要求。索赔的性质属于经济补偿行为，而不是惩罚，索赔属于正确履行合同的正当权利。

第五节　项目成本分析

项目运行完毕后，应当对项目成本偏差等进行成本的分析与考核，来揭示成本节约和超支的原因，进一步提高企业管理水平。工程项目成本分析是以会计成本核算的结果为依据，通过一定的科学方法，对成本计划的实施过程和完成情况进行研究，以此来评定该项目成本管理水平。通过成本分析，有助于更加合理地评价成本计划的实施情况，可以反映出成本节约或超支的原因，进一步提升企业管理水平。

一、工程项目成本分析概述

工程项目的成本分析，就是根据统计核算、业务核算和会计核算提供的资料，对项目成本的形成过程和影响成本升降的因素进行分析，以寻求进一步降低成本的途径（包括项目成本中的有利偏差的挖潜和不利偏差的纠正）；同时，通过成本分析，可从账簿、报表反映的成本现象看清成本的实质，从而增强项目成本的透明度和可控性，为加强成本控制，实现项目成本目标创造条件。由此可见，工程项目成本分析，也是降低成本，提高项目经济效益的重要手段之一。

（一）工程项目成本变动的影响因素分析

对项目成本变动的影响因素进行分析，是项目成本分析的主要任务，通过对主要的影响因素的总结把握，从宏观上把握项目成本的变动方向和变动原因，找出有效的成本抑制手段，控制项目成本。

影响项目成本变动主要有内外两方面的因素：

1. 外部因素

又称为市场经济因素，它主要包括项目的规模和项目本身的技术装备水平，以及项目的专业化程度、项目团队协作水平、项目参与人员的技术技能和施工人员的操作熟练程度等，这些因素不是在短期内所能改变的，它们是贯穿整个项目实施过程的，对项目成本的变化起着主要作用。这些因素人为改变的可能性不大。

2. 内部因素

又称为经营管理因素，这些因素主要有直接材料的消耗量、机械设备及能源的利用效率、项目的质量水平、劳动生产率和人工费用水平的合理性等，它们都有可能在项目实施过程中，通过改变管理策略或改善操作流程，得到一定程度的改变，进而减少成本变动。

影响项目成本升降的内外两方面因素，在一定的条件下，是相互制约和相互促进的，共同影响项目成本的变动。在对项目成本进行分析与管理时，项目管理层应该更关注其内部可变影响因素，查明内部因素对项目成本费用变化的影响，把握项目实施过程中存在的主要问题，探寻最优解决途径，不断改善和提高项目管理水平，降低整个项目的成本费用，提高项目经济效益。

（二）工程项目成本分析指标

进行项目成本分析，具体要分析项目实施过程中的各种有用数据，而在一个项目的实施中，数据是庞杂多样的，为了提高项目成本管理效率，项目组会采用一些行业认定的成本分析指标进行比较考察，得出分析结论。这些成本分析指标是同影响项目成本变动的内部、外部因素直接相关的。单单依靠一两个指标进行成本分析，是不能全面反映项目成本发生状况的。项目管理层要依赖科学的数据做出变动决策，自然需要从各个不同的角度反映项目成本，利用种类不同的分析指标，这样可以综合、清晰地反映项目成本耗费状况，并及时将项目的进度、工期、效率、质量等分析同项目成本分析结合进行对比参照，从宏观与微观两方面准确反映项目情况。通常将项目成本分析的综合指标分为三大类：

1. 挣值原理中的各项指标

将计划工作量的预算成本、挣得值、已完工作量的实际成本三者进行比较分析，借助两者之间的费用差异、进度差异以及费用差异百分比、进度差异百分比等指标，除此之外，还有相对数指标的费用绩效指数、进度绩效指数等，都属于挣得值原理中的指标，这一原理推广到各工业领域项目管理中以后，在项目管理及控制中的作用日趋完善。

2. 效率比的各项指标

可以通过构造实际与计划相比的相对数指标，来体现项目某些方面的效率。如：

机械生产率＝实际台班数／计划台班数 ×100%

劳动生产率＝实际使用人工工时／计划使用人工工时 ×100%

与此相似的，还可以构造各种材料消耗率及各项费用消耗率，来反映材料消耗及费用耗费方面的效率，在此不再一一赘述。

3. 成本分析指标

通过实际成本与计划项目的比较分析，最后得出的各种比较结果，对已完工项目而言：

成本偏差＝实际成本－计划成本

成本偏差率＝（实际成本－计划成本）/ 计划成本 ×100%

利润＝已完工项目价格－实际成本

根据各种成本分析指标，可以生成一系列成本项目差异分析表、各分项工程项目成本比较表等，表 5-5-1 反映的是主要成本项目差异的分析情况。

这种形式的表格，使得各种数据一目了然，便于进行横向及纵向的比较分析。最后根据表格说明，得出差异分析报告、成本状况报告等。

表 5-5-1　主要成本项目差异分析表

成本项目	计划值	实际值	偏差	偏差率（比本项目计划成本值）	偏差率（比计划成本总额）
直接费 其中 人工费 机械费 材料费 措施费 间接费					
合计					

（三）工程项目成本分析的目的和作用

从项目成本分析的概念来看，项目成本分析是为了寻找进一步降低成本的途径，提高项目的经济效益。通过项目成本分析，可以从项目账簿及报表中反映的成本现象看清成本实质，进而增强项目成本的透明度和可控性，最终加强成本控制，为实现项目成本目标创造条件。

1. 恰当评价项目成本计划的执行效果

评价项目成本计划的执行效果，单纯凭借项目成本核算是不够的，必须在项目成本核算的基础上，进行深入的项目成本分析，则可能做出比较正确的评价。

2. 明晰成本超支原因

一个项目实施过程中，有很多的不可控因素，致使项目成本不可能完全与成本计划保持一致，多数情况下，都会存在项目成本超支现象。超支的原因多种多样，项目的可行性研究设计、项目目标计划以及项目技术、组织、管理等任何一项出现问题，都会导致成本发生变化，造成项目成本超支，真正的原因要通过项目成本分析得以明晰。

根据成本超支的具体成本对象，采用适当的定性分析方法和定量分析方法，得出成本分析结论，找出成本超支的关键因素所在。原因分析是成本责任分配与成本控制措施的基础，具体的成本超支原因主要有：成本计划数据本身不准确、估值有误、预算过低、采用了不适当的低价策略；天气、物价、不可抗力事件等外部原因；实施管理过程中存在的不恰当控制、成本责任不明、劳动生产率过低、采购劣质材料或原材料浪费严重等问题；项目范围及设计的变更、完工标准的提高等，都是造成项目成本超支的重要因素。明晰发生成本超支的原因，能对症下药，采取相应的解决措施，及时挽回损失，改善管理，最终实现项目成本有效控制。

3. 寻找降低成本措施

找到降低成本的有效措施，是项目成本分析的最终目标和主要作用。通过对项目成本超支原因的具体分析，找到压缩成本的突破口，将降低成本的措施与项目的工期、质量、合同等相关因素通盘考虑，选用比原计划更为有力的措施，缩小项目范围，提高生产效率，降低项目成本。如：采用耗材少的工艺流程、替代成本高的原材料、重新选择原料供应商等降低成本措施。

在实行降低成本措施的时候要注意以下几个问题：

从项目一开始时就要牢固树立成本控制观念，不放过任何有可能发生成本超支的情况，因为成本超支在一定程度上是一个积累的过程，一旦成本失控，会导致计划成本无力应对整个项目工程。

当发生成本超支时，不能仅仅以降低成本为目的，节约一切开支，包括必须耗用的成本，虽然项目成本管理的最终目的就是要降低成本消耗，但是在降低成本的同时，必须要把握住"度"，因为成本的过分降低也会导致一些得不偿失的后果。如：项目质量下降，项目工期延长，甚至会造成更大的经济损失。

在发生成本超支采取措施时，一定要使措施的选择与项目的设计、进度等其他方面相一致，与项目的其他参与人员或投资者相协调。唯有如此，才能最大限度地发挥其作用，使措施起到应有地降低成本的效果。

（四）工程项目成本分析的原则和内容

1. 工程项目成本分析的原则

从成本分析效果出发，工程项目成本分析应该符合以下原则：

（1）实事求是在成本分析当中，必然会涉及一些人和事，也会有表扬和批评。受表扬的当然风光，受批评的未必都能"闻过则喜"，因而常常会有一些不愉快的场面出现，乃至影响成本分析的效果。因此，成本分析一定要有充分的事实依据，应用"一分为二"的辩证方法，对事物进行实事求是的评价，并要尽可能做到措辞恰当，能为绝大多数人所接受。

（2）要用数据说话成本分析，要充分利用统计核算、业务核算、会计核算。

（3）有关辅助记录（台账）的数据进行定量分析，尽量避免抽象的定性分析。定量分析对事物的评价更为精确，更令人信服。

（4）要注重时效也就是要做到成本分析及时，发现问题及时，解决问题及时。否则，就有可能贻误解决问题的最好时机，甚至造成问题成堆，积重难返，发生难以挽回的损失。

（5）要为生产经营服务成本分析不仅要揭露矛盾，而且要分析矛盾产生的原因，并为解决矛盾献计献策，提出积极有效的解决矛盾的合理化建议。这样的成本分析必然会深得人心，从而受到项目经理和有关项目管理人员的配合和支持，使工程项目的成本分析更健康地开展下去。

此外，还应坚持以下原则：全面分析与重点分析相结合的原则；专业分析与群众分析相结合的原则；纵向分析与横向分析相结合的原则；事后分析与事前、事中分析相结合的原则。

2. 工程项目成本分析的内容

工程项目成本分析应与成本核算对象的划分同步。一般而言，工程项目成本分析主要包括以下几个方面。

随着项目施工的进展而进行的成本分析，包括：①分部分项工程成本分析；②月（季）度成本分析；③年度成本分析；④竣工成本分析。

按目标成本项目进行的成本分析，包括：①人工费分析；②材料费分析；③机械使用费分析；④其他直接费分析；⑤间接成本分析。

针对专项成本事项进行的成本分析，包括：①成本盈亏异常分析；②工期成本分析；③质量成本分析；④资金成本分析；⑤技术组织措施节约效果分析；⑥其他有利因素和不利因素对成本影响的分析。

二、项目成本分析的基本方法

项目成本涵盖项目的方方面面，需要成本分析的指标多种多样，必然要求在不同情况下，有不同的分析方法与之相适应。在项目成本估算和项目决策等前期工作中，所使用的方法属于事前成本分析方法，而在项目成本控制阶段，利用的成本分析方法则属于事后成本分析方法。而按照一般的分类原则，将项目成本分析方法分为基本成本分析方法、综合成本分析方法、专项成本分析方法和目标差异分析方法。

（一）比较分析法

比较分析法又称指标对比分析法，是通过技术经济指标的对比，检查目标的完成情况，分析产生差异的原因，进而挖掘内部潜力的方法。这种方法具有通俗易懂、简单易行、便于掌握的特点，因而得到了广泛的应用，但在应用时必须注意各项技术经济指标的可比性。比较法的应用通常有下列形式：

1. 将实际指标与目标指标对比，以此检查目标的完成情况，分析完成目标的积极因素和影响目标完成的原因，以便及时采取措施，保证成本目标的实现。在进行实际指标与目标指标对比时，还应注意目标本身的质量。如果目标本身出现质量问题，则应调整目标，重新正确评价实际工作的成绩，以免挫伤人的积极性。

2. 将本期实际指标与上期实际指标对比。通过这种对比，可以看出各项技术经济指标的动态情况，反映施工项目管理水平的提高程度。在一般情况下，一个技术经济指标只能代表施工项目管理的一个侧面，只有成本指标才是施工项目管理水平的综合反映，因此，成本指标的对比分析尤为重要，一定要真实可靠，而且要有深度。

3. 与本行业平均水平、先进水平对比。通过这种对比，可以反映本项目的技术管理和经济管理水平与其他项目管理的平均水平和先进水平的差距，进而采取措施赶超先进水平。

以上三种对比可以在一张表上同时反映出来。例如，某项目本年节约"三材"的目标为 90 万元，实际节约 100 万元；上年节约 80 万元；本企业先进水平节约 110 万元。根据上述资料编制分析表，如表 5-5-2 所示。

表5-5-2　实际指标与目标指标、上期指标、先进水平对比表单位：万元

指标	本年计划数	上年实际数	企业先进水平	本年实际数	差异数		
					与计划比	与上年比	与先进比
"三材"节约额	90	80	110	100	10	20	-10

（二）因素分析法

因素分析法又称连锁置换法或连环替代法。因素分析法是将某一综合性指标分解为各个相互关联的因素，通过测定这些因素对综合性指标差异额的影响程度进而分析评价计划指标执行情况的方法。在成本分析中采用因素分析法，就是将构成成本的各种因素进行分解，测定各个因素变动对成本计划完成情况的影响程度，据此对企业的成本计划执行情况进行评价，并提出进一步的改进措施。在进行分析时，首先要假定若干因素中的一个因素发生了变化，而其他因素则不变，然后逐个替换，并分别比较其计算结果，以确定各个因素变化对成本的影响程度。因素分析法的计算步骤如下：

1. 将要分析的某项经济指标分解为若干个因素的乘积。在分解时应注意经济指标的组成因素应能够反映形成该项指标差异的内在构成原因，否则，计算的结果就不准确。如材料费用指标可分解为产品产量、单位消耗量与单价的乘积。但它不能分解为生产该产品的天数、每天用料量与产品产量的乘积。因为这种构成方式不能全面反映产品材料费用的构成情况。

2. 计算经济指标的实际数与基期数（如计划数，上期数等），从而形成了两个指标体系。这两个指标的差额，即实际指标减基期指标的差额，就是所要分析的对象。各因素变动对所要分析的经济指标完成情况影响合计数，应与该分析对象相等。

3. 确定各因素的替代顺序。在确定经济指标因素的组成时，其先后顺序就是分析时的

替代顺序。在确定替代顺序时，应从各个因素相互依存的关系出发，使分析的结果有助于分清经济责任。替代的顺序一般是先替代数量指标，后替代质量指标；先替代实物量指标，后替代货币量指标；先替代主要指标，后替代次要指标。

4. 计算替代指标。其方法是以基期数为基础，用实际指标体系中的各个因素，逐步顺序地替换。每次用实际数替换基数指标中的一个因素，就可以计算出一个指标。每次替换后，实际数保留下来，有几个因素就替换几次，就可以得出几个指标。在替换时要注意替换顺序，应采取连环的方式，不能间断，否则，计算出来的各因素的影响程度之和，就不能与经济指标实际数与基期数的差异额（即分析对象）相等。

5. 计算各因素变动对经济指标的影响程度。其方法是将每次替代所得到的结果与这一因素替代前的结果进行比较，其差额就是这一因素变动对经济指标的影响程度。

6. 将各因素变动对经济指标影响程度的数额相加，应与该项经济指标实际数与基期数的差额（即分析对象）相等。

上述因素分析法的计算过程可用以下公式表示：

设某项经济指标 N 是由 A、B、C 三个因素组成的。在分析时，若是用实际指标与计划指标进行对比，则计划指标与实际指标的计算公式如下：

计划指标 $N0 = A0 \times B0 \times C0$

实际指标 $N1 = A1 \times B1 \times C1$

分析对象为 $N1 - N0$ 的差额。

采用因素分析法测定各因素变动对指标 N 的影响程度时，各项计划指标，实际指标及替代指标的计算公式如下：

计划指标 $N0 = A0 \times B0 \times C0$ 1.

第一次替代 $N2 = A1 \times B0 \times C0$ 2.

第二次替代 $N3 = A1 \times B1 \times C0$ 3.

实际指标 $N1 = A1 \times B1 \times C1$ 4.

各因素变动对指标 N 的影响数额按下式计算：

由于 A 因素变动的影响 = 2. - 1. = N2 - N0

由于 B 因素变动的影响 = 3. - 2. = N3 - N2

由于 C 因素变动的影响 = 4. - 3. = N1 - N3

将上述三个项目相加，即为各因素变动对指标 N 的影响程度，它与分析对象应相等。

假设 N 是由 A、B、C、D、E、F……n 个因素组成的，则将做n次替代。在此不再赘述。

例如，某工程浇筑一层结构商品混凝土，目标成本为 397800 元，实际成本 412080 元，比目标成本增加 14280 元。根据表 5-5-3 的资料，用"因素分析法"分析其成本增加的原因。

表 5-5-3　商品混凝土目标成本与实际成本对比表

项目		计划	实际	差额
因素	产量（m3）	500	510	＋7956
	单价（元）	780	800	＋10404
	损耗率（%）	2	1	－4080
成本（元）		397800	412080	＋14280

解：分析对象：N1 － N0 ＝实际成本－计划成本＝ 14280 元

已知：成本＝产量 × 单价 ×（1 ＋损耗率）

计划指标 N0 ＝ 500 × 780 × 1.02 ＝ 397800（元）

第一次替代（产量因素）N2 ＝ 510 × 780 × 1.02 ＝ 405756（元）

第二次替代（单价因素）N3 ＝ 510 × 800 × 1.02 ＝ 416160（元）

实际指标（损耗率因素）N1 ＝ 510 × 800 × 1.01 ＝ 412080（元）

各因素变动对指标 N 的影响数额按下式计算：

由于产量因素变动的影响＝ 405756 － 397800 ＝＋ 7956（元）

由于单价因素变动的影响＝ 416160 － 405756 ＝＋ 10404（元）

由于损耗率因素变动的影响＝ 412080 － 416160 ＝ - 4080（元）

产量增加使成本增加了 7956 元，单价提高使成本增加了 10404 元，而损耗率下降使成本减少了 4080 元。

各因素的影响程度之和＝ 7956 ＋ 10404 － 4080 ＝ 14280（元），与实际成本和目标成本的总差额相等。

为了使用方便，企业也可以通过运用因素分析表来求出各因素的变动对实际成本的影响程度，其具体形式见表 5-5-4。

表 5-5-4　商品混凝土成本变动因素分析单位：元

顺序	循环替换计算	差异	因素分析
计划数	500 × 780 × 1.02 ＝ 397800	－	－
第一次替换	510 × 780 × 1.02 ＝ 405756	＋7956	由于产量增加 10m3，使成本增加了 7956 元
第二次替换	510 × 800 × 1.02 ＝ 416160	＋10404	由于单价提高 20 元，使成本增加了 10404 元
第三次替换	510 × 800 × 1.01 ＝ 412080	－4080	由于损耗率下降 1%，使成本减少了 4080 元
合计	7956 ＋ 10404 － 4080 ＝ 14280	＋14280	由于三因素综合变动，使成本增加了 14280 元

应当说明的是，采用因素分析法时应注意一下注意的问题：

1．注意因素分解的关联性。

2．注意因素替代的顺序性。

3．注意顺序替代的连环性。即计算每一个因素变动时，都是在前一次计算的基础上进行，并采用连环比较的方法确定因素变化影响结果。

4．注意计算结果的假定性。连环替代法计算的各因素变动的影响数，会因替代计算的顺序不同而有差别，即其计算结果只是在某种假定前提下的结果，为此，财务分析人员在具体运用此方法时，应注意力求使这种假定是合乎逻辑的假定，是具有实际经济意义的假定，这样，计算结果的假定性，就不会妨碍分析的有效性。

（三）差额计算法

差额计算法是因素分析法的一种简化形式，它是利用各个因素的目标值与实际值的差额来计算其对成本的影响程度。

对例 5-1 用"差额计算法"分析其成本增加的原因。

分析对象：N1 － N0 ＝实际成本－计划成本＝ 14280 元

已知：成本＝产量 × 单价 ×（1 ＋损耗率）

由于产量因素变动的影响＝（510 － 500）× 780 × 1.02 ＝＋ 7956（元）

由于单价因素变动的影响＝ 510 ×（800 － 780）× 1.02 ＝＋ 10404（元）

由于损耗率因素变动的影响＝ 510 × 800 ×（1.01 － 1.02）＝ - 4080（元）

各因素的影响程度之和＝ 7956 ＋ 10404 － 4080 ＝ 14280（元），与实际成本和目标成本的总差额相等。

（四）比率分析法

比率分析法是用两个以上指标的比例进行分析的方法。它的基本特点是：先把对比分析的数值变成相对数，再观察其相互之间的关系。常用的比率法有以下几种：

1．相关比率

由于项目经济活动的各个方面是互相联系，互相依存，又互相影响的，因而将两个性质不同而又相关的指标加以对比，求出比率，并以此来考察经营成果的好坏。例如，产值和工资是两个不同的概念，但它们的关系又是投入与产出的关系，在一般情况下，都希望以最少的人工费支出完成最大的产值。因此，用产值工资率指标来考核人工费的支出水平就很能说明问题。

2．构成比率

通过构成比率，可以考察成本总量的构成情况以及各成本项目占成本总量的比例，同时也可看出量、本、利的比例关系（即预算成本、实际成本和降低成本的比例关系），从而为寻求降低成本的途径指明方向。

3．动态比率

动态比率法就是将同类指标不同时期的数值进行对比，求出比率，用以分析该项指标的发展方向和发展速度。动态比率的计算通常采用基期指数（或稳定比指数）和环比指数两种方法。

（五）"两算对比"法

1."两算"对比的概念

"两算"是指施工图预算和施工预算。施工图预算是确定工程造价的依据，施工预算是施工企业控制工程成本的尺度。"两算对比"即施工预算和施工图预算进行对比。

施工预算是施工企业内部在工程施工前，以单位工程为对象，根据施工劳动定额与补充定额编制的，用来确定一个单位工程中各楼层、各施工段上每一分部分项工程的人工、材料、机械台班需要量和直接费的文件。施工预算由说明书和表格组成。说明书包括工程性质、范围及地点、图纸会审及现场勘察情况、工期及主要技术措施、降低成本措施以及尚存问题等。表格主要包括施工预算工料分析表、工料汇总表及分部工程的两算对比表等。施工预算可作为施工企业编制工作计划、安排劳动力和组织施工的依据；是向班组签发施工任务单和限额领料卡的依据；是计算工资和奖金、开展班组经济核算的依据；是开展基层经济活动分析，进行"两算"对比的依据。

施工图预算是由设计单位根据设计图纸与预算定额编制而成的预算文件，是确定工程预算造价，签订建筑安装合同，实行建设单位和施工单位投资包干和办理工程结算的依据。实行招标的工程，预算是工程价款标底的主要依据。正确编制施工图预算，有利于建设单位合理使用投资，有利于施工单位进行经营管理，加强经济核算，多快好省地完成生产任务。施工图预算经施工单位审定后，施工单位可与建设单位签订工程施工合同。施工图预算可直接作为建筑工程的包干投资额。单位工程竣工后，施工单位即据此与建设单位进行结算。建设银行根据审定后的施工图预算办理工程建设建筑安装的拨款，监督建设与施工单位双方按工程进度办理预支和结算。施工单位根据施工图预算，编制材料计划，劳动力计划，机械台班计划，财务计划及施工计划等进行施工准备，组织施工力量，组织材料备料，推行先进的施工方法，提高劳动生产率，加强建筑企业内部经济核算，从而降低工程成本。

施工预算与施工图预算虽然按同一施工图为依据编制，但二者不同，其主要差别如下：

（1）所用的定额不同

施工预算采用施工定额编制，施工图预算采用预算定额编制。两种定额的分项工程子目划分、包括的工作内容、定额数量标准等都有差别，故计算的结果也不同。即使在当前没有全国统一施工定额的情况下，施工预算的人工数量按劳动定额确定，材料和机械部分是借套预算定额，但也不是把预算定额中所给的材料和机械台班数量全部照抄，而是按施工实际需要确定。对预算定额中给定的材料和机械台班在实际工程中不需要的不能列入，而预算定额中没有列出的材料和机械，在实际施工中必须使用的还应增加。因此，施工预算和施工图预算在材料和施工机械消耗数量方面也存在差别。

（2）预算的内容不同

施工图预算的任务是确定施工项目的预算造价，因此，它的内容主要是计算费用。而施工预算不但要确定施工所消耗的实物量，通常还要计算这些实物量的价值（其内容包括分析计算所需人工、材料和机械台班数量及其费用）。所以，施工图预算主要是算"费"，而施工预算即要算"量"又要算"费"，这是两者的主要差别。

（3）所起的作用不同

施工图预算计算出的工程造价，是施工企业向建设单位办理工程价款的依据。施工预算计算出的价值，是施工企业内部使用的计划成本，是企业内部进行经济核算的依据。前者是施工企业为完成合格产品所收入的最高限额，后者是施工企业为完成合格产品所支付的直接费。因此，施工预算费用不能超过施工图预算的直接费，否则施工企业就需从工程取费中支付成本消耗而造成亏损。

可见，施工图预算确定的是工程预算成本，施工预算确定的是工程计划成本，它们是从不同角度计算的两本经济账。"两算"的核心是工程量对比。尽管"两算"使用定额不同、主要作用不同、工程量计算要求不同、计算方法不同、预算水平与深度不同，但二者的主要工程量应当是一致的。如果"两算"的工程量不一致，必定有一份出现了问题，应当认真检查并解决问题。

"两算对比"是建筑施工企业加强经营管理的手段。通过施工预算和施工图预算的对比，可预先找出节约或超支的原因，研究解决措施，实现对人工、材料和机械的事先控制，避免发生计划成本亏损。找到企业计划与社会平均先进水平的差异，从而控制实际成本的消耗。通过对各分项"费差"（即价格的差异）和"量差"（即工、料、机消耗数量的差异）的分析，可以找到主要问题及其主要的影响因素，采取防止超支的措施，尽可能地减少人工、材料和机具设备的消耗。对于进一步制定人工、材料（包括周转性材料）、机械设备消耗和资金运用等计划，有效地主动控制实际成本消耗，促进施工项目经济效益的不断提高，不断改善施工企业与现场施工的经营管理等，都有着十分重要的意义。

"两算对比"可收到下列经济效果：

（1）对单位工程经济收支的正确预测，做到心中有数，利于工作安排；

（2）对主要项目的工程量，如果用工、用料及机械台班耗用量有超过定额的情况时，可以分析查找原因，并及时解决，可防止多算、漏算的发生；

（3）有利于管理部门严格控制人工、材料、机械的使用，有效克服浪费现象，提高经济效益。同时可在"两算对比"的基础上，制定明确的经济目标。

2. "两算"对比方法

"两算"对比以施工预算所包括的项目为准，对比内容包括主要项目工程量、用工数及主要材料消耗量，但具体内容应结合各项目的实际情况而定。"两算"对比可采用实物量对比法和实物金额对比法。

（1）实物量对比法

实物量是指分项工程中所消耗的人工、材料和机械台班消耗的实物数量。对比是将"两算"中相同项目所需要的人工、材料和机械台班消耗量进行比较，或以分部工程及单位工程为对象，将"两算"的人工、材料汇总量相比较。因"两算"各自的项目划分不完全一致，为使两者具有可比性，常常需要经过项目合并、换算之后才能进行对比。由于预算定额项目的综合性较施工定额项目大，故一般是合并施工预算项目的实物量与预算定额项目相对应，然后再进行对比。

表 5-5-5 提供了砌筑砖墙分项工程的"两算"对比情况。

表 5-5-5　砌筑砖墙工程的"两算"对比表

项目名称	数量（m3）	内容	人工材料种类		
			人工（工日）	砂浆（m3）	砖（千块）
一砖墙	245.8	施工预算	322.0	54.8	128.1
		施工图预算	410.6	55.1	128.6
1/2 砖墙	6.4	施工预算	10.3	1.24	3.56
		施工图预算	115	1.39	4.05
合计	252.2	施工预算	332.3	56.04	131.66
		施工图预算	422.1	56.49	132.65
		"两算"对比差额	＋89.8	＋0.45	＋0.99
		"两算"对比差额率	＋21.27%	＋0.80%	＋0.75%

（2）实物金额对比法

实物金额是指分项工程所消耗的人工、材料和机械台班的金额费用。由于施工预算只能反映完成项目所消耗的实物量，并不反映其价值，为使施工预算与施工图预算进行金额对比，就需要将施工预算中的人工、材料和机械台班的数量乘以各自的单价，汇总成人工费、材料费和机械台班使用费，然后与施工图预算的人工费、材料费和机械台班使用费相比较。表 5-5-6 提供了某项目若干分部工程实物金额对比的"两算"对比表。

表 5-5-6　实物金额对比的"两算"对比表

项目	施工图预算			施工预算			数量差			金额差		
	数量	单价	合计	数量	单价	合计	节约	超支	%	节约	超支	%
直接费（元）												
人工（元）												
材料（元）												
机械（元）												
分部工程												
土方工程（元）												
砖石工程（元）												
钢筋混凝土工程（元）												
其他												
材料												
板方料（m3）												

续 表

项目	施工图预算			施工预算			数量差			金额差		
	数量	单价	合计	数量	单价	合计	节约	超支	%	节约	超支	%
钢筋（t）												
其他												

3. "两算"对比的有关说明

（1）人工数量

一般施工预算应低于施工图预算工日数的 10%～15%，这是因为施工定额与预算定额水平不一样。在预算定额编制时，考虑到在正常施工组织的情况下工序搭接及土建与水电安装之间的交叉配合所需停歇时间，工程质量检查及隐蔽工程验收而影响的时间和施工中不可避免的少量零星用工等因素，留有 10%～15% 定额人工幅度差。

（2）材料消耗

一般施工预算应低于施工图预算的消耗量。由于定额水平不一致，有的项目会出现施工预算消耗量高于施工图预算消耗量的情况，这时，需要调查分析，根据实际情况调整施工预算用量后再分析对比。

（3）机械台班数量及机械费的"两算"对比

由于施工预算是根据施工组织设计或施工方案规定的实际进场施工机械种类、型号、数量和工作时间编制计算机械台班，而施工图预算的定额的机械台班是根据一般配置，综合考虑，大多以金额表示，所以，一般以"两算"的机械费用相对比，且只能核算搅拌机、卷扬机、塔吊、汽车吊和履带吊等大中型机械台班费是否超过施工图预算机械费。如果机械费大量超支，在没有特殊情况下，应改变施工采用的机械方案，尽量做到不亏本，略有盈余。

（4）脚手架工程的金额对比

脚手架工程无法按实物量进行"两算"对比，只能用金额对比。施工预算是根据施工组织设计或施工方案规定的脚手架内容计算工程量和费用的，而施工图预算按定额综合考虑，按建筑面积计算脚手架的摊销费用。

第六章　建筑工程施工管理

　　建筑施工的现场管理是建筑企业施工管理的核心部分，它决定了建筑施工企业能否正常运转，是一项不容忽视的基础工作。也就是说，施工企业若想在竞争日趋激烈的建筑市场之中立于不败之地，就必须将建筑施工的现场管理工作放在首位。建筑施工的现场管理水平在某种程度上来讲，代表了建筑企业的整体管理水平，同时体现出了施工企业生产建设经营等方面的综合能力。所以，对于施工企业而言，必须以市场为导向，在施工现场进行严格的管理控制，才能提高施工管理水平。

第一节　项目施工人员管理

一、项目管理组织机构的选择

（一）组织管理机构选择原则

　　1. 适应施工项目的一次性特点，使项目的资源配铬需求可以进行动态的优化组合，能连续，均衡地施工。

　　2. 有利于项目管理依靠企业的正确决策，适应复杂多变的市场竞争环境和社会环境，为企业获得良好的社会效益和经济效益。

　　3. 有利于强化对内和对外的合同管理，提高企业信誉。

　　4. 组织形式有利于项目经理的指挥和企业对项目经理部的管理，二者兼顾。

　　5. 适应项目的需要及企业的管理体制。

　　6. 层次简单，分权明确，指挥方便。

（二）组织机构选择

结合已完工程经验及承接工程模式采用部门式项目组织，如下图示意：

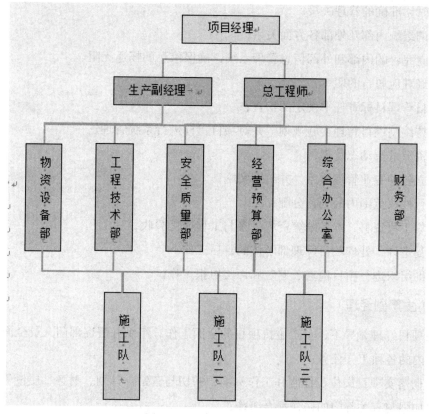

图 6-1-1　部门式项目组织

各部门及施工队以适应工程需要为原则，采用该种组织形式能尽快投入运行；能充分发挥人才的作用；职责明确，职能专一；能适应企业的管理体制；单位能够有效地对项目进行控制，且又不妨碍项目经理部独立进行施工管理，从而保证有效地履行合同。

二、管理人员职责

（一）项目经理

项目经理是企业法定代表人在承包的建设工程项目上的授权委托代理人。项目经理应由法定代表人任命，并根据法定代表人授权的范围、期限和内容，履行管理职责，并对项目实施全过程、全面管理。

项目管理目标责任书：项目管理目标责任书是企业的管理层与项目经理部签订的明确项目经理部应达到的成本、质量、工期、安全和环境等管理目标及其承担的责任，并作为项目完成后考核评价依据的文件。

项目经理的主要责任：

1. 确定组织机构，组建项目经理部；

2. 制定岗位责任制度；

3. 制定管理的总目标、阶段性目标机总体控制计划，控制实施；

4. 及时、准确的管理决策；

5. 协调组织内部及外部各方面关系；

6. 建立完善的内部和外部信息管理系统，确保信息的畅通无阻。

项目经理应履行的职责：

1. 项目管理目标责任书规定的指责；

2. 主持编制项目管理实施规划，并对项目目标进行系统管理；

3. 对资源进行动态管理；

4. 建立各种专业管理体系，并组织实施；

5. 进行授权范围内的利益分配；

6. 收集工程资料，准备结算资料，参与工程竣工验收；

7. 接受审计，处理项目经理部解体的善后工作；

8. 协助组织进行项目检查、鉴定和评奖申报工作。

（二）生产副经理

1. 在项目经理领导下，负责主持项目的全面工作，组织并督促部门人员全面完成本部职责范围内的各项工作任务；

2. 贯彻落实项目岗位责任制和工作标准，密切与营销、计划、财务、质量等部门的工作联系，加强与有关部门的协作配合工作；

3. 负责组织生产、设备、安全检查、环保、生产统计等管理制度的拟订、修改、检查、监督、控制及实施执行；

4. 负责组织编制年、季、月度生产作业、设备维修、安全环保计划。定期组织召开公司月度生产计划排产会，及时组织实施、检查、协调、考核；

5. 负责牵头召开公司每周一次调度会，与营销部门密切配合，确保产品合同的履行，力争公司生产任务全面、超额完成；

6. 配合技术部参加技术管理标准、生产工艺流程审定工作，及时安排、组织试生产；

7. 负责抓安全生产、现场管理、劳动防护、环境保护专项工作；

8. 负责做好生产统计核算基础管理工作。重视生产用原始记录、台账、报表管理工作，及时编制上报年、季、月度生产、设备等有关统计报表；

9. 负责做好生产设备、计量器具维护检修工作，合理安排设备检修时间；

10. 强化调度管理。科学地平衡综合生产能力，合理安排生产作业时间，平衡用电、节约能源、节约产品制造费用、降低生产成本；

11. 负责组织各部门管理人员的业务指导和培训工作，并对其工作定期检查、考核和评比；

12. 负责组织拟定项目工作目标、工作计划、并及时组织实施、指导、协调、检查、监督及控制。

（三）总工程师

1. 对项目的施工、技术管理工作全面负责。在项目经理的领导下，对工程质量负全面技术责任。在本职范围内，对技术和质量有权做出决定和处理，并接受上级总工程师的业务领导；

2. 贯彻执行国家有关技术政策、法规和部颁的现行施工技术规范、标准、规程、质量标准以及局、公司的施工技术、试验、测量仪器管理办法；执行局《项目管理手册》中规定的技术、质量职责和有关要求；贯彻执行承包合同中业主规定的技术标准、技术规范及操作规程等文件，并监督实施执行情况；

3. 组织技术人员熟悉合同文件，领会设计意图和掌握具体技术细节，参加设计技术交底，主持图纸会审签认，对现场情况进行调查核对，如有出入应按规定及时上报监理；

4. 协助项目经理负责项目管理体系的建立、运行、审核、改进等各项工作，在质量管理和质量保证方面对项目经理负责；

5. 在项目经理主持下，组织编制实施性施工组织设计并按规定报批；组织各部门进行质量过程识别、危险源和环境因素识别，评价出质量控制关键点、重大危险源和重要环境因素；组织编制施工技术工艺组织措施、质量措施、安全技术措施及环境保护措施和作业指导书等，并在施工前组织有关技术人员进行全面技术、质量、安全、环保交底，指导各部门和技术人员贯彻实施；

6. 督促指导施工技术人员严格按照设计图纸、施工规范和操作规程组织施工。研究解决施工过程中的工程技术难题；督促指导工程部门做好技术、质量、安全、环保二级交底工作；

7. 领导试验检测和测量放样及计量工作，确保测量、试验数据准确；负责对试验、测量在施工过程中发生重大技术问题时的决策或报告；

8. 主持制订本项目有关的科研课题和"四新"推广项目，并组织实施；组织成立项目QC攻关小组并开展攻关活动；

9. 定期组织工程质量检查，负责技术质量事故和工程质量事故的调查与处理以及审核签发变更设计报告。参加安全生产检查，对施工生产中存在的事故隐患，从技术上提出意见和解决方案；

10. 主持交竣工技术文件资料的编制、分类和汇总，参加交竣工验收；组织做好施工技术总结，督促技术人员撰写专题论文和施工工法，并负责审核、修改、签认后向上级推荐、申报；

11. 主持对项目技术人员工作的检查、指导和考核；

12. 贯彻执行有关安全生产环境保护和安全技术管理规定，对本单位的安全环保问题负技术责任；

13. 熟悉安全生产环境保护有关规定和安全技术操作规程；

14. 编制分项工程的施工组织设计、施工方案，要把安全技术措施及环境保护措施贯穿到设计、方案的各个环节中；

15. 检查施工组织设计和施工方案中的安全技术措施方案及环境保护措施的执行情况，做好分项工程的安全技术交底工作；

16. 主持各种安全设施和设备的验收，发现问题及时提出改进意见。

（四）工程技术部

1. 负责项目施工生产的管理与协调，进行合理施工调度。组织大中小型施工机械设备进出厂协调管理，监督维修和保养等后援保证工作；

2. 根据项目月计划分解成周作业计划，控制分包单位施工进度安排。

3. 进行施工组织设计，对分包商进行技术交底，审核分包商班组的交底，交底必须以书面形式进行，手续齐全；

4. 参与技术方案编制，编制项目过程控制计划，并严格按照项目质量计划和质量评定标准，国家规范进行监督，检查；

5. 严格"三工序"的检查，组织分包单位做好工序，分项工程的检查验收工作；

6. 负责工程事故调查和分析，根据处理方案监督和指导责任单位的修复；

7. 协助安全部进行安全教育，进行文明施工，协助物资部对进出材料的构配件的检查，验收及保护；

8. 配合总工程师编写施工技术方案及技术措施，监督技术方案的执行情况。并对分包单位的施工方案进行审核工作；

9. 负责对分包单位施工方案和重要部位施工的技术交底及施工技术保证资料的汇总、管理；

10. 负责项目工艺技术准备，项目专项技术措施管理，纠正和预防措施。

11. 对本工程所使用的新技术、新工艺、新材料、新设备与研究成果推广应用、编制推广应用计划和措施方案，及时总结改进；

12. 负责计量、测量、实验等工作并负责计量器具的台账管理，进行标识、核审；

13. 负责工程创优实体照片的拍摄。

（五）安全质量部

1. 质量监督人员

（1）严格执行国家规范及质量检验评定标准，行使质量否决权。确保项目总体目标和阶段目标的实现。

（2）编制项目"质量检验计划"，负责施工质量预控和工程中的检查。

（3）负责质量目标的分解，制定质量保证实施计划，并将分解的质量目标下达给各部门，作为考评部门工作的指标。

（4）负责项目质量检查与监督工作，监督和指导分包质量体系的有效运行，定期组织分包单位管理人员进行规范和评定标准的学习。

（5）结合工程实际情况制定质量通病预防措施。

（6）参与质量事故的调查、分析、处理、并跟踪检查，直至达到要求。

（7）负责质量评定的审核，分项工程报监理工作和质量评定资料的收集工作。

（8）组织，召集各阶段的质量验收工作，并做好资料申报填写工作。

（9）监督施工过程，材料的使用及检验结果，负责进货检验监督，过程试验监督。

2. 安全员

（1）负责工程安全管理工作。执行安全管理的有关规章制度，结合工程特点制订安全活动计划，做好安全宣传工作。

（2）负责项目安全生产目标及安全技术措施的审定，并监督分包方组织实施。

（3）负责分包方安全生产，文明施工的监督管理工作，检查安全规章制度的执行情况。对进场工人进行三级教育、做好安全技术交底、特殊工种培训、考核工作，并及时做好安全记录。

（4）及时对现场的平面布置及施工现场的不安全因素进行检查、监督、制止、处罚、下达整改、复查。

（5）负责现场文明施工的监督检查，并做好检查记录。

（6）组织现场特殊设施（如塔吊、外用电梯、外施工架）的验收，并建立特殊工种台账。

（六）物资设备部

1. 负责项目物资的询价、采购、计划供应统一管理工作。

2. 掌握施工进度变化，及时调整材料配套供应计划。

3. 加强现场物资保管，减少损失浪费防止丢失，组织督促料具的合理使用。

4. 监督各分包方进厂材料的验证、复试、并记录存档。

5. 负责进厂物资库存情况和制定物资管理办法，做好各类物资的标识。

6. 负责进厂物资的报验工作。

（七）经营预算部

1. 负责工程签订合同的谈判、起草、签订、修订、传递和存档管理工作，组织项目的合同评审。监督合同的执行情况，及时与业主沟通，并负责向业主提出支付合同款项和结算的申请。

2. 负责公司项目的分配工作。组织下达工程建设监理项目任务单，协助总工办控制项目进度计划的落实与调整。

3. 负责预算、核算、索赔、资金收支并制订该工程各项目预算计划和成本计划工作。

（八）财务部

1. 负责工程日常财务核算，并做好记录并定期做报告。

2. 根据工程进度情况，合理调配资金，确保工程所需资金正常运转。保证工程顺利进行。

3. 组织各部门编制收支计划，编制工程的各时期计划和财务计划，定期对执行情况进行检查分析，并做好记录。

4. 严格财务管理，加强财务监督，督促财务人员严格执行各项财务制度和财经纪律。

5. 参与工程及各部门对外经济合同的签订工作。

6. 负责工程机械，原材料等进出账务及成本处理。

（九）综合办公室

1. 负责项目经理部的日常行政管理工作，协调部门之间的联系；

2. 负责文件资料的登记、发放、存档工作；

3. 做好信息反馈、上传下达和外来人员的接待及联系工作；

4. 收集编制各部门工作计划并检查实施情况，负责各类会议的组织工作；

5. 负责协调与地方政府、公安交警等部门的协调，负责综合治理、治安、消防、路地共建和警民共建工作；

6. 负责管线搬迁与交通组织协调和沟通工作；

7. 负责项目部党工委的日常事务工作；负责宣传和工会工作。

三、施工项目组织协调

（一）概念与目的

施工项目组织协调是指以一定的组织形式、手段和方法，对施工项目中产生的关系不畅进行疏通，对产生的干扰和障碍予以排除的活动。

围绕实现项目的各项目标，以合同管理为基础，组织协调各参建单位、相邻单位、政府部门全力配合项目的实施，以形成高效的建设团队，共同努力去实现工程建设目标。

（二）范围

施工项目组织协调的范围可分为内部关系协调和外部关系协调，外部关系协调又分为近外层关系协调和远外层关系协调。

表 6-1-1　施工项目组织协调的范围

协调范围		协调关系	协调对象
内部关系		领导与被领导关系	项目经理部与企业之间
		业务工作关系	项目经理部内部部门之间、人员之间
		与专业公司有合同关系	项目经理部与作业层之间
			作业层之间
外部关系	近外层	直接或间接合同关系	企业、项目经理部与业主、监理单位、设计单位、供应商、分包单位、市政公用等
		或服务关系	
	远外层	多数无合同关系，但要受法律、法规和社会公德等约束	企业、项目经理部与政府、交通、环卫、环保、绿化、文物、消防、公安等

（三）组织协调的内容与方法

1. 项目内部人际关系的协调

（1）项目经理部内部沟通，项目经理起核心作用。项目经理要与技术专家保持沟通与联系，施工过程中出现的施工难点及时请教联系，避免出现重大的质量事故；

（2）善于调动员工的积极性，用人所长，赏罚分明，若员工之间发生矛盾，应耐心疏导，调解，树立集体观念。

（3）明确各机构之间关系和职责权限，制定详细的工作流程图、建立信息沟通制度；积极采用协调的方法解决问题，缓冲矛盾，避免各部门因沟通不善，影响工作效果。

2. 与发包人之间的协调

（1）内容：双方浅谈、签订施工项目承包合同；双方履行施工承包合同约定的责任，保证项目总目标实现；依据合同及有关法律解决争议纠纷、在经济问题、质量问题、进度问题上达到双方协调一致。

（2）方法：项目经理部协调与发包人之间关系的有效方法是执行合同。项目经理首先要理解总目标和发包人的意图，反复阅读合同或项目任务文件。对于未能参加项目决策过程的项目经理，必须了解项目构思的基础、起因、出发点，了解目标设计和决策背景。如果项目管理和实施状况与最高管理层或发包人的预期要求不同，发包人将会干预，将要改变这种状态。

（3）让发包人一起投入项目全过程，而不是一个竣工的工程。尽管有预定的目标，但项目实施必须执行发包人的指令，使发包人满意。发包人通常是其他专业或领域的人，可能对项目懂得很少，解决这个问题比较好的办法是：使发包人理解项目和项目实施的过程，减少非程序干预；项目经理做出决策时要考虑到发包人的期望，经常了解发包人所面临的压力，以及发包人对项目关注的焦点；尊重发包人，随时向发包人报告情况；加强计划性和预见性，让发包人了解承包商和非程序干预的后果。

（4）项目经理有时会遇到发包人所属的其他部门，或合资者各方同时来指导项目的情况，这是非常棘手的。项目经理应很好地倾听这些人的忠告，对他们做耐心的解释说明，但不应当让他们直接指导实施和指挥有关组织成员。否则，会有严重损害整个工程实施效果的危险。

3. 与监理机构关系的协调

（1）内容：按《建设工程监理规范》的规定，接受监督和相关的管理；接受业主授权范围内的监理指令；通过监理工程师与发包人、设计人等关联单位经常协调沟通；与监理工程师建立融洽的关系。

（2）方法：及时向监理机构提供有关生产计划、统计资料、工程事故报告等；按《建设工程监理规范》的规定和施工合同的要求，接受监理单位的监督和管理，搞好协作配合；充分了解监理工作的性质、原则，尊重监理人员，对其工作积极配合；注意现场签证工作，遇到设计变更、材料改变或特殊工艺以及隐蔽工程等应及时得到监理人员的认可，并形成书面材料，尽量减少与监理人员的摩擦；严格地组织施工，避免在施工中出现敏感问题。与监理人员意见不一致时，双方应以进一步合作为前提，在相互理解、相互配合的原则下进行协商；尊重监理人员或监理机构的最后决定。

4. 与设计单位关系的协调

（1）在设计交底、图纸会审、设计洽商与变更、地基处理、隐蔽工程验收和交工验收等环节与设计单位密切配合，同时应接受发包人和监理工程师对双方的协调。

（2）注重与设计单位的沟通，对设计中存在的问题应主动与设计单位磋商，积极支持设计单位的工作，同时也争取设计单位的支持。

（3）在设计交底和图纸会审工作中应与设计单位进行深层次交流，准确把握设计，对设计与施工不吻合或设计中的隐含问题应及时予以澄清和落实；对于一些争议性问题，应巧妙地利用发包人与监理工程师的职能，避免正面冲突。

5. 与材料供应人关系的协调

（1）依据供应合同，充分利用价格招标、竞争机制和供求机制搞好协作配合。

（2）在项目管理实施规划的指导下，认真做好材料需求计划，并认真调查市场，在确保材料质量和供应的前提下选择供应人。

（3）为了减少资源采购风险，提高资源利用效率，供应合同应就数量、规格、质量、时间和配套服务等事项进行明确。

（4）有效利用价格机制和竞争机制与材料供应人建立可靠的供求关系，确保材料质量和使用服务。

6. 与分包人关系的协调

（1）与分包人关系的协调应按分包合同执行，正确处理技术关系、经济关系，正确处理项目进度控制、质量控制、安全控制、成本控制、生产要素管理和现场管理中的协调关系。

（2）对分包单位的工作进行监督和支持，加强与分包人的沟通，及时了解分包人的情况，发现问题及时处理，并以平等的合同双方的关系支持承包人的活动，同时加强监管力度，避免问题的复杂化和扩大化。

7. 与远外层关系协调

表 6-1-2　远外部分关系协调

关系单位或部门	协调关系内容与方法
政府建设行政主管部门	接受政府建设行政主管部门领导、审查，按规定办理好项目施工合同备案等手续； 在施工活动中，应主动向政府建设行政主管部门请示汇报，取得支持与帮助； 在发生合同纠纷时，政府建设行政主管部门应给予调解或仲裁
安全监察部门	按规定办理安全资格认可证、安全施工许可证、项目经理安全生产资格证； 施工中接受安全监察部门的检查、指导，发现安全隐患及时整改、消除
质量监督部门	及时办理建设工程质量监督通知单等手续； 接受质量监督部门对施工全过程的质量监督、检查，对所提出的质量问题及时改正； 按规定向质量监督部门提供有关工程质量文件和资料
消防部门	施工现场有消防平面布置图，符合消防规范，在办理施工现场消防安全资格认可证审批后方可施工； 随时接受消防部门对施工现场的检查，对存在问题及时改正； 竣工验收后还须将有关文件报消防部门，进行消防验收，若存在问题，立即返修
公安部门	进场后应向当地派出所如实汇报工地性质、人员状况，为外来劳务人员办理暂住手续； 主动与公安部门配合，消除不安定因素和治安隐患

续 表

关系单位或部门	协调关系内容与方法
环保、环卫部门	遵守公共关系准则，注意文明施工，减少环境污染，配合环保部门做好施上现场的噪音检测，搞好环卫、环保、场容场貌、安全等工作； 审批运输不遗洒、污水不外流、垃圾清运、场容与场貌等的保证；措施方案和通行路线图； 尊重社区居民、环卫环保单位意见，改进工作，取得谅解、配合与支持
园林绿化部门	园林绿化部门因建设需要砍伐树木时，须提出申请，报市园林主管部门批准； 因建设需要临时占用城市绿地和绿化带，须办理临建审批手续，经城市园林部门、城市规划部门、公安部门同意，并报当地政府批准
文物管理部门	在文物较密集地区进行施工，项目经理部应事先与省市文物保护部门联系，进行文物调查或勘探工作，若发现文物要共同商定处理办法； 施工中发现文物，项目经理部有责任和义务，妥善保护文物和现场，并报政府文物管理机关，及时处理

与政府有关部门的协调，重点应注意以下几点：

1. 应充分了解、掌握政府各行业主管部门的法律、法规、规定的要求和相应办事程序，在沟通前应提前做好相应的准备工作（如：文件、资料和要回答的问题），做到心中有数。

2. 充分尊重政府行业主管部门的办事程序、要求，必要时先进行事先沟通，决不能"顶撞"和敷衍。

3. 发挥不同人员的相应业绩关系和特长，不同的政府主管部门由不同的专人负责协调，以保持稳定的沟通渠道和良好的协调效果。

第二节 项目施工设备管理

设备是现代施工企业主要的生产工具，是企业生产力的重要组成要素，是企业固定资产的重要组成部分。在人类社会经济的发展中，生产工具始终是代表人类改造自然的能力的物质体现。施工企业的生产工具越先进，标志着运输生产力越高。在社会主义市场经济条件下，加强设备经营的管理工作，对于企业保证正常生产秩序，实现创新，提高经济效益，促进技术进步具有十分重要的意义。

一、设备管理的任务和内容

（一）设备及其管理的含义

设备是为了组织生产，对投入的劳动力和原材料所提供的必需的各种相关劳动手段的总称，它是人们在生产或生活上所必需的机械、装置和设施等可供长期使用，并且使用中基本保持原有实物形态的物质资料，是固定资产的主要组成部分。首先，设备是企业生产的物质技术基础的必要条件。其次，设备反映了企业现代化程度和科学水平。

设备管理是以企业生产经营目标为依据，以设备为研究对象，追求设备寿命周期费用最为经济和设备效能最高为目标，应用一系列理论、方法，如系统工程学、价值工程学及设备磨损、补偿理论、设备可靠性和维修性理论、设备监测和诊断方法、综合管理的方法等，通过一系列技术、经济组织措施，对设备的物质运动和价值运动进行从规划、设计、制造、选型、购置、安装、使用、维护，修理、改造、更新直至报废的全过程的科学管理。正确理解这一概念，必须把握以下几点：

1. 从系统工程的概念出发，设备管理是企业管理的子系统，是企业管理的重要组成部分。因此设备管理要为实现企业的生产经营目标服务，努力提高生产率，使企业取得最佳的经济效益和社会效益。

2. 设备管理的目的是取得最佳的设备投资效果，就是要充分发挥设备效率，谋求寿命周期费用最为经济、设备综合效能最高。

3. 设备管理应当依靠技术进步，促进生产发展，坚持预防为主、坚持设计、制造与使用相结合、维护与计划相结合、修理、改造与更新相结合、企业管理与群众管理相结合、技术管理与经济管理相结合的原则。

4. 设备管理的职责是：采取一系列措施对设备进行综合管理，保持设备完好，利用修理、改造和更新等手段，恢复设备的精度性能，改善原有的设备构成，发挥设备效能。

5. 设备管理的范畴不仅包括技术管理，而且包括经济管理。设备的价值运动是指设备在制造产品过程中的资金转化，即使设备原有的价值和维持费用通过提取折旧和记入生产费用，逐步转移到产品成本中去，从而导致设备净值的不断下降。

（二）设备的分类

设备的分类方法很多，一般有下述四种：

1. 按设备的使用情况分类

（1）在用设备：是指正在使用的各种设备。

（2）未使用设备：是指未投入使用的新设备，和存放在仓库准备安装投产或正在安装尚未检验投产的设备等。

（3）不需要的设备：是指不适合本单位需要，已报请上级等待调出处理的各种设备。

2. 按设备的所属关系分类

（1）自有设备：是指本单位自己拥有的各种设备，构成本单位固定资产的实有设备，包括租出的设备。

（2）租入设备：是指为本单位临时需用或其他原因租入的设备。

3. 按设备在使用中所起作用的程度分类

（1）关键设备：这类设备一旦发生故障，就会严重影响生产工作和安全，造成重大的经济损失。

（2）主要设备：是指在生产工作中起主要作用的设备，这类设备对生产工作与安全的威胁要比关键设备要小一些。

（3）一般设备这是指数量众多、结构简单、维护方便、价格较便宜或者备用的设备。生产工作中若发生故障，对生产工作影响不大。

4. 按设备的技术特性分类

（1）高精度设备：这是按设备加工到的精度划分的。

（2）大型设备：这是按设备技术特性中工作对象的几何尺寸大小、负载能力、容量等来划分的。

（3）重型稀有设备：包括重型、特重型设备。

（三）现代设备管理主要内容

1. 系统理论的应用：以设备的一生为研究对象，是从设备计划、研究、设计、制造、安装、调试、使用、维修、改造直至报废的一生出发，运用运筹学以及其他方法，对系统进行分析、评价和综合，追求寿命周期费用最为经济为目标的全系统管理。

2. 设备管理进入了全系统、全效率、全员参加的三全阶段，以提高设备的综合效率为目标。

3. 设备管理计算机化：随着电子技术的发展及其应用推广，维护记录、故障状况、停机占时、修机工时、修机费用、备件库存等，均可用代码收集在数据库内，需要时随时调出使用。

4. 设备维修中的监测和诊断技术的飞跃发展：监测和诊断技术运用了对振动、温度、声、光、油品分析等方法，可以准确判断故障部位和原因，以减少维修时间和费用。

5. 运筹学在设备管理中的应用：20世纪60年代中期，我国著名数学家华罗庚教授运用数学方法，对人力、物力的运用如何得出最优方案问题进行了研究和推广，取名为统筹法。网络技术方法是其中之一，网络技术方法一般分三步：首先按照规划画出从开始到完成每一任务的流程图；再计算完成每一次任务的作业时间；最后分析计算任务的安排以及可能回旋余地。网络技术是研究一项工程如何节约人力、物力和缩短整个工程进度的方法，在设备维修作业的调度上用于缩短设备修理停机时间和降低修理费用。

6. 维修的专业化：大型企业修理的集中，备件制造和储存的集中，技术资料的集中管理已势在必行，机修专业化已成为现代设备管理的主要特点之一。

7. 对设备更新改造的经营决策：设备更新与改造是提高生产技术水平的重要途径，也是挖潜、革新、改造的一个重要环节。有计划地进行设备更新改造，对充分发挥老企业的作用，提高劳动生产率，具有十分重要的意义。

8. 运用行为科学, 重视全员培训: 合理的奖金制度, 搞好各种福利设施和对职工进行全员培训都属于行为科学研究的范畴。随着企业规模的发展, 管理更加复杂的情况下, 国外对设备管理与维修人员的技术培训越来越重视。

9. 节约能源成为设备管理中的主要环节: 能源的消耗主要是设备, 因此在现代设备管理中, 节约能源这一特点越来越重要了, 是设备管理中的重大课题。

二、施工阶段的大型设备管理

(一) 施工单位项目部施工机械设备管理要求

1. 根据施工方法的具体要求, 按照"满足需要、配备可能、经济合理"的原则选择施工机械设备, 尽量降低机械设备投入。

2. 进入现场的施工机械应进行安装验收, 保持性能、状态完好, 做到资料齐全、准确。属于特种设备范畴的应履行报检程序。

3. 强化现场施工机械设备的平衡、调动, 合理组织机械设备使用、保养、维修。提高机械设备的使用效率和完好率, 降低项目的机械使用成本。

4. 执行重要施工机械设备专机专人负责制、机长负责制和操作人员持证上岗制。

5. 严格执行施工机械设备操作规程与保养规程, 制止违章指挥、违章作业, 防止机械设备带病运转和超负荷运转。及时上报施工机械设备事故, 参与进行事故的分析和处理。

(二) 工程施工过程中大型设备网络调度管理

大型设备网络计划执行中的管理工作应抓住以下几个方面: 检查并掌握工程实际进度情况分析计划提前或拖后的主要原因, 决定应该采取的相应措施或补救办法及时调整计划。

1. 实际进度的跟踪检查

在网络计划执行的过程中, 建立相应的检查制度, 定期定时的对计划的实际执行情况进行跟踪检查, 收集反映实际进度的有关数据, 记录大型设备的实际状态和实际进度, 这是检查和调整网络计划的依据, 并有利于积累资料, 总结分析, 不断提高计划编制和管理水平。

收集数据的主要方面:

① 各活动实际作业时间的记录, 主要指计划作业时间和实际作业时间。

② 各活动实际开始、结束日期的记录。

③ 已完活动的记录。若活动 (①、②) 已完成, 则可在①、②节点圆圈内涂上不同颜色或用斜线表示, 这样就可以与未完成的活动区别开来, 随时掌握已完成工作和待完成工作的变化情况, 有助于发现大型设备管理可能出现的漏洞。

对收集的实际进度的数据进行加工处理:

① 收集反映实际进度的原始数据量大面广, 必须对其进行整理、统计和分析, 形成

与计划进度具有可比性的数据，以便在网络图上进行比较。

②根据实际数据，绘制网络图。

随着项目的进展，绘制实际进度双代号网络图，查找计划与实际不符合情况并记录总结。

2.进度计划的调整。

网络计划的定期检查是监督计划执行的最有效的方法。调整的目的是根据实际进度情况，对网络计划作必要的修正，使之符合变化的实际情况，以保证其顺利实现。

将已完工的项目的实际工作时间标在网络图上，还未进行的工序的工序时间保持不变。计算各时间参数和总工期，找出关键路径。

3.计算使用大型设备的各工序即目标工序的时间参数。

（1）关键工序的开始时间和完工时间。

（2）非关键工序的最早开始时间和最早完工时间、以及最迟开始时间和最迟完工时间。

（3）检查是否存在大型设备的使用冲突，若存在，则进行下一步。

（4）根据时间先后顺序，大略确定设备使用顺序，即各工序的逻辑关系。

（5）依据逻辑顺序在各目标工序之间添加虚工序，即以前一目标工序的结束节。点作为需工序的开始节点，以后一目标工序的开始节点作为需工序的结束节点。

（6）检查添加虚工序后是否存在闭环，若存在闭环，则重新添加虚工序。

（7）在新网络图中，计算时间参数和总工期，找出关键路径。计算各目标工序的开始时间和完工时间，从而计算出大型设备的闲置时间。

（8）改变目标工序的工作顺序，按照以上步骤重新编制网络图，计算总工期和关键路径，大型设备的闲置时间。

（9）分别计算两种情况下的总工期与计划工期的差值，选择工期差值最小和大型设备的闲置时间最少的网络计划记为新的可行的网络计划，则也就是可行的大型设备新的工作顺序和安排。因为大型设备的闲置费用一般较高，所以优先选择大型设备闲置时间最少的网络计划。

（10）根据选择网络计划的实际工期与计划工期的差值，作为压缩时间，选择还未开始的关键工序中压缩费用最小的工序进行压缩，以使实际工期符合计划工期的要求。

（11）若大型设备还未进入现场，则计算最早开始的目标工序的开始时间，即为大型设备进入现场的时间。

第三节　项目施工技术管理

施工项目的技术管理是对各项技术工作要素和技术活动过程的管理，技术工作要素包括技术人员、技术装备、技术规程、技术资料，技术活动过程是指技术计划、技术运用、技术评价。技术作用的发挥除决定于技术本身的水平外，在极大程度上还依赖于技术管理水平。没有完善的技术管理，再先进的技术也是难以发挥作用的。

一、施工技术管理体系与内容

（一）施工项目技术管理的组织体系

项目经理部必须在企业总工程师和技术管理部门的指导参与下建立技术管理体系，应设置项目总工程师、工程技术部门、各专业主管工程师、各专业工程师，对施工技术工作进行分级和专业化管理。

项目总工程师要领导施工项目的技术管理工作，主持制定项目的技术管理工作计划，组织有关人员熟悉和审查施工设计图纸，主持编制施工项目管理实施规划并组织实施，组织并参与进行技术交底，组织做好测量及其核定，指导质量检验与试验，审定技术措施计划并组织实施，参加各类工程验收和处理质量事故，组织各项技术资料的签证、收集、整理和归档，领导组织技术学习和交流技术经验。

项目经理部的技术工作应符合下列要求：

1. 接到施工设计图纸后，按照过程控制程序文件要求组织有关人员进行内部审查，对设计疑问和存在问题分类整理汇总。

2. 在内审的基础上参与设计交底，由项目总工程师组织有关人员参与发包商组织的设计交底会，突出设计变更意见，进行一次性的设计变更洽商。

3. 在施工过程中发现设计图纸存在问题，或因施工条件变化必须补充设计，或需要使用代用材料，可向设计单位提出有效的变更洽商书面资料。

4. 根据施工现场实际情况对施工方案进行优化，按照施工管理规划和企业的技术措施纲要实施技术措施计划

5. 进行技术交底必须贯彻施工验收规范、技术规程、工艺标准、质量标准等要求，书面资料应有签发和审核签认，并归入技术资料档案。

6. 应该将分包商的技术管理纳入项目技术管理体系，对其施工方案、技术交底、测量与试验、材料检验、施工预检和隐检、竣工验收等，进行系统的过程控制。

7. 对后续工序质量有决定作用的测量放线、模板和钢筋、预制构件安装、结构基础、各种基层、预留孔洞和预埋件、施工缝等进行预检并做好记录。

8. 根据有关规定对各类隐蔽工程进行检查，做好隐验记录和办理隐验手续，由各参与方责任人签认。

9. 设置技术资料管理人员，做好技术资料的收集、整理和归档工作，并建立技术资料台账。

（二）施工项目技术管理的任务与内容

1. 施工项目技术管理的任务有四项

（1）正确贯彻国家和行政主管部门的技术政策，贯彻上级对技术工作的指示与决定；

（2）研究、认识和利用技术规律，科学的组织各项技术工作，充分发挥技术的作用；

（3）确立正常的生产技术秩序，进行文明施工，以技术保工程质量；

（4）努力提高技术工作的经济效果，使技术与经济能够有机地结合起来。

2. 施工项目技术管理的内容

（1）技术管理的基础工作，包括：实行技术责任制、执行技术标准与技术规程、制定技术管理制度、开展科学试验、交流技术情报、管理技术文件等。

（2）施工过程中技术工作的管理，包括：施工工艺管理、技术试验、技术核定、技术检查等。

（3）技术开发管理，包括：技术培训、技术革新、技术改造、合理化建议等。

（4）技术经济分析与评价。

3. 施工项目技术管理工作

施工项目组织应该重点做好以下技术管理工作：

（1）认真学习设计文件，仔细审查施工设计图纸，了解工程特点、设计意图和关键部位的工程质量要求，减少由于设计图纸差错而造成的施工损失。

（2）建立技术交底责任制，使参与施工的人员熟悉和了解所负担工程的施工特点、设计意图、技术要求、施工工艺和应该注意的问题，加强施工质量的检验、监督和管理。

（3）隐蔽工程项目在隐蔽前应进行严格检查，并做出记录和签署意见，及时办理验收手续，有问题需要复检的须办理复眼手续并做出结论。

（4）在该工程项目或分项工程未施工前进行预先检查并做好记录，是防止可能发生差错造成质量事故的重要有效措施。

（5）总结已有的经验或教训，编制施工技术措施计划，抓好技术措施计划的贯彻执行，切实落实施工技术措施。

二、施工技术管理的方法

（一）目标管理方法是施工项目管理的基本方法

施工项目管理的基本任务是进行项目的进度、质量、安全和成本目标控制，它们的共同的基本方法就是目标管理方法。目标管理是指集体中的成员亲自参加工作目标的制定，在实施中运用现代管理技术和行为科学，借助人们的事业感、能力、自信、自尊等，实行自我控制，努力实现预定目标。目标管理是以被管理活动的目标为中心，以目标指导行动，把经济活动和管理活动的任务转换为具体的目标加以控制，通过目标的实现，完成经济管理活动的任务。目标管理是面向未来的管理，是主动的、系统的和整体的管理，是一种重视人的主观能动作用、参与性和自主性的管理，由于它确定了人们的努力方向而成为一种可以获得显著绩效的管理（管理的绩效＝工作方向×工作效率），被广泛应用于经济和管理领域，成为项目管理的基本方法。

目标管理方法应用于施工项目管理需要经过以下几个阶段：首先，要确定项目组织内各层次和各部门的任务分工，提出完成施工任务的要求和工作效率的要求；其次，要把项目组织的任务转换为目标，既要明确成果性目标（如质量、进度等），又要明确效率性目标（如施工成本、劳动生产率等）；第三，要落实目标的责任主体，明确责任主体的责权利，落实进行检查与监督的责任人及手段，落实实现目标的保证条件；第四，对目标的执行过程进行协调和控制，发现偏差及时进行分析和纠正；第五，对目标的执行结果进行评价，把目标执行结果与计划目标进行对比，以评价目标管理的好坏。

实施目标管理有两个关键问题，一是目标的确定与分解，二是责任的落实。施工项目的目标首先是在业主与承包商之间签订的合同中明确的，项目经理部要根据合同目标进行规划，确定更积极的实施总目标。规划目标从自上而下的三个方面展开，即通过纵向展开把目标落实到各层次（子项目层次、作业队层次和班组层次）；通过横向展开把目标落实到各层次内的各部门，明确主次责任和关联责任；通过时序展开把目标分解为年度、季度和月度目标，各作业队甚至可以分解到每旬目标。要实现施工项目的各项分解规划目标，就要把每项目标的主要责任人、次要责任人和关联责任人一一落实到位，并由责任人制定出措施，由管理者给出保证条件，以确保目标的实现。在实施目标的过程中，管理者的责任在于抓住管理点（关键点、重难点），创造工作和施工条件，保证管理与协调到位，抓好各项核算，做好思想宣传工作，按照责权利相结合的原则，给予责任者以权和利，从而最大限度地调动各级人员的积极性，努力自下而上的实现各项目标。

（二）网络计划方法是进度控制的主要方法

网络计划技术原理是施工项目进度控制完整的计划管理和分析计算的理论基础。在施工项目进度控制中，利用网络计划技术原理编制进度计划，根据收集到的实际进度信息，比较和分析进度计划，又利用网络计划的工期优化、成本优化和资源优化的结果调整施工进度计划。应用网络计划在施工项目管理中进行进度控制，要注意以下几点：

1. 每个从事施工项目管理的人员都应当认真学习《工程网络计划技术规程》，用其指导以网络计划表示的进度计划的编制和施工进度控制，努力做到网络计划应用规范化和进度管理集约化。

2. 要在网络计划的应用中贯彻国家标准《网络计划技术在项目管理中应用的一般程序》：按规定步骤进行工作：确定计划目标→调查研究→编制施工方案→分解施工任务→分析逻辑关系→绘制初步的网络图→计算工作持续时间→计算时间参数→确定关键线路→检查与调整计划→编制可行性的网络计划→调整和优化→编制正式的网络计划→贯彻实施

计划→检查和采集数据→调整与控制→总结与分析，以此做到进度管理的程序化。

3. 要大力推行先进适用的网络计划应用软件，努力实现网络计划应用全过程的计算机化，尤其要使用计算机进行优化、调整和积累资料，并尽可能地做到应用网络计划的各种信息与其他专业管理（统计核算、业务核算、会计核算）信息共享。

4. 要正确理解网络计划技术与流水作业理论的关系，一是在表达方式上各有优缺点，即流水作业计划的一般表现形式是横道图，其编制简便而简单明了，但工序间的逻辑关系不易表达清楚；网络计划对于复杂的逻辑关系表达的比较清楚，但需要经过大量而复杂的计算才能得出全部可利用的时间参数。二是在网络计划中也要应用流水作业理论中的"分段法""连续施工""工序持续时间计算"等理论，使用时标网络计划。三是两者分别应用于不同的计划编制，在编制简单施工计划、一次性计划、旬计划、月计划、季度计划、年度计划时可采用横道图，在编制大型、复杂工程的施工计划和需要进行动态调整的计划时以采用网络图为宜。

（三）全面质量管理方法是质量控制的主要方法

全面质量管理方法可以归结为"三全一多"，"三全"是指参加的质量管理者包括全体人员和全部机构，管理的对象是施工项目实施的全过程和全部要素；"一多"是指整个企业要形成一个质量体系，在统一的质量方针指引下，为实现各项目标开展各种层面的PDCA（计划、执行、检查、处理）循环，每一循环均使质量水平提高一步；"全员参与质量管理"的主要方式是开展全员范围内的"QC 小组"活动，开展质量攻关和质量服务等群众性活动；"全过程"的质量管理主要表现在对工序、分项工程、分部工程、单位工程、单项工程等形成的全过程和所涉及的各种要素进行全面管理；多种多样的质量管理方法包括一般的技术方法、试验检测方法、检查验收方法、管理技术方法、多方位控制法、贯彻标准管理法等。

在施工项目中实施全面质量管理要强调以下几点：

1. 全面质量管理方法对于施工项目质量控制是有效的，其在项目管理中的突出地位不可动摇。全面质量管理虽然是全企业的管理，但它并不排斥项目管理，项目经理部是企业的一部分，施工项目是管理的对象，施工现场和工序是管理的重点，企业管理不可能脱离项目管理而处于架空状态。

2. 全面质量管理方法不能混同于数理统计质量管理方法，数理统计方法是"统计质量管理"阶段的方法，发展到"全面质量管理（TQC）"阶段后，其统计方法仍然有效适用，但管理方法产生了新的飞跃，要在其本质上下大力气掌握和应用，不能停留在数理统计的水平上。TQC 既然是全员使用的方法，就应该易于被全体人员所掌握。

3. 摆正 TQC 和质量管理体系标准的关系，TQC 是方法，质量管理体系标准只是标准，标准对方法有规范作用，有利于推行 TQC；全面质量管理的基础工作之一是标准化，其标准化应包含质量管理体系标准，推行 TQC 应利用质量管理体系标准。到目前为止，没有任何一种方法能更有效的取代 TQC 作为施工质量控制的主要方法，施工项目管理仍要坚持用 TQC 控制工程质量。

4. 推行 TQC 进行施工项目质量目标控制的重点应是工序控制和质量检验，工序控制要以"人、机、料、法、环"五要素实现，质量检验要把好工序、分项工程和单位工程各项检查验收关。预防为主是主动控制，但是检查验收的被动控制也不容忽视，这才是提高项目质量水平的有效途径。

（四）责任成本管理是成本控制的主要方法

成本是施工项目各种消耗的综合价值体现，是消耗指标的全面代表。成本的控制与各种消耗有关，要从每个环节做起，把住消耗关才能控制住成本。在市场经济条件下的资源供应、使用和管理都是消耗的环节，消耗有量的问题，也有价的问题，两者都要控制。管理者和操作者都是控制的主体，每一个管理人员和施工人员都有控制成本的责任。一种资源在某一环节上的节约可能与多个责任者有关，一定要分清各相关责任者各自的责任，各自负责自己可以控制的那一部分的责任。

"责任成本"是责任者可以控制住的那部分成本，"责任成本管理"是通过明确每个管理人员和施工人员的责任成本管理目标，而实现对每项生产要素进行成本控制，以最终使项目总成本得到控制的方法。"责任成本管理"本质上是成本控制的责任制，也是"目标管理方法"责任目标落实的方法。

"责任成本管理"在实施和执行时，要注意以下几点：

1. 要按程序实施管理：列出成本控制的总任务，确定各项成本目标→按项目组织的层次、部门分解成本控制目标→根据个层次、各部门的责任制分配成本控制目标→各部门根据每个成员的管理责任和操作责任，确定每个成员的成本可控责任和目标→各成员制定节约成本和控制所承担的责任成本目标的控制措施→综合各责任者所承担的成本目标与各部门、各层次的成本目标相比较查偏→核实偏差并调整各成员提出的措施，直至可实现责任目标→在月、季、年度成本计划实施中，落实成本责任目标→统计实际成本控制结果，进行动态控制，并不断总结资料。

2. 实行责任成本管理的前提是责任制，因此要建立每个责任者、每个部门和每个层次的成本责任制，为责任成本管理的落实创造条件。

3. 为实施责任成本管理，必须加强成本核算，包括成本预算、成本计划和成本统计，要算细账、算实账、算准账。

4. 特别要重视管理人员责任成本管理责任的落实，项目经理部的每个成员都不能例外。

5. 责任成本管理实施的全过程，就是"目标管理方法"实施的过程，要把握目标管理方法的"灵魂"，确保责任成本管理取得实效。

（五）安全责任制是安全控制的主要方法

安全责任制是用制度规定施工项目每个管理成员的安全责任，各层次、各部门和每个管理人员与施工人员都要承担相应的安全责任，责任制的实施范围要保证纵向到底、横向到边。安全责任制是岗位责任制的组成内容，应该按照岗位的不同确定每个人员的安全责任，管理人员和作业人员的责任不同，各级管理人员的岗位不同责任也不同，作业人员从事不同专业工作，其安全责任也不同。要承担安全责任，就要进行安全教育，也要加强安全检查与考核，因此安全责任制中必须包含承担安全责任的保证制度。

第四节　项目施工资金管理

施工项目资金管理是指施工项目经理部根据工程项目施工过程中资金运动的规律，进行的资金收支预测、编制资金计划、筹集投入资金（施工项目经理部收入），资金使用（支出）、资金核算与分析等一系列资金管理工作。

一、项目资金来源与管理要点

（一）组织的资金来源

部门的资金主要来自各个项目部成立时认缴的份额（或资本金），或来自资金暂时宽裕成员增缴的增资份额。项目结束该部门则把缴纳的资金退还给项目部。缴纳的资金额和资金的时间决定着你可以从部门中得到的资金数额。

一般来说，按照项目的投资额来缴纳，因为投资额度越大，相对流动资金就大，流动资金收支波动就大。

部门中储备的现有存量和潜在增长可能不足以支持项目必要提取的扩大。必要的时候，以使项目部认缴的份额比例提高几个基准点。

1. 部门贷款的主要特点

（1）部门不是援助机构或开发银行。它向项目借款，帮助其暂时收支问题，并使项目部能够暂时渡过难关。

（2）部门的借款是有政策条件的：项目必须采取能够纠正其资金收支问题的政策。部门的借款条件有助于确保，通过部门借款，项目部并非只是推迟做出艰难的选择并积累更多的债务，而是能够加强其经济能力并偿还借款。部门和项目部必须就需要采取的资金管理政策行为达成一致，并根据其实施的情况分期拨款，来保证专款专用。

（3）部门的借款是临时性的。取决于借款形式的不同。

（4）部门的借款必须优先偿还。项目部必须按期向部门偿还贷款，从而使资金能够提供给其他需要资金的项目部。

（5）为加强项目部对部门资金的使用安全，部门对项目部采取的做法用进行评估。

2. 部门贷款的其他功能

部门要及时总结项目中资金管理中存在的问题，找出解决问题的方法，并向各个项目部成员进行技术援助和培训，来与各个项目部分享其专业知识。其目的是帮助加强项目部资金管理。

（1）加强项目资金管理，规范项目资金运作，提高资金使用效率，根据局《资金管理办法》及《预算管理办法》，特制定本办法。

（2）项目资金管理的基本原则：集中管理、统一使用、以收定支、加快周转、开源节流、提高效益。

（3）项目资金管理实行"收支两条线"管理办法。即项目工程款回收后全额转入公司（本办法均指公司或分公司）账户，项目各项支出由公司按计划统一支付，零星支出实行定额备用金制度。对远离公司所在地单独开设银行账户的项目，则由公司根据审定的资金需用计划划拨给项目，由项目按计划支付。

（二）施工项目资金管理的要点

1. 项目资金管理应保证收入、节约支出、防范风险和提高经济效益。

（1）保证收入是指项目经理部应及时向发包人收取工程预付备料款，做好分期核算、预算增减账、竣工结算等工作。

（2）节约支出是指用资金支出过程控制方法对人工费、材料费、施工机械使用费、临时设施费、其他直接费和施工管理费等各项支出进行严格监控，坚持节约原则，保证支出的合理性。

（3）防范风险主要是指项目经理部对项目资金的收支和支出做出合理的预测，对各种影响因素进行正确评估，最大限度地避免资金的收入和支出风险。

2. 企业财务部门统一管理资金。为保证项目资金使用的独立性，承包人应在财务部门设立项目专用账号，所有资金的收支均按财会制度由财务部门统一对外运作。资金进入财务部门后，按承包人的资金使用制度分流到项目，项目经理部负责责任范围内项目资金的直接使用管理。

3. 项目资金计划的编制、审批。项目经理部应根据施工合同、承包造价、施工进度计划、施工项目成本计划、物资供应计划等编制年、季、月度资金收支计划，上报企业主管部门审批后实施。

4. 项目资金的计收。项目经理部应按企业授权配合企业财务部门及时进行资金计收。资金计收应符合下列要求：

（1）新开工项目按工程施工合同收取预付款或开办费。

（2）根据月度统计报表编制"工程进度款估算单"，在规定日期内报监理工程师审批、结算。如发包人不能按期支付工程进度款且超过合同支付的最后限期，项目经理部应向发包人出具付款违约通知书，并按银行的同期贷款利率计息。

（3）根据工程变更记录和证明发包人违约的材料，及时计算索赔金额，列入工程进度款结算单。

（4）发包人委托代购的工程设备或材料，必须签订代购合同，收取设备订货预付款或代购款。

（5）工程材料价差应按规定计算，发包人应及时确认，并与进度款一起收取。

（6）工期奖、质量奖、措施奖、不可预见费及索赔款应根据施工合同规定与工程进度款同时收取。

（7）工程尾款应根据发包人认可的工程结算金额及时收回。

5. 项目资金的控制使用。项目经理部应按企业下达的用款计划控制资金使用，以收定支，节约开支；应按会计制度规定设立财务台账，记录资金支出情况，加强财务核算，及时盘点盈亏。

6. 项目的资金总结分析。项目经理部应坚持做好项目的资金分析，进行计划收支与实际收支对比，找出差异，分析原因，改进资金管理。项目竣工后，结合成本核算与分析进行资金收支情况和经济效益总结分析，上报企业财务主管部门备案。企业应根据项目的资金管理效果对项目经理部进行奖惩。

二、项目资金管理职责

1. 各级财务部门是本单位项目资金管理的职能部门，负责本单位项目资金回收及使用的日常工作，向本单位负责人负责，并接受上级主管部门的检查、监督。

2. 项目经理部是项目资金管理的直接责任单位，负责项目工程款回收与项目资金收支计划的编制。

（1）项目经理是项目工程款回收第一责任人，领导和管理项目资金工作，对项目资金回收、合理使用负责。

（2）项目内业技术员（或预算员、统计员）负责在合同规定时间内完成对业主报量及工程进度款的申报，并催促业主在规定时间内审定，为项目回收工程款提供可靠依据。

（3）项目预算员负责编制和办理工程预结算、索赔、变更及签证等工作，协助项目内业技术员办理每月工程进度款和向业主报量的核对工作。

（4）项目成本员负责按月编制资金收支计划，并办理收取工程款相关手续。

3. 条公司预算部门应及时解决涉及工程合同条款的争议问题，协助项目办理工程预结算、索赔、变更签证、工程进度款申报工作。

4. 公司财务部门应及时收集了解业主资金动态信息，提供业主欠款有关数据，协助项目收取工程款，并平衡审定项目资金收支计划。

三、项目资金管理内容

（一）金来源管理

1. 项目经理部组建后，均在事业部财务部开立"内部账号"，办理有关开户手续。

2. 项目经理部开户资金的来源

（1）预收工程备料款，工程进度款，工程结算款，工程保修款等。

（2）财务部借款。

（3）事业部承诺垫资或贷款工程的项目经理部，由事业部免息注入开户资金，垫资期间和垫资额度内的借款利息由事业部承担。

3. 项目经理部的生产资金定向使用，不足时向事业部财务部借款补充。借款时填写"贷款项目批准书"，经事业部经理或财务总监（总会计师）审批后，由财务部办理借款手续。

4. 项目经理部收取的备料款、进度款、工程结算款等资金全部存入事业部财务部，财务部根据允许项目经理部开支范围和额度分配事业部与项目部资金使用比例。

5. 项目经理部解体后，其善后工作组将该工程的还款协议和相关结算资料移交给财务部（事业部设清欠部门的移交到清欠部门），财务部（或清欠部门）负责按协议约定收取工程尾款和工程保修费。

（二）资金运用管理

1. 项目经理部于每月 20 日前，编制下月资金收支计划，于 12 月 20 日编制下年度资金收支计划，报送事业部财务部门。事业部职能部室同时向财务部门编报月度（年度）费用开支计划，财务部于每月 25 日前编制完成下月资金收支计划，每年 12 月 25 日前编制完成下一年度资金收支计划。年度资金计划由事业部经理办公会审核通过后实施，月度资金在年度计划内控制实施。

2. 项目经理部按规定使用资金时，向事业部财务部提交"支票借取单""内部转账（现金）支票"和有效结算凭证，由财务部核对其计划和存款额度后，开具同等数额的外部银行支票对外结算。项目经理部于取得外部支票之日起 5 日内将发票提交到财务部销账。

3. 支付工程分包，劳务分包费时，由项目经理部向事业部财务部提交工程分包，劳务分包合同及经事业部合同预算管理部门核准的结算单，内部转账（现金）支票等有效票证，财务部依据票证结算并支付。

4. 支付材料费时，由项目经理部向事业部财务部提交规定票证，物资供应合同，"材料验收单"及经事业部物资管理部门核准的结算单，财务部依据票证结算并支付。

5. 支付机械台班费，由项目经理部向事业部财务部提交规定票证，机械租赁合同和经事业部机电管理部门核准的"机械台班使用预（结）算单"，财务部依据票证结算并支付。

6. 其他费用的支付，由项目经理部向事业部财务部提交规定票证，相关合同（协议），其他有效凭证及经事业部相关部门核准的结算单，财务部依据票证结算并支付。

（三）资金业务管理

1. 事业部财务部存贷利率统一执行外部银行同期利率，并于每季度最后一个月的 25 日，填制"财务部存（借）款利息通知单"划转存贷款利息。

2. 项目经理部与其他内部单独核算单位之间的经济往来，通过内部转账支票结算。由债权方向债务方提供相关结算资料和"内部收据"，债务方于当日开具"内部转账支票"提交债权方，由债权方于当日或次日存入事业部财务部本单位账户。

3. 事业部财务部与项目经理部之间往来账目于每季度最后一个月的 25 日进行核对。财务部按月编制"银行存款调节表"。

4. 事业部财务部对项目经理部的贷款，于贷款到期之日通知借款单位归还借款，若借款单位存款账户内的资金足以归还借款，财务部通知借款单位的同时以划拨形式偿还借款，若借款方因特殊情况不能归还时，应于贷款到期日前 7 天内，提出书面报告重新申请续贷，经事业部经理或财务总监审批后办理续贷手续。

5. 项目经理部须按照事业部现金管理制度，在现金开支范围内使用现金。项目经理部在收取现金时，应于当日或次日存入财务部，对坐支现金的单位要予以处罚，并报请事业部项目管理领导小组追究其领导和当事人的责任。

6. 项目经理部在事业部财务部领取票据（内部支票，内部收据）后，于使用当日如实登记"支票使用登记簿"和"收据使用登记簿"，收据使用完后 3 日内，连同"收据使用登记簿"归还财务部。

四、银行账户管理

1. 实现项目资金集中管理，各单位应加快信息化建设，逐步实现异地零距离资金管理，减少银行开户个数，避免资金沉淀，提高资金使用效率。

2. 银行账户实行集中管理。项目原则上不得开设银行账户，远离公司所在地 300 公里以上或因特殊原因确需单独开户的项目，应报公司批准，并定期向公司报告账户使用。

第七章　建筑工程技术与质量管理

第一节　建筑工程技术标准

一、技术标准的分类及其特点

（一）建设工程技术标准的分类

按照《标准化法》第六条规定，我国技术标准体系在纵向层级上分为国家标准、行业标准、地方标准和企业标准。国家标准、行业标准分为强制性标准和推荐性标准，其中保障人体健康、人身和财产安全的标准以及法律、行政法规规定强制执行的标准是强制性标准，其他标准是推荐性标准；地方标准中涉及安全、卫生要求的在本行政区域内是强制性标准。

从更微观的范围上看，工程建设领域的标准存在"标准""规范"和"规程"三种术语，业界尚未对这三个术语的规范使用做出进一步规定，但从实践经验来看，"标准"一词一般用于界定产品、方法、符号、概念等，"规范"一词一般用于对规划、勘察、设计、施工等提出要求，而"规程"一词阐述操作、工艺、管理等流程性活动。

（二）建设工程技术标准的主要特点

概括而言，建设工程技术标准具有以下主要特点：

1.注重安全质量和环境保护。建设工程规模巨大，与人们生命财产安全关系密切，对环境影响大，保证其安全质量以及控制其对环境的影响是工程建设过程的头等要务。实际上，在建设工程技术标准体系中，有关于安全质量和环境保护的标准占据了很大的比例。

2.注重协同性。由于建设工程差别大，且工程建设过程复杂，施工过程不可逆，十分需要通过实施标准对参建各方工作加以协同。

3.具有极大地行业差异和地区差异。建设工程涉及勘察、设计、施工、监理、检测、建筑材料、设备供应等多种行业，各行业、各专业的工作内容各不相同，技术标准差异巨大。且由于各区域地质环境条件和荷载条件千差万别且影响重大，各地的建设工程技术标准也表现出十分显著的地域差别性，这成为建设工程技术标准与规模化工业生产技术标准的一项重要区别。

4. 主要源自工程经验总结。工程建设行业是一个实践性行业。由于一方面由于差异性强，一方面由于还缺乏精细的理论指导，对工程建设有巨大影响的地质因素、材料因素、荷载因素等还不能加以精确和准确地把握，在勘察、设计、施工等过程中许多因素的掌握主要依靠于工程师的工程经验。在现行的建设工程技术标准体系中，许多技术标准便来源于对某一行业、某一地区或者某一优势企业经验总结和科研成果的认可。

二、建设工程技术标准的法律性质

《标准化法》第六条规定：国家标准由国务院标准化行政主管部门制定；行业标准由国务院有关行政主管部门制定，并报国务院标准化行政主管部门备案；地方标准由省、自治区、直辖市标准化行政主管部门制定，并报国务院标准化行政主管部门和国务院有关行政主管部门备案。第十四条规定："强制性标准，必须执行。不符合强制性标准的产品，禁止生产、销售和进口。推荐性标准，国家鼓励企业自愿采用。"第二十条规定："生产、销售、进口不符合强制性标准的产品的，由法律、行政法规规定的行政主管部门依法处理，造成严重后果构成犯罪的，对直接责任人员依法追究刑事责任。"

依照上述规定，建设工程从业人员或者建设工程行政主管机构似乎立即就可以得出"技术标准是法律法规的一种"的结论，或者至少可以认定强制性标准属于行政法规。而在法律界，多从应然的角度提出控权要求，认为在行政规范体系之中只有行政法规和规章才具有法律规范性，技术标准并不在法律规范的范围之内。我国的建设工程技术标准究竟是何种法律性质，需要从形势判断标准和实质判断标准两方面综合考虑。

（一）形势判断标准

本文所述我国的技术标准都是以书面形式公布的文本，要从形式上判断其法律性质，应从成文法的特征着手，从制定和颁布的主体、制定和颁布的程序以及是否符合我国现行《宪法》和《立法法》等相关法律法规所要求的形式特征等方面进行研究。

1. 形式特征方面

按我国现行《宪法》，我国的制定法法律渊源主要有宪法、法律、行政法规、地方性法规、自治条例和单行条例、国务院部门规章、地方政府规章等。法律一般以"某某法"为名，行政法规和地方性法规一般以"条例""规定""办法"为名，国务院部门规章和地方政府规章一般以"规定""办法""决定"为名。而我国的技术标准名称一般冠以"中华人民共和国国家标准""某行业标准""某标准""某技术规范""某技术要求"等名称，这与上述制定法法律渊源大有不同。

从文本形式上来看，对于制定法法律渊源而言，其内容体现于正文之中，以条款形式书写。而技术标准的批准发布公告中，只是列出了批准标准的标准编号、标准名称、被代替标准号、采标情况及实施日期，技术标准的内容只作为附件存在。再者，从发布形式上来看，法律由国家主席签署主席令的形式公布，行政法规由国务院总理签署国务院令公布，地方性法规、自治条例和单行条例由地方大会主席团或地方人大常委会发布公告予以公布，国务院部门规章由部门首长签署命令予以公布，地方政府规章由地方行政首长签署命令予以公布。而技术标准则由制定该标准的国务院相关部、委或地方各级厅、局、委等以公告的形式予以发布。

2. 制定和颁布的主体与程序方面

按照《立法法》，我国法律由全国人大和全国人大常委会制定和修改；行政法规由国务院制定和修改；地方性法规由省、自治区和直辖市的人民代表大会和人大常委会制定修改，或由省、自治区人民政府所在的市和经国务院批准的较大的市的人大和人大常委会制定修改，经省、自治区人大常委批准后生效；自治条例和单行条例由民族自治地方，包括自治区、自治州、县的人民代表大会制定修改，报上一级人大常委会批准生效。规章由各种不同的行政机关制定修改，即部门规章由国务院各部委制定修改、地方政府规章由省级人民政府制定修改、军事规章由中央军委和各军兵种总部制定修改。

按照《标准化法》第六条规定："我国国家标准由国务院标准化行政主管部门制定；行业标准由国务院有关行政主管部门制定，并报国务院标准化行政主管部门备案；地方标准由省、自治区、直辖市标准化行政主管部门制定，并报国务院标准化行政主管部门和国务院有关行政主管部门备案"。而《标准化法实施条例》第十二条至第十五条规定："国家标准由国务院标准化行政主管部门编制计划、组织草拟、统一审批、编号、发布；工程建设、药品、食品卫生、兽药、环境保护的国家标准，分别由各自的国务院主管部门组织草拟、审批，其编号、发布办法由国务院标准化行政主管部门会同国务院有关行政主管部门制定；行业标准由国务院有关行政主管部门编制计划、组织草拟、统一审批、编号、发布，并报国务院标准化行政主管部门备案；地方标准由省、自治区、直辖市人民政府标准化行政主管部门编制计划、组织草拟、统一审批、编号、发布，并报国务院标准化行政主管部门和国务院有关行政主管部门备案"。

由上可知，在制定和颁布主体上，我国国家标准、地方标准虽然按行业进行制定、审批，但仍需标准化行政主管部门进行发布，行业标准虽然制定、审批、发布都在行业主管部门，但仍需到标准化行政主管部门备案。而实质上，如此的安排原因在于制定和颁布技术标准的深层权力来自《标准化法》，而非来自行政体系层级内部的监督指挥机制，故而技术标准应为行政机关适用《标准化法》的产物，可对应于《行政复议法》第七条和所列的"规定"，或称为"行政规定"。

（二）实质判断标准

与上述外在形势判断相反，实质的标准不应拘泥于技术标准的外在形式，而应该落脚于技术标准在实际上是否具备法作用和功能，概而言之，就是技术标准能否对其主体和相对人的权利和义务产生约束力。

1. 技术标准对行政主体的约束力

《标准化法》第十九条规定："县级以上政府标准化行政主管部门，可以根据需要设置检验机构，或者授权其他单位的检验机构，对产品是否符合标准进行检验。"《行政许可法》第五十五条的规定："实施本法第十二条第四项所列事项的行政许可的，应当按照技术标准、技术规范依法进行检验、检测、检疫，行政机关根据检验、检测、检疫的结果作出行政许可决定。"

由此可知，技术标准、技术规范是行政机关判断事实认定构成要件的依据。通过对技术标准的正确适用，行政机关用以认定案件事实的存在与否以及轻重程度，这是正确适用法律法规而作出行政决定的基础。适用技术标准作出行政决定既是行政机关的权利，也是行政机关的义务。

2. 技术标准对市场主体的约束力

《标准化法》第十四条规定："强制性标准，必须执行。不符合强制性标准的产品，禁止生产、销售和进口。推荐性标准，国家鼓励企业自愿采用。"

第十七条规定："企业研制新产品、改进产品，进行技术改造，应当符合标准化要求。"第二十条到第二十二条则规定了违反技术标准的法律责任。所以适用强制性标准既是企业的权利，更是企业的义务。企业通过这些条文，可以了解技术标准的约束性质、预知违反技术标准的法律后果，从而调整生产和交易上的行为模式。故而强制性标准具备了法律法规应具有的可达到一定法律效果的功能。

对于推荐性标准而言，一般经合同约定作为实施标准，便具有了合同约束性质。而值得注意的是，技术标准一般经行业内协商、为行业内成员所公认，在行业内具有权威性。从这一角度而言，技术标准具有类似"议会立法"渊源的效力，属于社会群体内部的"契约性规范"，与基于社会契约授权而议会立法可以产生法律规范效力一样，在行业内直接或间接地产生类似于行政法规的拘束力，直接者一般见于行业协会自治章程，间接者一般为行业内不成文的规则。故而，在哈贝马斯所言之"交往权力"相对于正式的政治权力日益发挥重要作用的今天，即使是非强制性的推荐性标准也具备一定的社会调整功能。而由于我国强制性标准和推荐性标准并存于一本规范文本，且具有重政府规制的传统，这一特点在我国尤为显著。

（三）我国建设工程技术标准的法律性质判断

综上所述，在我国，建设工程技术标准在形式上不具备制定法法律渊源的特征，但可归之于正式法规之外的"规定"，而在实质上，在我国特有的国情下，建设工程技术标准实行的出发点在于调整市场主体的权利和义务，实际上具备调整其制定主体和相对人的行为的功能，故而实质上具备了法规的效力，其性质应为行政法规中较低级别的"行政规定"。

施工项目的技术管理是对各项技术工作要素和技术活动过程的管理，技术工作要素包括技术人员、技术装备、技术规程、技术资料，技术活动过程是指技术计划、技术运用、技术评价。技术作用的发挥除决定于技术本身的水平外，在极大程度上还依赖于技术管理水平。没有完善的技术管理，再先进的技术也是难以发挥作用的。

第二节　施工技术管理

一、施工技术管理体系与内容

（一）施工项目技术管理的组织体系

项目经理部必须在企业总工程师和技术管理部门的指导参与下建立技术管理体系，应设置项目总工程师、工程技术部门、各专业主管工程师、各专业工程师，对施工技术工作进行分级和专业化管理。

项目总工程师要领导施工项目的技术管理工作，主持制定项目的技术管理工作计划，组织有关人员熟悉和审查施工设计图纸，主持编制施工项目管理实施规划并组织实施，组织并参与进行技术交底，组织做好测量及其核定，指导质量检验与试验，审定技术措施计划并组织实施，参加各类工程验收和处理质量事故，组织各项技术资料的签证、收集、整理和归档，领导组织技术学习和交流技术经验。

项目经理部的技术工作应符合下列要求：

（1）接到施工设计图纸后，按照过程控制程序文件要求组织有关人员进行内部审查，对设计疑问和存在问题分类整理汇总。

（2）在内审的基础上参与设计交底，由项目总工程师组织有关人员参与发包商组织的设计交底会，突出设计变更意见，进行一次性的设计变更洽商。

（3）在施工过程中发现设计图纸存在问题，或因施工条件变化必须补充设计，或需要使用代用材料，可向设计单位提出有效的变更洽商书面资料。

（4）根据施工现场实际情况对施工方案进行优化，按照施工管理规划和企业的技术措施纲要实施技术措施计划

（5）进行技术交底必须贯彻施工验收规范、技术规程、工艺标准、质量标准等要求，书面资料应有签发和审核签认，并归入技术资料档案。

（6）应该将分包商的技术管理纳入项目技术管理体系，对其施工方案、技术交底、测量与试验、材料检验、施工预检和隐检、竣工验收等，进行系统的过程控制。

（7）对后续工序质量有决定作用的测量放线、模板和钢筋、预制构件安装、结构基础、各种基层、预留孔洞和预埋件、施工缝等进行预检并做好记录。

（8）根据有关规定对各类隐蔽工程进行检查，做好隐验记录和办理隐验手续，由各参与方责任人签认。

（9）设置技术资料管理人员，做好技术资料的收集、整理和归档工作，并建立技术资料台账。

（二）施工项目技术管理的任务与内容

1. 施工项目技术管理的任务有四项

（1）正确贯彻国家和行政主管部门的技术政策，贯彻上级对技术工作的指示与决定；

（2）研究、认识和利用技术规律，科学的组织各项技术工作，充分发挥技术的作用；

（3）确立正常的生产技术秩序，进行文明施工，以技术保工程质量；

（4）努力提高技术工作的经济效果，使技术与经济能够有机地结合起来。

2. 项目技术管理的内容

（1）技术管理的基础工作，包括：实行技术责任制，执行技术标准与技术规程，制定技术管理制度，开展科学试验，交流技术情报，管理技术文件等。

（2）施工过程中技术工作的管理，包括：施工工艺管理、技术试验、技术核定、技术检查等。

（3）技术开发管理，包括：技术培训、技术革新、技术改造、合理化建议等。

（4）技术经济分析与评价。

3. 施工项目技术管理工作

施工项目组织应该重点做好以下技术管理工作：

（1）认真学习设计文件，仔细审查施工设计图纸，了解工程特点、设计意图和关键部位的工程质量要求，减少由于设计图纸差错而造成的施工损失。

（2）建立技术交底责任制，使参与施工的人员熟悉和了解所负担工程的施工特点、设计意图、技术要求、施工工艺和应该注意的问题，加强施工质量的检验、监督和管理。

（3）隐蔽工程项目在隐蔽前应进行严格检查，并做出记录和签署意见，及时办理验收手续，有问题需要复检的须办理复检手续并做出结论。

（4）在该工程项目或分项工程未施工前进行预先检查并做好记录，是防止可能发生差错造成质量事故的重要有效措施。

（5）总结已有的经验或教训，编制施工技术措施计划，抓好技术措施计划的贯彻执行，切实落实施工技术措施。

二、施工技术管理的方法

（一）目标管理方法是施工项目管理的基本方法

施工项目管理的基本任务是进行项目的进度、质量、安全和成本目标控制，它们的共同的基本方法就是目标管理方法。目标管理是指集体中的成员亲自参加工作目标的制定，在实施中运用现代管理技术和行为科学，借助人们的事业感、能力、自信、自尊等，实行自我控制，努力实现预定目标。目标管理是以被管理活动的目标为中心，以目标指导行动，把经济活动和管理活动的任务转换为具体的目标加以控制，通过目标的实现，完成经济管理活动的任务。目标管理是面向未来的管理，是主动的、系统的和整体的管理，是一种重视人的主观能动作用、参与性和自主性的管理，由于它确定了人们的努力方向而成为一种可以获得显著绩效的管理（管理的绩效 = 工作方向 × 工作效率），被广泛应用于经济和管理领域，成为项目管理的基本方法。

目标管理方法应用于施工项目管理需要经过以下几个阶段：首先，要确定项目组织内各层次和各部门的任务分工，提出完成施工任务的要求和工作效率的要求；其次，要把项目组织的任务转换为目标，既要明确成果性目标（如质量、进度等），又要明确效率性目标（如施工成本、劳动生产率等）；第三，要落实目标的责任主体，明确责任主体的责权利，落实进行检查与监督的责任人及手段，落实实现目标的保证条件；第四，对目标的执行过程进行协调和控制，发现偏差及时进行分析和纠正；第五，对目标的执行结果进行评价，把目标执行结果与计划目标进行对比，以评价目标管理的好坏。

实施目标管理有两个关键问题，一是目标的确定与分解，二是责任的落实。施工项目的目标首先是在业主与承包商之间签订的合同中明确的，项目经理部要根据合同目标进行规划，确定更积极的实施总目标。规划目标从自上而下的三个方面展开，即通过纵向展开把目标落实到各层次（子项目层次、作业队层次和班组层次）；通过横向展开把目标落实到各层次内的各部门，明确主次责任和关联责任；通过时序展开把目标分解为年度、季度和月度目标，各作业队甚至可以分解到每旬目标。要实现施工项目的各项分解规划目标，就要把每项目标的主要责任人、次要责任人和关联责任人一一落实到位，并由责任人制定出措施，由管理者给出保证条件，以确保目标的实现。在实施目标的过程中，管理者的责任在于抓住管理点（关键点、重难点），创造工作和施工条件，保证管理与协调到位，抓好各项核算，做好思想宣传工作，按照责权利相结合的原则，给予责任者以权和利，从而最大限度地调动各级人员的积极性，努力自下而上的实现各项目标。

（二）网络计划方法是进度控制的主要方法

网络计划技术原理是施工项目进度控制完整的计划管理和分析计算的理论基础。在施工项目进度控制中，利用网络计划技术原理编制进度计划，根据收集到的实际进度信息，比较和分析进度计划，又利用网络计划的工期优化、成本优化和资源优化的结果调整施工进度计划。应用网络计划在施工项目管理中进行进度控制，要注意以下几点：

1. 每个从事施工项目管理的人员都应当认真学习《工程网络计划技术规程》，用其指导以网络计划表示的进度计划的编制和施工进度控制，努力做到网络计划应用规范化和进度管理集约化。

2. 要在网络计划的应用中贯彻国家标准《网络计划技术在项目管理中应用的一般程序》，按规定步骤进行工作：确定计划目标→调查研究→编制施工方案→分解施工任务→

分析逻辑关系→绘制初步的网络图→计算工作持续时间→计算时间参数→确定关键线路→检查与调整计划→编制可行性的网络计划→调整和优化→编制正式的网络计划→贯彻实施计划→检查和采集数据→调整与控制→总结与分析，以次做到进度管理的程序化。

3. 要大力推行先进适用的网络计划应用软件，努力实现网络计划应用全过程的计算机化，尤其要使用计算机进行优化、调整和积累资料，并尽可能地做到应用网络计划的各种信息与其他专业管理（统计核算、业务核算、会计核算）信息共享。

4. 要正确理解网络计划技术与流水作业理论的关系，一是在表达方式上各有优缺点，即流水作业计划的一般表现形式是横道图，其编制简便而简单明了，但工序间的逻辑关系不易表达清楚；网络计划对于复杂的逻辑关系表达的比较清楚，但需要经过大量而复杂的计算才能得出全部可利用的时间参数。二是在网络计划中也要应用流水作业理论中的"分段法""连续施工""工序持续时间计算"等理论，使用时标网络计划。三是两者分别应用于不同的计划编制，在编制简单施工计划、一次性计划、旬计划、月计划、季度计划、年度计划时可采用横道图，在编制大型、复杂工程的施工计划和需要进行动态调整的计划时以采用网络图为宜。

（三）全面质量管理方法是质量控制的主要方法

全面质量管理方法可以归结为"三全一多"，"三全"是指参加的质量管理者包括全体人员和全部机构，管理的对象是施工项目实施的全过程和全部要素；"一多"是指整个企业要形成一个质量体系，在统一的质量方针指引下，为实现各项目标开展各种层面的PDCA（计划、执行、检查、处理）循环，每一循环均使质量水平提高一步；"全员参与质量管理"的主要方式是开展全员范围内的"QC小组"活动，开展质量攻关和质量服务等群众性活动；"全过程"的质量管理主要表现在对工序、分项工程、分部工程、单位工程、单项工程等形成的全过程和所涉及的各种要素进行全面管理；多种多样的质量管理方法包括一般的技术方法、试验检测方法、检查验收方法、管理技术方法、多方位控制法、贯彻标准管理法等。

在施工项目中实施全面质量管理要强调以下几点：

（1）全面质量管理方法对于施工项目质量控制是有效的，其在项目管理中的突出地位不可动摇。全面质量管理虽然是全企业的管理，但它并不排斥项目管理，项目经理部是企业的一部分，施工项目是管理的对象，施工现场和工序是管理的重点，企业管理不可能脱离项目管理而处于架空状态。

（2）全面质量管理方法不能混同于数理统计质量管理方法，数理统计方法是"统计质量管理"阶段的方法，发展到"全面质量管理（TQC）"阶段后，其统计方法仍然有效适用，但管理方法产生了新的飞跃，要在其本质上下大力气掌握和应用，不能停留在数理统计的水平上。TQC既然是全员使用的方法，就应该易于被全体人员所掌握。

（3）摆正TQC和质量管理体系标准的关系，TQC是方法，质量管理体系标准只是标准，标准对方法有规范作用，有利于推行 TQC；全面质量管理的基础工作之一是标准化，其标准化应包含质量管理体系标准，推行 TQC 应利用质量管理体系标准。到目前为止，没有任何一种方法能更有效的取代 TQC 作为施工质量控制的主要方法，施工项目管理仍要坚持用 TQC 控制工程质量。

（4）推行 TQC 进行施工项目质量目标控制的重点应是工序控制和质量检验，工序控制要以"人、机、料、法、环"五要素实现，质量检验要把好工序、分项工程和单位工程各项检查验收关。预防为主是主动控制，但是检查验收的被动控制也不容忽视，这才是提高项目质量水平的有效途径。

（四）责任成本管理是成本控制的主要方法

成本是施工项目各种消耗的综合价值体现，是消耗指标的全面代表。成本的控制与各种消耗有关，要从每个环节做起，把住消耗关才能控制住成本。在市场经济条件下的资源供应、使用和管理都是消耗的环节，消耗有量的问题，也有价的问题，两者都要控制。管理者和操作者都是控制的主体，每一个管理人员和施工人员都有控制成本的责任。一种资源在某一环节上的节约可能与多个责任者有关，一定要分清各相关责任者各自的责任，各自负责自己可以控制的那一部分的责任。

"责任成本"是责任者可以控制住的那部分成本，"责任成本管理"是通过明确每个管理人员和施工人员的责任成本管理目标，而实现对每项生产要素进行成本控制，以最终使项目总成本得到控制的方法。"责任成本管理"本质上是成本控制的责任制，也是"目标管理方法"责任目标落实的方法。

"责任成本管理"在实施和执行时，要注意以下几点：

（1）要按程序实施管理：列出成本控制的总任务，确定各项成本目标→按项目组织的层次、部门分解成本控制目标→根据个层次、各部门的责任制分配成本控制目标→各部门根据每个成员的管理责任和操作责任，确定每个成员的成本可控责任和目标→各成员制定节约成本和控制所承担的责任成本目标的控制措施→综合各责任者所承担的成本目标与各部门、各层次的成本目标相比较偏差→核实偏差并调整各成员提出的措施，直至可实现责任目标→在月、季、年度成本计划实施中，落实成本责任目标→统计实际成本控制结果，进行动态控制，并不断总结资料。

（2）实行责任成本管理的前提是责任制，因此要建立每个责任者、每个部门和每个层次的成本责任制，为责任成本管理的落实创造条件。

（3）为实施责任成本管理，必须加强成本核算，包括成本预算、成本计划和成本统计，要算细账、算实账、算准账。

（4）特别要重视管理人员责任成本管理责任的落实，项目经理部的每个成员都不能例外。

（5）责任成本管理实施的全过程，就是"目标管理方法"实施的过程，要把握目标管理方法的"灵魂"，确保责任成本管理取得实效。

（五）安全责任制是安全控制的主要方法

安全责任制是用制度规定施工项目每个管理成员的安全责任，各层次、各部门和每个管理人员与施工人员都要承担相应的安全责任，责任制的实施范围要保证纵向到底、横向到边。安全责任制是岗位责任制的组成内容，应该按照岗位的不同确定每个人员的安全责任，管理人员和作业人员的责任不同，各级管理人员的岗位不同责任也不同，作业人员从事不同专业工作，其安全责任也不同。要承担安全责任，就要进行安全教育，也要加强安全检查与考核，因此安全责任制中必须包含承担安全责任的保证制度。

第三节　建筑工程质量管理

许多建筑施工企业经常强调"以质量求生存，以信誉求发展""百年大计，质量第一"可见，加强建筑工程质量管理有着重要的意义。质量是建筑本身的真正生命，也是社会关注的热点。在科学技术日新月异和经济建设高度发展的今天，建筑工程的质量关系到国家经济发展和人民生命财产安全。因此，建筑工程质量管理工作尤为重要，但是，在建筑施工过程中，任何一个环节、任何一个部位出现问题，都会给工程的整体质量带来负面的影响，甚至是严重的后果。

一、质量管理的含义

（一）质量的概念在国际标准 ISO9000：2000 中对质量作了比较全面和准确的定义："一组固有特性满足要求的程度。"这里"要求"是指"明示的、通常隐含的或必须履行的需求或期望"。要求不仅是指顾客的要求，还应包括社会的需求，应符合国家的法律、法规和现行的关政策。质量具有动态性、时效性和相对性。就建筑工程而言，质量应具有安全、适用、经济、美观。

（二）质量管理的概念质量管理就是指导和控制某组织与质量有关的彼此协调的活动。它通常包括质量方针和质量目标的建立、质量策划、质量保证和质量改进。因此，质量管理可进一步解释为确定和建立质量方针、目标和职责，并在质量体系中通过诸如质量策划、质量控制、质量保证和质量改进等手段来实施的全部管理职能的所有活动。

二、质量的控制原则、内容与方法

建筑施工是把设计蓝图转变成工程实体的过程，也是最终形成建筑产品质量的重要阶段。因而，施工阶段的质量控制自然就成为提高工程质量的关键。那么，怎样才能搞好项目的质量控制呢？

（一）施工质量控制的原则

1. 坚持"质量第一，用户至上"原则。建筑产品是一种特殊商品，使用年限长，相对来说购买费用较大，直接关系到人民生命财产的安全。所以，工程项目施工阶段，必须始终把"质量第一，用户至上"作为质量控制首要原则。

2. 坚持"以人为核心"原则。人是质量的创造者，质量控制必须把人作为控制的动力，调动人的积极性、创造性，增强人的责任感，提高人的质量意识，减少甚至避免人的失误，以人的工作质量来保证工序质量、促进工程质量的提高。

3. 坚持"以预防为主"原则。以预防为主，就是要从对工程质量的事后检查转向事前控制、事中控制；从对产品质量的检查转向对工作过程质量的检查、对工序质量的检查、对中间产品（工序或半成品、构配件）的检查。这是确保施工项目质量的有效措施。

4. 坚持"用质量标准严格检查，一切用数据说话"原则。质量标准是评价建筑产品质量的尺度，数据是质量控制的基础和依据。产品质量是否符合质量标准，必须通过严格检查，用实测数据说话。

5. 坚持"遵守科学、公正、守法"的职业规范。建筑施工企业的项目经理、技术负责人在处理质量方面的问题时，应尊重客观事实，尊重科学，正直、公正，不持偏见；遵纪守法、杜绝不正之风；既要坚持原则、严格要求、秉公办事，又要谦虚谨慎、实事求是、以理服人。

（二）施工项目质量控制的内容

1. 对人的控制。人，是指直接参与施工的组织者、指挥者和具体操作者。对人的控制就是充分调动人的积极性，发挥人的主导作用。为此，除了加强政治思想教育、劳动纪律教育、专业技术和安全培训，健全岗位责任制、改善劳动条件外，还应根据工程特点，从确保工程质量出发，在人的技术水平、生理缺陷、心理行动、错误行为等方面来控制对人的使用。如对技术复杂、难度大、精度要求高的工序，应尽可能地安排责任心强、技术熟练、经验丰富的工人完成；对某些要求万无一失的工序，一定要分析操作者的心理活动，稳定人的情绪；对具有危险源的作业现场，应严格控制人的行为，严禁吸烟、嬉戏、打闹等。此外，还应严禁无技术资质的人员上岗作业；对不懂装懂、碰运气、侥幸心理严重的或有违章行为倾向的，应及时制止。总之，只有提高人的素质，才能确保建筑新产品的质量。

2. 对材料的控制。对材料的控制包括对原材料、成品、半成品、构配件等的控制，就是严格检查验收、正确合理地使用材料和构配件等，建立健全材料管理台账，认真做好收、储、发、运等各环节的技术管理，避免混料、错用和将不合格的原材料、构配件用到工程上去。

3. 对机械的控制。包括对所有施工机械和工具的控制。要根据不同的工艺特点和技术要求，选择合适的机械设备，正确使用、管理和保养机械设备，要建立健全"操作证"制度、岗位责任制度、"技术、保养"制度等，确保机械设备处于最佳运行状态。如施工现场进行电渣压力焊接长钢筋，按规范要求必须同心，如因焊接机械而达不到要求，就应立即更换或维修后再用，不要让机械设备或工具带病作业，给所施工的环节埋下质量隐患。

4. 对方法的控制。主要包括对施工组织设计、施工方案、施工工艺、施工技术措施等的控制，应切合工程实际，能解决施工难题，技术可行，经济合理，有利于保证工程质量、加快进度、降低成本。选择较为适当的方法，使质量、工期、成本处于相对平衡状态。

5. 对环境的控制。影响工程质量的环境因素较多，主要有技术环境，如地质、水文、气象等；管理环境，如质量保证体系、质量管理制度；劳动环境，如劳动组合、作业场所、工作面等，环境因素对工程质量的影响，具有复杂而多变的特点，如气象条件就千变万化，温度、湿度、大风、严寒酷暑都直接影响工程质量；又如，前一工序往往就是后一工序的环境。因此，应对影响工程质量的环境因素采取有效的措施予以严格控制，尤其是施工现场，应建立文明施工和安全生产的良好环境，始终保持材料堆放整齐、施工秩序井井有条，为确保工程质量和安全施工创造条件。

（三）施工项目质量控制的方法

1. 审核有关技术文件、报告或报表具体内容有：审核有关技术资质证明文件，审核施工组织设计、施工方案和技术措施，审核有关材料、半成品、构配件的质量检验报告，审核有关材料的进场复试报告，审核反映工序质量动态的统计资料或图表，审核设计变更和技术核定书，审核有关质量问题的处理报告，审核有关工序交接检查和分部分项工程质量验收记录等。

2. 现场质量检查

（1）检查内容。工序交接检查、隐蔽工程检查、停工后复工检查、节假日后上班检查、分部分项工程完工后验收检查、成品保护措施检查等。

（2）检查方法。检查的方法主要有：目测法、实测法、试验检查等。只要严格按上述五条基本原则和质量控制方法，对工程项目的施工质量进行认真控制，就一定能把高质量的建筑产品交到广大用户手中。

三、工程项目各阶段对质量形成的影响

对于一般产品而言，顾客在市场上直接购置一个最终产品，不介入该产品的生产过程。而工程的建设过程是十分复杂的，它的顾客（业主、投资者）必须直接介入整个生产过程，参与全过程的、各个环节的、对各种要素的质量管理。要达到工程项目的目标，得到一个高质量的工程，必须对整个项目过程实施严格控制的质量管理。质量管理必须达到微观和宏观的统一、过程和结果的统一。由于项目施工是渐进的过程，因此在建设工程项目质量管理过程中，任何一个方面出现问题，必然会影响后期的质量管理，进而影响工程的质量目标。工程项目具有周期长的特点，工程质量不是旦夕之间形成的。工程建设各个阶段紧密衔接且相互制约影响，每一个阶段均对工程质量的形成产生十分重要的影响。一般来说，

工程项目立项、设计、施工和竣工验收等阶段的过程质量应该为使用阶段服务，应该满足使用阶段的要求。工程建设的不同阶段对工程质量的形成起着不同的作用和影响，具体表现在以下几个方面：

1. 工程项目立项阶段对工程项目质量的影响。项目建议书、可行性研究是建设前期必需的程序，是工程立项的依据，是决定工程项目建设成败与否的首要条件，它关系到工程建设资金保证、时效保证、资源保证，决定了工程设计与施工能否按照国家规定的建设程序、标准来规范建设行为，也关系到工程最终能否达到质量目标和被社会环境所容纳。在项目的决策阶段主要是确定工程项目应到的质量目标及水平。对于工程建设，需要平衡投资、进度和质量的关系，做到投资、质量和进度的协调统一，达到让业主满意的质量水平。因此，项目决策阶段是影响工程质量的关键阶段，要充分了解业主和使用者对质量的要求和意愿。

2. 工程勘察设计阶段对工程项目质量的影响工程项目的地质勘查工作，是选择建设场地和为工程设计与施工提供场地的强度依据。地质勘查是决定工程建设质量的重要环节。地质勘查的内容和深度、资料的可靠程度等将决定工程设计方案能否综合考虑场地的地层构造、岩石和土的性质、不良地质现象及地下水等条件，是全面合理地进行工程设计的关键，同时也是工程施工方案确定的重要依据。

3. 工程项目设计阶段对工程项目质量的影响工程项目设计质量是决定工程建设质量的关键环节，工程采用什么样的平面布置和空间形式，选用什么样的结构类型、材料、构配件及设备等，都直接关系到工程主体结构的安全可靠，关系到建设投资的综合功能是否充分体现在规划意图。在一定程度上，设计的完美性也反映了一个国家的科技水平和文化水平。设计的严密性、合理性，从根本上决定了工程建设的成败，是主体结构和基础安全、环境保护、消防、防疫等措施得以实现的保证。

4. 工程项目施工阶段对工程项目质量的影响工程项目的施工，是指按照设计图纸及相关文件，在建设场地上将设计意图付诸实现的测量、作业、检验并保证质量的活动。施工的作用是将设计意图付诸实施，建成最终产品。任何优秀的勘察设计成果，只有通过施工才能变成现实。因此工程施工活动决定了设计意图能否实现，它直接关系到工程基础、主体结构的安全可靠、使用功能的实现以及外表观感能否体现建筑设计的艺术水平。在一定程度上工程项目的施工是形成工程实体质量的决定性环节。工程项目施工所用的一切材料，如钢筋、水泥、商品混凝土、砂石等以及后期采用的装饰装修材料要经过有资质的检测部门检验合格，才能用到工程上。在施工期间监理单位要认真把关，做好见证取样送检及跟踪检查工作。确保施工所用材料、施工操作符合设计要求及施工质量验收规范规定。

5. 工程项目的竣工验收阶段对工程项目质量的影响工程项目竣工验收阶段，就是对项目施工阶段的质量进行试车运转、检查评定，考核质量目标是否符合设计阶段的质量要求。这一阶段是工程建设向生产和使用转移的必要环节，影响工程能否最终形成生产能力和满足使用要求，体现工程质量水平的最终结果。因此，工程竣工验收阶段是工程质量管理的最后一个环节。工程项目质量的形成是一个系统的过程，是工程立项、勘察设计、施工和竣工验收各阶段质量的综合反映。按照实际工作的统计，质量问题的原因主要表现在如下几个方面：设计的问题占40.1%；施工责任占29.3%；材料问题占14.5%；使用责任占9.0%；其他占7.1%。

四、项目质量控制

（一）项目质量控制的概念

ISO9000：2000和GB/T19000-2000质量管理体系—基础和术语中对质量控制的定义是："质量控制是质量管理中致力于确保产品达到质量要求的工作。"

PMBOK指南将项目质量控制定义为："监控具体的项目结构，确定其是否符合相关标准，并识别引起不满意绩效的原因和消除的方法。"项目质量控制是确保项目结果符合质量标准，并且在出现偏差时采取纠正措施的活动。只有当质量处于受控状态时才能保证长期的过程改善。项目结果既包括项目的可交付成果，也包括项目的管理成果（如成本执行结果、进度执行结果等）。

质量控制是质量管理的一部分，致力于满足质量要求。质量控制的目标就是确保项目质量能满足有关方面所提出的质量要求（如适用性、可靠性、安全性等）。质量控制的范围涉及项目质量形成的全过程的各个环节。项目质量受到质量环节各阶段质量活动的直接影响，任一环节的工作没有做好，都会使项目质量受到损害而不能满足质量要求。质量环节的各阶段是由项目的特性所决定的，根据项目形成的工作流程，由掌握了必需的技术和技能的人员进行一系列有计划、有组织的活动，使质量要求转化为满足质量要求的项目或产品，并完好地交付用户，还应根据项目具体情况进行用后服务，这是一个完整的质量循环。为了保证项目质量，这些技术计划必须在受控状态下进行。

项目质量控制和项目质量保证的概念最大区别在于：项目质量保证是一种从项目质量管理组织、程序、方法和资源方面为项目质量做"保驾护航"工作，而项目质量控制是直接对项目质量把关的工作。项目质量保证是一种预防性、提高性和保障性的质量管理活动，而项目质量控制是一种过程性、纠偏性和把关性的质量管理活动。虽然项目质量控制也分为项目质量的事前控制、事中控制和事后控制，但是其中的事前控制主要是对项目质量影响因素的控制，而不是从质量保证的角度对项目各方面要素开展的保障活动。当然，项目质量保证和项目质量控制的目标是一致的，都是确保项目质量能够达到项目组织和项目业主（或客户）的需要。所以在项目开展的工作和活动中，两者有交叉和重叠，只是工作方法和方式不同而已。

（二）项目质量控制的特点

项目的质量控制不同于一般产品的质量控制，其主要特点有如下几方面：

（1）影响质量的因素多。项目的进行是动态的，影响项目质量的因素也是动态的。

项目的不同阶段、不同环节、不同过程，影响因素也不尽相同。这些因素有些是可知的，有些是不可预见的有些因素对项目质量的影响程度较小，有些对项目质量的影响则较大，有些对质量的影响则可能是致命的。所有这些，都给项目的质量控制增加了难度。所以，加强对影响质量的因素的管理和控制是项目质量控制的一项重要活动。

（2）质量控制的阶段性。项目需要经历不同的阶段，各个阶段的工作内容、工作结果都不相同。所以，每个阶段的质量控制内容和控制重点亦不相同。

（3）易产生质量变异。质量变异就是项目质量数据的不一致性。产生这种变异的原因有两种：偶然因素和系统因素。偶然因素是随机发生的，客观存在的，是正常的系统因素是人为的，异常的。偶然因素造成的变异称为偶然变异，这种变异对项目质量的影响较小，是经常发生的，难以避免，难以识别，也难以消除系统因素所造成的变异称为系统变异，这类变异对项目质量的影响较大，易识别，通过采取措施可以避免，也可以消除。由于项目的特殊性，在项目进行过程中，易产生这两类变异。所以在项目的质量控制中，应采取相应的方法和手段对质量变异加以识别和控制。

（4）易产生判断错误。在项目质量控制中，经常需要根据质量数据对项目实施的过程或结果进行判断。由于项目的复杂性和不确定性，造成了质量数据的采集、处理和判断的复杂性，这样往往会对项目的质量状况做出错误判断。如将合格判为不合格，或将不合格判为合格将稳定判为不稳定，或将不稳定判为稳定将正常判为不正常，或将不正常判为正常。这就需要在项目的质量控制中，采用更加科学、更加可靠的方法，尽量减少判断错误。

（5）项目一般不能解体、拆卸。已加工完成的产品可以解体、拆卸，对某些零、部件进行检查。但项目一般做不到这一点。例如，对已建成的楼房，就难以检查其基础质量对于已浇筑完成的混凝土构筑物，就难以检查其中的钢筋质量。所以，项目的质量控制应更加注重项目进展过程的质量，注重对阶段结果的检验和记录。

（6）项目质量受费用、工期的制约。项目的质量不是独立存在的，它受费用和工期的制约。在对项目进行质量控制时，必须考虑其对费用和工期的影响，同时应考虑费用和工期对质量的制约，使项目的质量、费用、工期都能实现预期目标。

（三）项目质量控制的基本原理

控制论的研究对象，主要是指具有复杂性或偶然性的系统，而项目作为一个系统，正具有这些特征。因此，对于项目质量控制系统的研究，可以采用控制论的思想和方法。

控制论对控制所下的定义是：控制，是指一定的主体，为保证在变化着的外部条件下实现其目标，按照事先拟订的计划和标准，通过各种方式对被控对象进行监督、检查、引导、纠正的行为过程。任何系统的控制，都需要充分适应系统环境条件的变化，从输出得到反馈，并将其与制订的计划、标准相对比，这是控制过程的重要特征。输入、变换、反馈、分析与纠正措施等，是系统控制的基本步骤。根据这一理论，要实现控制，首先必须满足两个条件：一是有合格的控制主体；二是有明确的控制目标。

控制主体是指承担控制责任的人员或组织。根据控制的任务、责任不同，可将控制主体分为不同的层次，一般可划分为两个层次：

（1）直接控制层。直接控制层，是指直接履行控制任务的人员或组织。在项目质量控制中，项目经理部或项目团队、QC小组等均属于直接控制层。

（2）间接控制层。间接控制层，也称为战略控制层，是指间接履行控制任务的人员或组织。间接控制层主要根据直接控制层的反馈信息进行控制。在项目质量控制中，业主的质量控制人员或组织、质量监督人员、承包商的决策层等属于间接控制层。

控制目标是指控制主体针对其被控制对象实施控制，所要达到的目的。任何一个控制系统都必须有明确的控制目标，否则就失去了控制的意义。在项目质量控制中，根据控制对象、控制范围的不同，有若干控制子系统，每一个子系统都有其相应的控制目标。例如，一在工程项目质量控制中，混凝土强度控制子系统，其控制目标就是通过控制原材料质量和混凝土施工工序质量，达到保证混凝土强度，满足质量要求的目的。

有了合格的控制主体和明确的控制目标，还必须有理想的控制机制。在项目质量控制中可采用同态调节机制。所谓同态调节，就是将质量特征值保持在规定限度内的机制。调节，是指用于将质量特性保持在一定轨道上的过程，控制系统中用于实现调节的部分称之为调节器。在调节时，不仅要将系统引入一定的轨道，而且要确定这个轨道，这就是控制。所以，控制有两个重要因素，一是确定系统的轨迹，即控制目标二是用调节的方法使系统保持在这条轨道上。

在项目质量控制中，调节可分为三种类型，即通过消除控制对象的实际状态与标准或计划的偏差所进行的调节通过避免异常因素的干扰所进行的调节；通过发现并消除异常因素的影响所进行的调节。

项目质量控制系统，可以相对地分为被控子系统（即控制对象）和控制子系统（称之为控制单元）。

为了实施项目质量控制，一首先必须确定控制目标，其次应建立控制机制，同时必须重视和加强信息的传递与反馈。

控制是对被控系统的整体而言的，既要控制被控系统从输入到输出的全过程，也要控制被控系统的所有要素。在项目质量控制中，根据被控系统全过程的不同阶段，控制可分为三类，即事前控制、事中控制和事后控制。

事前控制又称为预先控制或事先控制，即在投入阶段所进行的控制，实质上是一种预防性控制，其管理的重点是做好项目实施前的准备工作。如质量预控就属于事前控制。

过程控制也称为事中控制，即在转化阶段所进行的控制。如在项目实施过程中所进行的质量控制就是事中质量控制。事中质量控制的策略是：全面管理过程，重点管理工序或工作质量。其具体措施是：工序交接有检查，质量预控有对策，项目实施有方案，质量保证措施有交底，动态控制有方法，配制材料有试验，隐蔽工程有验收，项目变更有手续，质量处理有复查，行使质控有否决，质量文件有档案。

事后控制，即在输出阶段所进行的控制，如一个项目、工序或工作完成并形成成品或半成品的质量控制称为事后质量控制。事后质量控制的重点是进行质量检查、验收及评定。这种控制实质上是一种合格控制。

（四）项目质量控制的步骤

就项目指令控制的过程而言，质量控制就是监控项目的实施状态，将实际状态与事先制定的质量标准作比较，分析存在的偏差及产生偏差的原因，并采取相应对策。这是一个循环往复的过程，对任一控制对象的控制一般都按这一过程进行。该控制过程主要包括以下步骤：

（1）选择控制对象。项目进展的不同时期、不同阶段，质量控制的对象和重点也不相同，这需要在项目实施过程中加以识别和选择。质量控制的对象可以是某个因素，某个环节，某项工作或工序，某项阶段成果等一切与项目质量有关的要素。

（2）为控制对象确定标准或目标。

（3）制订实施计划，确定保证措施。

（4）按计划执行。

（5）跟踪观测、检查。

（6）发现、分析偏差。

（7）根据偏差采取对策。

上述步骤可归纳为四个阶段：计划（Plan）、实施（Do）、检查（Check）和处理（Action）。在项目质量控制中，这四个阶段循环往复，形成 POCA 循环（戴明环）。

计划阶段的主要工作任务是确定质量目标、活动计划和管理项目的具体实施措施。本阶段的具体工作是分析现状，找出质量问题及控制对象分析产生质量问题的原因和影响因素。从各种原因和因素中确定影响质量的主要原因或影响因素，针对质量问题及影响质量的主要因素制定改善质量的措施及实施计划，并预计效果。在制定计划时，要反复分析思考，明确回答的问题包括：为什么要提出该计划和采取这些措施？为什么应作如此改进？回答采取措施的原因。改进后要达到什么目的？有何效果？改进措施在何处（哪道工序、哪个环节、哪个过程）执行？计划和措施在何时执行何时完成？计划由谁执行？用什么方法完成？

实施阶段的主要工作任务是根据计划阶段制订的计划措施，组织贯彻执行。本阶段要做好计划措施的交底和组织落实、技术落实和物资落实。

检查阶段的主要工作任务是检查实施执行情况，并将实施效果与预期目标对比，进一步找出存在问题。

处理阶段的主要工作任务是对检查的结果进行总结和处理。其具体工作包括：总结经验，纳入新的标准。即通过对实施情况的检查，明确有效果的措施，制定相应的工作文件、工艺规程、作业标准以及各种质量管理的规章制度，总结好的经验，防止问题再次发生。

将遗留问题转入下一个控制循环。通过检查，找出效果仍不显著或效果仍不符合要求的措施，作为遗留问题，进入下一个循环，为下一期计划提供数据资料和依据。

（五）项目质量控制的影响因素

影响项目质量的因素主要有人（man）、机械（machine）、材料（material）、方法（method）和环境（environment）等五大方面，即"4M1E"。因此，事前对这五方面因素进行严格的控制，是保证项目质量的关键。

1. 人的控制

人是直接参与项目的组织者、指挥者和操作者，既可以作为控制对象，避免产生失误，又可以作为控制动力，充分调动人的积极性，发挥人的主导作用。所以在项目质量管理中应根据项目特点，本着人尽其才、扬长避短的原则来控制人的使用。通过加强思想素质教育、劳动纪律教育、职业道德教育和专业知识培训等手段，提高人的主观能动性，达到以工作质量保证工序质量，促进项目质量的目的。

在项目质量控制中，应从以下几方面来考虑人的素质对质量的影响：

（1）人的技术水平与生理缺陷。面对技术复杂、难度大和精度高的工序或操作，人的技术水平往往对质量起着直接作用。因此，对人的技术水平进行考核是必须也是必要的。而对于一些特殊的工作环境，也要充分考虑人的情况。例如，有高血压、心脏病的人，不能从事高空作业反应迟钝、应变能力差的人，不能操作快速运动、动作复杂的机械设备视力、听力差的人，不宜参与校正、测量或使用信号、旗语指挥的作业等。否则，容易引起安全事故，产生质量问题。

（2）人的心理行为和错误行为。人是社会化的，其劳动态度、注意力、情绪和责任心等在不同地点、不同时期由于社会经济、环境条件和人际关系的影响而变化。所以，对某些需要确保质量万无一失的关键工序和操作，一定要努力做到稳定情绪。保证正常工作。

人在工作场地或工作中吸烟、嬉斗、错视、错听和误判等属于错误行为，极有可能影响质量或造成事故。所以，对有危险源的作业现场，应严禁吸烟、嬉戏。当进入强光或暗光环境对工程质量进行检验测试时，应经过一定时间使视力逐渐适应光强度的改变，然后才能工作，以免发生错视。在不同的作业环境，应采取不同的色彩、标志，以免产生误断或误动。对指挥信号，应有统一明确的规定，以保证畅通，避免干扰。这些措施均有利于预防发生质量事故。总之，在使用人的问题上"以人为本"，应从政治素质、思想素质、业务素质和身体素质等方面综合考虑，充分发挥人的主观能动性，和强烈的责任感，在群体作用的发挥过程中需要注意"协同效应"，沟通和谐、团结互助、相互合作，这样群体工作效率高，效果好。

2. 材料的控制

加强材料的质量控制，是提高项目质量的重要保障，也是实现投资控制目标和进度控制目标的前提。这是因为，材料是项目实施的物质条件，材料质量是项目质量的基础，材料质量不符合要求，项目质量也就不可能符合标准。

（1）材料质量控制的要点

主要材料订货前，使用单位应将样品（或看样）、有关订货厂家的情况以及单价等资料向工程师申报，经工程师同设计、项目组织研究同意后方可订货。

对项目实施中用的主要材料，进场时必须具备正式的出厂合格证和材质化验单。如不具备或对检验证明有疑问，应向使用单位说明原因，并要求使用单位补检。所有材料检验合格证，均须经工程师验证，否则一律不准使用。

所有材料必须具有厂家批号和出厂合格证。

（2）材料质量的检验方法

材料质量检验是通过一系列的检测手段，将取得的材料质量数据与材料的质量标准相对照，借以判断材料质量的可靠性，从而确定能否在工程中使用。同时，也有利于掌握材料质量信息。材料质量的检验方法有外观检验、书面检验、理化检验和无损伤检验。

3. 设备的控制

设备是项目实施的物质基础，包括项目使用的机械设备、工具等。设备对项目进度的质量有直接影响，应根据项目的不同特点，合理选择、正确使用、管理和保养。

设备的选择是设备控制的第一阶段，其原则是因地制宜、因时制宜，按照技术、经济合理、生产适用、性能可靠、使用安全、操作轻巧和维修方便的要求，贯彻执行机械化、半机械化与改良相结合的方针，突出设备与项目实施相结合的特色，使其具有满足项目的适用性，保证项目质量的可靠性，使用操作的方便性和安全性。

设备的合理操作是进行设备控制的第二阶段，其原则是"人机固定"，实行定机、定人、定岗位责任制的"三定"制度。操作人员必须认真执行各项规章制度，严格遵守操作规程，防止出现安全和质量事故。

设备的验收是设备控制的第三阶段，要求按设计选型购置设备设备进场时，要按设备的名称、型号、规格和数量的清单逐一检查验收设备安装要符合有关设备的技术要求和质量标准试车运转正常，要能配套投产。

设备安装阶段主要是控制每一分项、分部和单位工程的检查、验收和质量评定。

安装完成后，还要参与和组织单体、联体无负荷和有负荷的试车运转，不能忽视对设备的检验。

最后的设备检验阶段要求有关技术、生产部门参加，重要的关键性大型设备，应由项目经理（总监）组织鉴定小组进行检验。一切随机的原始资料、自制设备的设计计算机资料、图纸、测试记录和验收鉴定的结论等应全部清点，整理归档。

4. 方法的控制

这里指的方法包括项目实施方案、工艺、组织设计、技术措施等。对方案的控制主要通过合理选择、动态管理等环节加以实现。合理选择就是根据项目特点选择技术可行、经济合理、有利于保证项目质量、加快项目进度、降低项目费用的实施方法。动态管理就是在项目进行过程中正确应用，并随着条件的变化不断进行调整。

5. 环境的控制

影响项目质量的环境因素较多，有项目技术环境，如地质、水文、气象等项目管理环境，如质量保证体系、质量管理制度等劳动环境，如劳动组合、作业场所等。环境因素对质量的影响具有复杂而多变的特点。例如，气象条件变化万千，温度、湿度、大风、暴雨、酷暑、严寒都直接影响工程质量，特别是在建筑工程中，这些影响因素对室外露天作业的施工工程，如基础工程、主体结构工程等的影响特别大。又如工程施工中，前一工序就是后一工序的环境，前一分项、分部工程也就是后一分项、分部工程的环境。因此，应根据项目特点和具体条件，采取有效措施对影响质量的环境因素进行控制。

（六）项目质量控制的依据

1. 项目质量计划和项目质量工作说明

项目质量计划明确了项目质量的最终要求，通过项目质量工作说明可以把项目质量的最终要求转变成项目质量控制的具体标准和参数。

2. 项目质量控制标准与要求

项目质量控制标准是根据项目质量计划和项目质量工作说明所制定的具体项目质量控制标准，根据项目质量目标和计划提出项目质量最终要求，制定控制依据和参数。通常这种参数要比项目目标和依据更为严格和更具可操作性。因为，如果不严格，就会经常出现质量失控现象，同时要采取相应的项目质量恢复措施，从而造成较高的质量成本。

3. 项目质量的实际结果

项目质量的实际结果的信息是项目质量控制的重要依据。主要包括项目实施的中间过程的结果、项目产出物的最终结果以及项目本身的质量结果。只有具备这类信息，人们才能将项目的质量要求和控制标准进行对照，从而发现项目质量问题，并采取项目质量纠偏措施，使项目质量保持在受控制状态。

4. 质量检查表

质量检查表是针对具体活动编写的，其目的是核实某些具体的质量工作环节是否已经实施，它还表明了这些具体环节的实施情况。

（七）项目生命周期与项目质量控制

项目具有一定的生命周期，要经历启动、规划、实施、收尾等各个不同的阶段，各阶段的工作内容、工作重点和取得的成果都不尽相同。因此，项目生命周期中每一阶段质量控制的内容和重点也有一定的差异。

1. 项目启动阶段的质量控制

项目启动阶段主要包括项目的可行性研究和项目决策。项目的可行性研究直接影响项目的决策质量和设计质量。所以，在项目的可行性研究中，应进行方案比较，提出对项目质量的总体要求，使项目的质量要求和标准符合项目所有者的意图，并与项目的其他目标相协调，与项目环境相协调。项目启动阶段是影响项目质量的关键阶段，项目决策的结果要能充分反映项目所有者对质量的要求和意愿。在项目决策过程中，应充分考虑项目费用、时间、质量等目标之间的对立统一关系，确定项目应达到的质量目标和水平。项目启动阶段是项目整个生命周期的起始阶段，这一阶段工作的好坏关系到项目全局。启动阶段的主要工作是确定项目的可行性，对项目所涉及的领域、投资、技术可行性、环境情况、融资等进行全方位的评估。在启动阶段，围绕项目质量问题所进行的主要工作是项目总体方案的策划及项目总体质量水平的确定。显然，启动阶段的成果将会影响项目总体质量，启动阶段所进行的质量控制工作是一种战略层的质量管理。

2. 项目规划阶段的质量控制

项目规划阶段是项目实施的前期阶段，需要对项目进行全面、系统的安排。无论什么项目，都需要经过开发、设计的规划过程。项目是否能够满足用户需要及其满足的程度，就取决于这一过程。显然，如果项目规划工作质量差，质量设计草率从事，就会给项目质量留下许多隐患。先天不足，必将导致后患无穷。

项目规划阶段的质量控制，是项目质量管理的起点，是项目质量管理的关键阶段。没有高质量的规划设计就没有高质量的项目。在项目开发、设计过程中，应针对项目特点，根据项目启动阶段已确定的质量目标和水平，使其具体化。设计质量是一种适合性质量，即通过质量设计，应使项目质量适应项目的使用要求，以实现项目的使用价值和功能应使项目质量适应项目环境的要求，使项目在其生命周期内安全、可靠，应使项目质量适应用户的要求，使用户满意。在项目规划阶段实施质量控制的主要方法是方案优选、价值工程等。

项目规划阶段的质量控制，主要包括三大内容：一是搞好质量设计，二是控制设计质量，三是进行质量预控。

（1）质量设计

项目开发人员应根据项目的使用要求，制定能够满足性能要求的设计方案，其中包括项目质量指标，进行质量设计。质量设计应能做到使项目安全可靠，以及万一出现故障能够便于采取修复措施（可靠性和可维修性）在项目实施期间尽可能经济可行（可操作性）。也就是说，质量设计既要考虑项目的使用要求，也要考虑项目实施的可行性和经济性。项目规划时，项目团队必须进行综合平衡，以确定最佳的项目方案。

（2）控制项目设计质量

项目的质量目标与水平，是通过设计使其具体化。设计质量的优劣关系到设计工作对项目质量的保证程度。设计质量包含两层意思：一是设计满足用户所需要的功能和使用价值，符合用户的意图，而用户所需的功能和使用价值，又必然要受到经济、资源、技术、环境等因素制约，从而使项目的质量目标与水平受到限制；二是设计必须遵守有关标准、规范、规程等相关法规。设计方案确定后，项目执行人员就必须严格按方案展开项目。为此，在设计过程中，应采取有效措施严加控制。

（3）质量预控

项目质量预控，就是针对控制对象预测可能造成质量问题的因素，拟订质量控制计划、设计控制程序、制定检验评定标准、提出解决有关问题的对策、编制质量控制手册等。这是一种科学的管理方法。通过采用这种方法，可以提高操作者的技术水平，有目的、有预见地采取有效措施，将项目实施过程中常见的质量问题和质量事故消灭在萌芽状态。可见，质量预控不仅是在项目规划阶段所要进行的质量控制工作，而且也是在项目实施阶段所需要进行的质量控制工作。

质量预控一般包括以下方面的工作：

①影响因素预测。在项目实施前，针对项目的特点和拟采用的工艺、方法、设备等，通过因素分析并参照以往的经验等途径，对在项目实施中可能出现的影响质量的因素加以分析、整理，并绘制成因果分析图。

②拟订质量控制计划。一个可行的质量控制计划必须有效而经济，为此，在制订计划时必须考虑项目质量目标、实施条件、工艺方法和设备、操作者的技术水平、项目投资等因素，并争取在这些因素间达到最佳平衡。

③设计控制程序。控制程序规定了在项目实施过程中，不同的阶段所需进行的质量控制内容和方法。

④制定检验评定标准。检验评定标准是判断项目质量状况的依据。应根据有关规范、标准，结合具体情况加以制定。检验评定标准的内容主要包括检验项目、检验方法、评定标准等。

⑤确定对策。根据所预测的影响项目质量的因素，提出对策，并归纳为对策表。

⑥编制质量控制手册。质量控制手册是项目质量控制的指导性文件，它涉及质量控制方针、依据、组织、方法、程序等多方面内容。在项目质量控制手册中，应根据目的类型和具体情况编制相应的质量控制手册。质量控制手册所包括的典型内容有：

质量控制的依据。包括所采用的规范、标准、手册等。

管理、组织及人员。应明确质量控制组织机构，质量保证组织结构，分管人员及各种组织、管理制度。

质量控制规程。包括质量控制方针、质量控制规程的拟订和发布质量检查制度、抽样检验方案、质量控制图等。质量控制规程是质量控制的指南，是一项不同于作业规程的重要技术文件，要本着既具体又简明扼要的原则进行编写，以便于执行。

质量控制文件。包括试验程序、检验规程、作业指导书、各项质量保证程序、补救措施的申请等文件。

质量控制记录及保存。明确记录的内容及记录的保存等有关问题。

培训大纲。包括采用的培训教材、培训方法，明确参加培训的人员。

原材料的控制。包括原材料的采购程序、货源的选择、采购订货的审查与批准、进料检查、原材料的保管及质量控制等内容。

项目实施过程控制与工序控制。包括控制要点、控制方法、控制效果与评价方法等。

合格控制。包括合格质量标准、合格控制方法等。

故障分析与补救措施。包括故障分析、故障排除方法和技术等。

3. 项目实施阶段的质量控制

项目实施是项目形成的重要阶段，是项目质量控制的重点。项目实施阶段所实现的质量是一种符合性质量，即实施阶段所形成的项目质量应符合相关质量要求。

项目实施阶段是一个从输入、转化到输出的系统过程。项目实施阶段的质量控制，也是一个从对投入品的质量控制开始，到对产出品的质量控制为止的系统管理过程。

项目实施阶段的不同环节，其质量控制的内容不同。根据项目实施不同阶段，可以将项目实施阶段的质量控制分为事前质量控制、事中质量控制和事后质量控制（前文已简要论述）。我国实行强制性的工程监理制，就是为了加强工程实施阶段的质量控制。

（1）项目实施准备阶段的质量控制

准备是项目实施的前奏。准备工作的好坏，不仅对项目的高速、优质完成产生直接影响，而且对项目质量起到一定的预防、预控作用，因此，应重视准备阶段的质量控制工作，此阶段，可通过从项目源头抓起，开展技术培训提高项目实施人员技术水平及质量意识等做好实施初期质量控制工作。

（2）实施阶段质量控制

项目实施阶段是形成项目实体的重要阶段，也是形成最终项目产品的重要阶段。所以，项目实施阶段的质量控制是项目质量控制的重点。项目能否保证达到所要求的质量标准，在很大程度上取决于项目参与者的技术能力及实施过程的质量控制工作水平。可见，加强项目实施阶段的质量控制，是保证和提高项目质量的关键，是项目质量控制的中心环节。项目实施阶段质量控制的主要任务是：建立能够保证和提高项目质量的完整体系，抓好每一环节的质量控制，保证工程质量全面达到或超过质量标准的要求。

项目实施阶段质量控制的重点是：影响项目质量的因素、工艺和工序。

①质量因素的管理（前文已论述）

②工艺质量控制

工艺是直接加工或改造劳动对象的技术设施和方法。在项目实施过程中，各种因素都将会对工艺过程产生影响，这种影响将会导致项目质量的变化。所以，工艺过程本身也有个质量问题，即工艺质量。工艺质量稳定良好，可以提高项目质量的稳定性，因此必须加强对工艺的质量控制。工艺质量要重点抓好以下几项工作：

预先向操作者进行工艺过程的技术交底，说明工艺质量要求以及操作技术规程。

严格按工艺要求作业。

加强监督检查，及时发现问题、解决问题。

不断进行技术革新、改进工艺，采用新工艺、提高技术水平。

使工艺的质量控制标准化、规范化、制度化。

③工序质量控制

工序指一个（或一组）工人在一个工作地（如一个作业面）对一个（或若干个）劳动对象连续完成的各项生产活动的总和。项目就是由一系列相互关联、相互制约的工序所构成。要保证和提高项目质量，首先应管理好工序质量。

工序质量是项目质量的基础，工序质量的状况将直接影响项目的整体质量。因此，项目实施阶段质量控制的关键是加强对工序的质量控制。所谓工序质量控制，就是根据各工序的特点，按照事先拟订的工序质量标准，运用质量控制的各种方法，对工序进行管理的过程。工序质量包括两方面的内容：一是工序活动条件的质量；二是工序活动效果的质量。从质量控制角度看，这两者是互为关联的，一方面要控制工序活动条件的质量，使每道工序投入品的质量符合要求另一方面，要控制活动效果的质量，使每道工序所形成的产品都能达到相关质量标准。

工序质量控制，就是对工序活动条件的质量控制和对活动效果的质量控制，以实现对整个项目实施过程的质量控制。

工序质量控制的原理，采用数理统计方法，通过对工序样本数据进行统计、分析，来判断整个工序质量的稳定性。若工序不稳定，则应采取对策和措施予以纠正，从而实现对工序质量的有效控制。其基本步骤是：检测（采用必要的检测工具和手段，对工序进行检测）；分析（采用数理统计的方法对所得数据进行分析，为正确判断工序质量状况提供依据）判断（根据分析结果，判断工序状态。如数据是否符合正态分布状态，是否在控制图的控制界限之间；是否在质量标准规定的范围之内；是属于正常状态还是异常状态，是由偶然因素引起的质量变异，还是由系统因素引起的质量变异等）对策（根据判断的结果，采取相应的对策。若出现异常情况，则应查找原因，予以纠正，并采取措施加以预防，以达到控制工序质量的重要目的）。

进行工序质量控制，主要应注重以下几方面工作：

严格遵守操作规程。操作规程是项目实施的依据之一，是确保项目质量的前提，必须严格执行。

主动管理工序活动因素的质量。工序活动条件包括的内容较多，主要是指影响项目质量的五大因素，即人、材料、方法、设备和环境等。只要将这些因素有效地加以控制，使其处于被控制状态，确保工序投入品的质量，避免系统因素发生变异，就能保证每道工序质量正常、稳定。

及时检验工序活动效果的质量。工序活动效果是评价工作质量是否符合标准的尺度。因此，应加强质量检验工作，对质量状况进行综合统计与分析，及时掌握质量动态，并针对所出现的质量问题及时采取对策，自始至终使工序活动效果的质量满足相关要求。

设置工序质量控制点。控制点是为了保证工序质量而需要进行控制的重点部位、关键部位或薄弱环节。设置控制点能够在一定时期内、一定条件下进行强化管理，使工序处于良好的控制状态。

工序质量控制点的选择：工序质量控制点是指在一定时期内，一定条件下，将需要特别加强监督和控制的重点工序、重点部位或反映工序质量的重点质量指标，明确列为质量控制的重点对象，并采用各种必要的手段、方法和工具对其实施控制。

正确设置控制点，抓住关键，是有效进行工序质量控制的前提。就一个项目、一道工序来说，究竟应设置多少个控制点，需要在对项目、工序进行系统分析的基础上加以选择。

质量控制点设置的原则，是根据项目的重要程度，即质量特性值对整个项目质量的影响程度加以确定。因此，在设置质量控制点时，应对项目进行全面分析、比较，以明确质量控制点还应进一步分析所设置的质量控制点，在项目实施过程中可能出现的质量问题，或造成质量隐患的原因，针对原因，采取相应的对策予以预防。可见，设置质量控制点，也是对项目质量进行预控的有力措施。

质量控制点的涉及面较为广泛，根据项目特点，视其重要性、复杂性、精确性、质量标准和要求加以确定。无论是操作环节、材料、设备、流程、技术参数、作业顺序、自然条件、项目环境等，均可作为质量控制点来设置。重要的是视其对质量特征影响的大小及危害程度而定。就一个项目而言，应选择影响项目质量的关键工序、关键部位，对下道工序的进行将会产生重大影响的工序，质量不稳定，出现质量问题较多的工序等作为控制点。就一道工序而言，应选择反映工序质量的关键要素作为控制点。

质量控制点的设置是保证项目质量的有力措施，也是进行质量控制的重要手段。

在工序质量控制过程中，首先应对工序进行全面分析、比较，以明确质量控制点然后应分析所设置的质量控制点在工序进行过程中可能出现的质量问题，或造成质量隐患的因素，并加以严格控制。

控制变量的确定：项目实施中各环节、各工序有着各种质量指标，可以用来表示其作业效果，但是各种质量指标对作业效果的影响程度各不相同，有的敏感，有的则不敏感。工序质量控制，主要就是对影响作业效果的某些指标加以控制，这些用来控制的质量指标被称为控制变量。控制变量的选取将直接影响控制效果，因此，合理选择控制变量是至关重要的。控制变量的选取应考虑的原则包括：控制变量应限于本工序范围内的某些质量指标，而不是本工序以外的指标应以影响本工序质量的关键指标或当前存在严重问题的质量指标作为控制变量所选择的控制变量应便于量化，能用数据表示：所选择的控制变量应易于测定。

控制程序：工序质量控制的基本原理是：采用数理统计方法，通过对工序一部分（子样）检验的数据，进行统计、分析，以判断工序的质量是否稳定、正常若不稳定，产生异常情况，则必须采取对策和措施予以改进，从而实现对工序质量的控制。工序质量控制的基本原理决定了工序质量控制的程序。

工序质量控制可以简单归纳为计划—执行—检查—处理的管理控制循环系统，其具体程序如下：

确定各控制点的质量目标。根据质量方针（总的质量宗旨和质量方向）确定控制点应达到的质量水平。

制定标准、规程。对所控制的工序，应确定切实可行的质量标准、技术标准、作业规程等技术文件以指导作业。质量标准系指在充分考虑项目质量要求、质量目标和技术水平等基础上，对相应工序的质量提出的定量和定性要求，技术标准主要规定了为使工序质量达到质量目标应采取的技术途径，和方法作业规程应明确具体的操作程序和要求。这些标准和规程的制定，主要依据工序特点、工序所具备的条件、工序所要达到的目的及质量控制手册等有关技术文件。工序的有关标准和规程既是项目实施的指南，也是进行工序质量控制的依据。

培训。为使工序能够按规程进行，并满足相应的标准，操作者必须预先了解、理解有关标准和规程，并贯彻到实际操作过程中。为此，必须根据各有关标准及规程，对所有操作者进行专门培训。

作业。作业应在制定标准、规程并进行培训的基础上进行。实际操作应严格执行标准及规程，尽量避免异常因素的影响，使工序质量处于正常稳定状态。

工程质量检查及判断。随着工序的进行，应认真采集反映工序质量的数据（控制变量），并采用相应的手段（主要是控制图法）加以处理，进而判断工序质量状态。

寻找原因、制定对策。根据工序质量状态判断结果制定对策。若工序质量稳定，则可继续作业如果工序质量失控，则应采用因果分析图、排列图等方法寻找失控原因，在此基础上制定对策、改善工序。工序质量控制的实际意义就在于此。

标准、规程的修订。根据所出现的问题和采取的对策，对有关标准和规程进行必要的修订。

（八）项目质量控制的结果

项目质量控制的结果是项目质量控制和质量保障工作的综合结果，也是项目质量管理全部工作的综合结果，主要内容包括：

（1）项目质量改进。项目质量的改进是指通过项目质量的管理与控制带来项目质量的提高，采取措施来提高项目的效率。项目质量的改进是项目质量控制和项目质量保障工作共同作用的结果，是项目质量控制最为重要的一项结果。

（2）接受项目质量的决定。接受项目质量的决定包括两个方面：一是项目质量控制人员根据项目质量标准对已完成的项目工作结果进行检验后，对该项工作结果所做出的接受和认可的决定。二是项目业主（或客户）或其代理人根据项目总体质量标准对完成的整个项目工作结果进行检验后，对项目做出的接受和认可的决定。一旦做出了接受质量的决定，就表示一项工作已经完成或一个项目已经完成，如果做出不接受项目质量的决定就应要求返工。

（3）返工。返工是指在项目质量控制中发现某项工作存在着质量问题并且其工作结果无法被接受时，通过采取行动将有缺陷的或不符合要求的项目工作变成符合要求或符合质量要求的一项工作，它也是项目质量控制的一种结果。返工的原因有三个：一是质量计划考虑不周；二是质量保障不力；三是出现意外原因。返工所带来的不良后果有三个：一是延误项目进度；二是增加项目成本；三是影响项目和项目团队形象。重大返工或多次返工有时会导致项目成本突破预算及无法在批准的工期内完成。在项目质量管理中，返工是最严重的质量问题，因为这是一种坏的质量控制结果，是一种质量失控的结果，项目团队应采取有效的控制措施，尽量避免返工。

（4）核验结束清单。核验结束清单是项目质量控制工作的一种结果。当使用核验清单开展项目质量控制时，已完成核验的工作清单也是项目质量控制报告的一部分。这一项目质量控制的结果通常可以作为历史信息使用，以便在下一个项目能够对项目的质量控制做出必要的调整和改进。

（5）项目调整。项目调整是项目质量控制的一种阶段性和整体性的结果。它是根据项目质量控制中所出现的问题（一般是比较严重的，或事关全局性的项目质量问题）或者是根据项目各方提出的项目质量变动请求对整个项目的过程或活动立即采取的纠正和改变。在某些情况下，项目调整是不可避免的。例如，当发生了严重的质量问题或重要的项目变更等情况，都会产生项目调整这一结果。

第八章　建筑安全防护管理

第一节　建筑安全防护设施相关法律

一、建筑安全技术法规的管理

（一）技术法规的内涵

1.技术法规的概念

不同国际组织从不同角度对技术标准进行了定义,国际上一般以世界贸易组织(WTO)的定义为主。

WTO/TBT的定义为："技术法规是规定强制执行的产品特性或与其相关工艺和生产方法、包括适用的管理规定在内的文件。该文件还可包括或专门关于适用于产品、工艺或生产方法的专门术语、符号、标志或标签要求"。技术法规一般是指规定强制执行的产品特性或其相关工艺和生产方法(包括适用的管理规定)的文件,以及规定适用于产品、工艺或生产方法的专门术语、符号、包装、标志或标签要求的文件。这些文件可以是国家法律、法规、规章,也可以是其他的规范性文件,以及经政府授权由非政府组织制定的技术规范、指南、准则等。

在建筑领域,建筑技术法规的定义一般是以1984年联合国经济与社会发展委员会发布的《建筑法规术语及其定义》中的定义为准:建筑技术法规是一种法定权力机构所接受的约束性文件,它由技术性规定和涉及技术性规定的文件组成,其中还包括一些适用的管理性条款。

建筑技术法规一般是由政府主管部门批准发布,在政府管辖范围内强制执行,为保障建设领域中工程建设的质量、安全、卫生、环境等,能满足统一的技术要求和管理要求而作的、符合特定的工作程序和要求的规定,它依靠或影响现行的自愿采用的工程建设技术标准。

工程建设技术法规是一种强制执行的技术文件,其内容一般包括管理要求和技术要求两个部分。管理要求主要是建筑工程管理和建筑标准化管理的一些规定。技术要求主要提出 WTO/TBT 协议中"正当目标"范围内的各项要求，即安全、卫生、环保、节能等直接涉及公众基本利益和国家长远利益的强制性技术要求。

2. 技术法规的特点

（1）工程建设技术法规具有强制性的特征

工程建设技术法规规定的都是直接关系到工程质量和安全、人体健康和人们生命财产安全、环境保护和资源的合理利用与节约、技术进步的推动等国家基本经济政策实现的内容。纳入技术法规的内容都要严格贯彻执行，违反或不执行时要进行处罚。

（2）工程建设技术法规具有技术和管理的综合性特征

工程建设技术法规既包括技术的要求也包括管理的要求，因此具有综合性。

（3）工程建设技术法规具有较好的稳定性和适应性

编制工程建设技术法规时，一般是以功能为基础或者是以目标为基础来进行编制的，目标和功能部分措辞比较稳定，一般不需要修改，而技术的性能和方法性条款一般需要随着技术的进步而及时调整，以适应社会的发展需要，因此技术法规又具有良好的适应性。

（4）工程建设技术法规具有约束范围广的特征

由定义可以看出，工程建设技术法规不仅对建筑产品特性或工艺涉及质量、安全、环境保护、卫生等方面做出了技术性的规定，还对适用于产品的相关过程或生产方法以及一些适用的管理性规定做出了约束。

（5）工程建设技术法规具有表现形式多样性的特征

工程建设技术法规不仅包括国家法律，还包括政府法令、部门规章等强制性文件。

3. 技术法规的作用

在建筑生产领域，技术法规可以在施工机具、施工工艺、施工流程和施工方法上进行安全、卫生、环境保护方面的强制性要求，从而保障建筑职业健康与安全。

（二）技术法规的制定与管理

1. 制定技术法规的规则

按照国际建筑联合会和国际标准化组织的要求，制定工程建设技术法规与技术标准的一般原则如下：

（1）对于直接涉及国家长远利益的环保、节能等技术要求以及公众基本利益的安全、卫生等技术要求的领域，应该按照指令性模式制定工程建设技术法规。工程建设技术法规是强制性技术文件，必须严格执行。

（2）对于不直接涉及国家长远利益及公众基本利益的技术要求，应该按照陈述性模式制定工程建设技术标准。工程建设技术标准是非强制性技术文件，企业可以自愿采用。

（3）对于某些建筑产品或技术，如果能够达到技术法规的要求，可以不采用非强制性的技术标准。

（4）TBT 协定倡导各成员国在制定、采用和实施工程建设技术法规时应尽量协调一致，尽量采用已有或即将制定的国际标准，并积极鼓励成员国参与国际标准的制定，尽量使工程建设技术法规完善。

（5）TBT 协定倡导各成员国平等对待国际技术法规，即使这些技术法规与自己的存在差异，也应该平等对待。

2. 国外建筑安全技术法规的制定与管理

（1）欧盟

欧盟是由 25 个欧洲国家组成的经济联盟，实行统一的市场机制，为了消除建筑安全事故对各方的影响，保证安全生产，欧盟实行了一套由强制执行的技术法规和非强制执行的协调标准构成的建筑安全技术管理体系。

欧盟的技术法规属于法律层面，主要形式是条例、指令和决定，对各个成员国都具有约束力。技术法规由欧盟委员会提出建议草案，经欧洲议会审议，并经欧盟理事会批准后，由各成员国结合本国法律发布相应的执行指令来贯彻实施。在 22 本现行的欧盟技术法规中，有一个名为《建设产品指令》的技术法规是关于建设工程的，它的内容包含管理性条款和基本技术要求两部分。

欧盟建设工程技术法规中只对有关人身与财产安全、人体健康、环境保护和公众利益等技术事宜提出了原则性的要求，而实现这些要求的技术途径则由欧洲协调标准作出规定。根据欧盟的规定，凡是属于欧盟建筑技术法规规定范围内的产品，必须满足技术法规提出的基本要求才允许进入欧盟市场中流通和使用。技术法规的基本要求包括：结构抗力与稳定性、火灾时的安全、卫生、健康与环境要求、使用中的安全和噪声防护等。技术法规规定凡是符合欧盟协调标准并获准使用 CE 合格标志的产品或符合欧洲技术认可指南并获得 CE 合格标志的产品，就认为符合欧盟建筑技术法规的基本要求，从而才允许在欧盟市场中流通和使用。

（2）美国

在美国法规体系中，并不存在独立的技术法规类别。美国联邦法律法规的体系、脉络、形式、内容主要存在于《美国法典》（United State Code，USC）和《美国联邦法规法典》（Code of Federal Regulation，CRF）中，因此美国的建筑安全技术法规也同样存在于 USC 和 CRF 中。

美国技术法规和其他法规的立法程序一样，统一由国会立法。当国会通过立法设立一个联邦管理机构或授予一个现存机构某项新权力时，通常会包含一系列的直接的或间接的政策目标的授权条款。地方建筑技术法规由地方政府委托国家授权的相应组织制定，并结合本地区的实际情况进行相应的修订，然后公开征集意见，若无异议，则由地方政府管理机构负责实施。按照《行政程序法》的要求，对于条例性的法规立法，国会一般授权各联邦政府部门及其机构在各自的职权范围内承担立法工作，国会提供指导并审议。美国的技术法规一般是通过《联邦纪事》（Federal Register）上发布的，而实施部门既有联邦政府部门，又有联邦独立机构。

（3）日本

日本的法律体系包含四个层次：法律、政令、省令和通告。在法律体系中，并不独立的存在技术法规类别，只有按照工业安全、产品安全、保护消费者权益、保护环境、健康方面的法规才是技术法规。日本的技术法规一般是由政府各行政部门组织制定，然后通过省令或通告的形式发布的，只有极少数以条例或规则的形式发布。

（4）俄罗斯

俄罗斯的建筑技术法规是以原苏联建筑技术法规为基础，根据新的经济体制结构来进行调整的。它的主要目标是发挥行业企业和专家的独立性和创造性，并维护广大群众的基本利益。俄罗斯编制建筑技术法规的程序一般为：委托授权相关组织编制建筑法规、草案的初步形成、讨论审议、终稿的形成、送交主管机构审查、批准并登记、出版。

俄罗斯联邦国家建委技术法规管理局是俄罗斯建筑技术法规的主管机构。在建筑安全管理方面，俄罗斯主要的技术法规有《建筑安全技术》。

（5）德国

德国的建筑技术法规是各州建筑技术法规的统称。各州是以德国联邦议会制定和颁布的《建筑模式法规》为准则，在此基础上制定的适合本州的建筑技术法规，并在各自区域内强制执行。德国建筑技术法规包括三个层次：法律、建筑法规和法规的执行指南。其中，《建筑模式法规》是德国现行的建筑技术法规，它是一种原则性的规定，是各州制定本州建筑技术法规的模本。《建筑模式法规》由国家授权委托的一个专门机构——联邦德国建筑技术研究院（DIBT）负责组织制定、公布和管理工作。由于《建筑模式法规》不够具体，没有提供达到目标的方法、手段和定量指标。因此，DIBT组织编制了"模式目录"，以便使《建筑模式法规》的规定能落到实处。德国建筑技术法规的主要内容包括管理要求和技术要求两个部分。

（6）英国

在英国，法律一般是由议会来负责起草和审议，政府相关部门提供咨询和协助服务。英国的建筑技术法规包括三个层次：法律、条例和技术准则。其中法律是最高层次，具有最高的法律效力，一般是由议会授权委托相关机构负责草案的起草工作，然后会同英国副首相办公室（ODPM）的法律组官员进行审议，并最终形成一个法案的出台。建筑条例是由英国交通地方区域部（DTLR）负责起草和管理的，一般是在建筑法律的基础上，广泛征求社会的意见，并提交相关部门进行咨询，没有异议后，由ODPM的内阁大臣签署颁布并实施。建筑技术准则则是用来支持建筑技术条例的一个专门的技术文件，它的制定和修改一般在建筑技术条例的框架内进行，主要由ODPM的建筑条例部负责制定和实施。

3. 国内建筑安全技术法规的制定与管理

和英国一样，我国的工程建设技术法规也包括三个层次：法律、条例和技术准则。其中法律层次的技术法规为《中华人民共和国建筑法》，条例层次的技术法规为《建设工程勘察设计管理条例》和《建设工程质量管理条例》，技术准则层次的技术法规为《强制性条文》。工程建设技术法规是由国务院授权委托专门机构负责组织编制、审查和管理工作，并由国务院工程建设主管部门负责立项、批准和发布的。

《中华人民共和国建筑法》是涉及工程建设技术管理的主要法律，共八章八十五条，它立法的目的在于加强建筑活动中的监督管理，维护建筑市场稳定，保障建筑工程的质量和安全，促进建筑业的健康稳定发展。《建设工程质量管理条例》和《建设工程勘察设计管理条例》则就如何保证工程质量，分别对建设单位、施工单位、勘察设计单位和监理单位的责任和义务进行了规定。《强制性条文》则一般直接涉及工程质量、安全、卫生及环境保护等方面，它是通过对工程建设技术强制性标准中必须执行的技术内容进行摘编而形成的。

二、建筑安全技术标准的管理

（一）技术标准的内涵

1. 技术标准的概念

WTO/TBT 对技术标准的定义为："技术标准是基于协商一致，被公认标准化机构批准的，为了通用或反复使用为目的的，为产品或其加工和生产方法提供规则、导则或特性的非强制性技术文件，是重复性的技术事项在一定范围内的统一规定。"在建筑领域，工程建设技术标准是由政府建设管理部门授权专门的标准化组织或机构制定的，专门针对建设工程的勘察、设计、施工、安装、验收和管理活动的技术性文件。一般包括强制性的和非强制性的技术要求，并由专门的管理部门负责监督实施。

2. 技术标准的特点

（1）工程建设技术标准具有较强的生产属性

工程建设技术标准是关于建筑产品生产过程的技术规定，按照技术规定的方法或规范来组织生产，可以保证建设产品的质量，并减少安全生产事故的发生，从而降低工程的安全生产成本，提高安全生产效益。因此，它具有较强的生产属性。

（2）工程建设技术标准具有较强的技术性和可操作性

工程建设技术技术标准是通过国内专家学者验证后的技术条文，是经过实践检验的产物，并符合技术先进的原则。同时，它能最大限度地发挥技术的作用，保证建设活动的安全、高效的运行。因此，它具有较强的技术性和可操作性。

（3）工程建设技术标准具有很强的经济性

工程建设技术标准是一套规范的生产方式，它不仅能减少安全事故的发生，而且能够提高项目的经济效益、社会效益和环境效益，因此，它具有很强的经济性。

（二）技术标准的制定与管理

1. 国外建筑安全技术标准的制定与管理

（1）英国

英国是一个君主立宪制国家，它的工程建设技术标准是由英国议会委托专门的独立的非营利性组织英国标准化协会负责组织编制和管理的，它是政府授权发布技术标准的唯一组织。对于一些专业性不是特别强的规范与标准，政府有时也委托一些专门的职能部门进行编制工作。当编制一套技术标准时，一般是由 BSI 组织成立一个专家小组进行编制，这些专家大多来自于高校、科研机构及建筑业各专业协会或组织。

当然，政府也有代表参加，但是他们的工作主要是协调各方关系及解释建筑技术法规的要求。因此，工程建设技术标准是专家集体智慧的结果，而不是政府主导的产物。这些技术规范与标准有些是必须遵守的，有些是可选择遵守的，建筑业参与各方可以根据自己的具体情况和条件选择执行，还有部分是指导性质的，仅供建筑业参与各方参考。

（2）俄罗斯

俄罗斯是一个联邦制国家，由于受计划经济的影响，在工程建设技术标准方面的制定和管理方面是独立进行的。它的制定和审批是由俄罗斯联邦国家建设与市政住房综合委员会（简称国家建委）来进行管理的。在标准实行时，俄罗斯联邦国家建委有专门机构和专门人员进行检查和监督，并明确了国家检查员以及各联邦检查员的责任、权利和义务，这是俄罗斯联邦为了维护国家标准的严肃性和规范性的一项重要举措，也是保证标准顺利推广的一种有效的方法。在编制工程建设技术标准时，标准化技术委员会及各专业协会或学会必须遵循俄罗斯联邦法律和建筑技术法规及其他标准文件，尽量避免冲突。同时，标准的编制还应综合考虑近年的技术成果和国际化趋势的要求，保持标准的技术先进性。

（3）德国

德国的工程建设技术标准由政府授权专门的非营利性标准化管理机构——德国标准化协会（DIN）统一制定、发布和管理技术标准。该机构于 1975 年与德国政府签署协议，获得政府的委托，拥有技术标准的管理权和审定权。DIN 在编制技术标准时，会邀请各个学会、协会、标准委员会按照统一的要求相互配合，形成一个良好的分工系统。在标准制定阶段，重点发挥各协会、学会和标准委员会的作用，而在标准的管理阶段则依靠各地区的工作委员会来进行共同的管理。在标准的实施阶段，主要由 DIN 下设的标准实施委员会来执行和反馈，从而促进标准的修订工作。

（4）美国

美国是一个联邦制国家，它的技术标准是由政府授权委托相关行业协会来进行编制和修订国家技术标准工作的，如美国国家标准学会（ANSI）、全美试验及材料协会（ASTM）、美国混凝土院（ACI）、国家防火协会（NFPA）等。它的技术标准管理工作由美国技术标准院（NIST）统一进行管理，它的主要作用是协调各州之间的标准化问题、督促标准的实施等。

2. 国内建筑安全技术标准的编制与管理

我国的标准分为：国家标准、行业标准、地方标准和企业标准四个层次。目前主要由国家授权的非营利机构中国工程建设标准化协会组织技术标准的制定和修改工作，政府只是起一个指导作用。一般来说，技术标准制订的工作程序包括准备、征求意见、送审和报批四个阶段。如果得到主管部门的审批，则由授权的相关部门发布。

根据《中华人民共和国标准化法》第七条规定，我国的国家标准和行业标准分为强制性标准和推荐性标准两种类型。对于直接涉及公众利益和国家长远发展需要的技术标准属于强制性标准，其他则属于推荐性标准。各省、自治区和直辖市可根据本地区的情况制定相应的强制性标准和推荐性标准。

我国技术标准的管理机构包括两部分：政府管理机构和非政府管理机构。对于国家技术标准，是由国务院标准化行政主管部门进行管理，由国务院工程建设行政主管部门审查批准并发布。对于行业标准，是由国务院有关行政主管部门进行管理，并报国务院。对于地方标准，是由地方（省、自治区和直辖市）标准化行政主管部门管理，并报国务院工程建设行政主管部门备案。非政府管理机构包括政府主管部门委托的负责工程建设标准化管理工作的机构以及其他社会协会、学会等团体机构。

中国工程建设标准化协会（CECS）是独立的非营利性社会组织，是政府部门授权制定工程建设技术标准的组织，它的职责为：宣传普及工程建设标准化知识、接受政府部门的委托，组织编写工程建设标准、制定并审核强制性和非强制性标准、协助企业编制企业标准、开展工程建设标准化培训和学术活动、出版发行《工程建设标准化》、组织开展工程建设标准化的国际合作与交流、为政府部门在工程建设标准化方面建言献策等。

三、建筑安全技术法规与技术标准的互动关系

（一）技术法规与技术标准的区别

1. 技术法规与技术标准的区别主要表现在以下三个方面

（1）法律效力上不同

技术法规是强制执行的，而技术标准一般是推荐执行的，只有当被技术法规引用后才具有强制性。

（2）制定发布机构不同

技术法规一般是由政府部门制定和发布，而技术标准一般是政府授权委托相关社会组织机构来制定和发布。

（3）制定批准程序不同

技术法规的制定必须通过一定的立法程序，一旦通过就成为法律文件，应无条件执行。技术标准制定的基本原则是广泛参与和协商一致，最后投票表决通过，通过后仍然可以不

执行。

2.技术标准对技术法规的功能补充

（1）有利于弥补立法不足，协助法规规范市场

工程建设法规属于法律的层面，对于技术的要求不可能做出详细的规定，而工程技术标准正好可以起到补充的作用，它是一种规范性的陈述文件，里面对于技术的要求比较详细具体，可以协助法规规范市场的秩序。

（2）有利于工程建设技术法规目标的实现

工程建设技术法规是企业建设活动的工作准则，可以规范市场的行为。为了达到这一目标，必须有一套建设活动的标准来进行明确的规定，因此工程建设技术标准就是为了保证建筑产品质量和安全的一个度，它可以用来保证技术法规目标的实现。

（3）有利于发挥市场的自我调节作用

工程建设技术法规是由政府来进行管理的，而工程建设技术标准是由市场中的相关学会和协会来进行制定和管理的。在工程技术标准的实施过程中，采用的是推荐和资源采用原则，这样符合市场经济的要求，各个省可以选择符合自己地区要求的标准进行管理。这样可以减少政府统一管理带来的弊病，发挥市场的自我调节作用。

（二）技术法规与技术标准的互动关系

1.工程建设技术法规和技术标准存在三种互动关系

（1）良性互动

当工程建设技术法规和技术标准呈良性互动关系时，两者是相辅相成、协调统一的关系。一方面，工程建设技术法规可以规范市场秩序，促进工程建设技术标准的实施；另一方面，工程建设技术标准可以对工程建设技术法规的行政手段进行补充，充分发挥市场的自我调节作用。

（2）中性互动

当工程建设技术法规和技术标准呈中性互动关系时，两者是混淆不清的关系。一方面，工程建设技术标准在推广新技术、保证职业健康与安全、保护环境等方面做了强制性的规定，促进了整个建筑行业的发展；另一方面，由于两者功能划分不够明晰，导致一些不必要的措施进行了强制的实施，浪费了大量的社会资源，也难以发挥市场的自我调节作用，不利于新技术、新材料、新工艺、新设备在工程建设中的推广应用。对于一些需要强制执行的技术要求又没有进行强制实施落实，难免会影响工程的质量和安全，不利于建筑业的良性发展。

（3）恶性互动

当工程建设技术法规和技术标准呈恶性互动关系时，两者是各自独立的关系。一方面，如果工程建设技术标准的制定缺乏开放性和透明度，那么很多技术规定将缺乏科学性和适用性，将不能达到保证职业健康安全的目的。另一方面，如果工程建设技术法规落后于社

会的发展要求，那么强制实施时，就会对整个社会产生巨大的负面影响，阻碍社会的发展步伐。此外，技术法规制定得不好，也会对技术标准的实施和技术的发展起到阻碍作用。

四、完善我国建筑安全技术法规和技术标准体系的建议

（一）加强对立法理论的研究

长期以来，我国对有关立法规范化、立法表述、立法技术、立法程序等方面的理论研究跟不上时代发展要求，由此导致我国制定的法律、法规条款常出现以下问题：

1. 某些条款在语言表达上不够明确，过于笼统、抽象、原则，在执行时往往难以准确把握。

2. 某些条款政策性色彩过浓，很难或根本无法实施。

法是作为司法机关的办案依据的社会规范。这是法之所以为法的一个不可缺少的一个重要特征，也是一个重要标志。某些带有很强政策性的条款不具备法的这一特征，不宜出现在法律条款中。

3. 某些条款显得多余。

4. 某些条款规定相互矛盾、冲突，在执行时无所适从。

5. 某些条款的规定不完整，只有行为模式，没有后果模式，无法兑现这些条款的授权性规定，也无法处罚触犯这些禁止性规定的行为。

6. 某些条款的规定滞后问题严重，若加以实施往往会阻碍建筑业的发展。

以上存在种种问题的产生不单单是建筑业管理法规体系，而是对整个国家立法理论研究提出了迫切的要求。

（二）深化建筑安全技术法规体制改革

为了符合 WTO/TBT 关于技术法规和技术标准国际化的要求，符合市场经济发展的方向，我国应该深化建筑安全技术法规的体制改革，具体建议如下：

1. 国外对于工程建设技术法规和技术标准的法律属性和表达方式有很大差异，既可以满足技术法规强制性的要求，又可以满足技术标准的自愿原则，具有较大的灵活性。而我国采用的是强制性标准和推荐性标准相结合的制度，两者虽然都属于标准，但是属性不一致，而两者的制定过程和表达方式却没有本质的差别，只是在执行时采用的方式不一致，这样很难进行推广和监督，不利于建筑行业的稳定发展。因此，我们可以参照国外比较有效的做法，改变现有的强制性标准和推荐性标准相结合的体制，逐步过渡到技术法规——技术标准体制。技术法规一律强制执行，技术标准一律自愿采用。这样既便于制定和修改，又便于实施和监督执行。

2. 国外的工程建设技术法规只是一些宏观的原则性条款，不需要频繁的修改，而工程建设技术标准是对现阶段生产管理水平的一些技术性条款，需要随着技术的发展而不断修改，而我国强制性标准和推荐性标准往往需要同步修改。因此，我们可以参照国外的做法，

使二者分开，缩短建筑法规的修改周期，减少修订的成本。

3. 国外的工程建设技术法规一般包括管理性规定，主要是关于实施技术法规的一些要求，而我国多采用专门的文件进行发布，由于发布方式不同，往往容易常常造成实施管理规定与实施技术要求产生脱节。因此，我们可以参照国外的做法，把管理性规定融合到技术法规里同时发布。

4. 国外大多数经济发达国家和地区，一般只有一本工程建设技术法规，集中规定强制执行的工程建设技术要求和生产方法以及一些适用的管理规定。而我国现行的建设工程强制性标准有260多本，涉及的种类繁多而且分散，不利于工程建设技术标准的推广和落实。

5. 国外大多数经济发达国家和地区推广了以强制性技术要求为主的建筑市场准入制度，如欧盟的CE认证。这样不仅可以保证建筑产品的质量，还可以保证安全生产的要求。因此，我国也可以结合目前工程建设的状况和特点，建立类似的市场准入制度。一方面，对于有标准可依的建筑产品和技术，可以采取强制认证的方式进入建筑市场；另一方面，对于目前尚无标准可依的建筑新产品和新技术，应尽早建立认证制度来进行认证，达到技术要求后才可以进入建筑市场。

6. 国外的工程建设技术法规一般由政府主管部门制定和管理，工程建设技术标准一般由政府授权委托专业化的学会或协会制定和管理，使两者在本质上有较大的差别，更加利于实施和监督。而我国工程建设技术法规是由国务院工程建设主管部门制定和管理，工程建设技术标准既有协会参与，又有政府参与，使得职能划分不够明确。

随着技术标准体制的进一步过渡，我国应将二者分开制定和管理，政府在技术标准的制定工作中应起到组织协调和指导监督作用，依靠专门的工程建设标准化组织机构开展业务。

（三）加强建筑安全技术标准体制改革

随着市场经济的进一步发展，我国推行的强制性和推荐性相结合的工程建设技术标准体制弊端进一步显现。首先，由于我国工程建设技术法规尚未确定其法律定位，使得工程建设技术标准在对外开拓市场时存在技术壁垒的现象。其次，由于强制性技术标准和技术法规的地位混淆，造成标准之间模糊不清、重复搭接，难以推广和实施。再者，由于部分强制性标准的范围过大，造成法规和强制性标准的执行尺度存在较大分歧，缺乏有效的管理性条款和保障法规和标准的实施机制。由于目前工程建设技术标准管理比较混乱，造成合格评定管理方面出现多头管理的现象。一方面，认证机构无法起到监督标准执行的作用；另一方面，造成国内认证壁垒大于国际认证壁垒的现象。这些现象的出现，反映了我国工程建设技术标准体制与市场经济的发展存在着不协调性。因此，必须采取有效的措施加强工程建设技术标准体制的改革。

1. 推动工程建设强制性标准和推荐性标准向自愿性标准模式的转变

首先，必须建立适应我国的工程建设技术法规体系，然后通过法规赋予标准的性质在社会中逐步推广，把握自愿采用的原则，充分发挥市场的自我调节功能，避免"休克式"过渡造成的"标准真空"。

2. 强化工程建设技术标准的系统性

由于我国现存工程建设技术标准种类繁多，造成了不必要的重复。可以将某一类相似的建构筑物统一进行标准的编制，这样既覆盖了该产品，又强化了标准的系统性。

3. 推进政府和社会机构相结合的标准化管理体制

对于工程建设技术法规，政府相关部门进行制定和管理，而对于非强制性的工程建设技术标准则应由专业化的社会团体和学术机构进行制定和管理，这样既可以满足市场竞争的需要，也可以最大程度的发挥标准化效能。

4. 培育学会、协会、研究机构等行业团体

强化企业主体地位，构建多层面的工程建设技术标准管理主体。政府应出台政策鼓励各专业化学会、协会和研究机构制定符合我国国情的技术标准，并对已经存在的技术标准及时地提出修改意见，发挥他们的专业能动性。同时，企业也可以把生产过程中积累的经验反馈给各专业化组织，以增强标准的适用性。

5. 保证标准规范审定程序的公正透明

我国可以采用 WTO/TBT 标准制定的"公示制度"来确保标准规范审定程序的公正性，同时，也应该及时公布标准规范的编制过程和进度，综合考虑各参与方的意见，形成一个良性的模式来运行。

6. 健全合格评定程序是标准制约体制的重要一环

对于技术的合格评定，国家应设置专门的机构开展这方面的工作。首先，应明确工程建设技术标准的评定程序；其次，各个机构对于相同的内容不需要进行重复的验证，以免浪费资源；再者，应加入国外的认证体系，使得一方认证，多方承认，减少贸易的技术壁垒。

7. 建立有效的监督反馈机制和通报制度，以利于技术标准的修订

国家主管部门应授权建设工程市场监督机构检查技术标准的执行情况，对执行过程中产生的问题进行反馈，以利于技术标准的完善工作。

（四）加强行业协会和学会的能动性

通过对几个建筑业比较发达的国家和地区的研究发现，行业协会和学会对建筑业的发展都起着举足轻重的作用。这些行业协会和学会大多来自高校以及相关的科研单位，都是各个学科的代表人物，无论从专业性的角度，还是对社会的认知程度，都是推动行业发展的中坚力量。因此，我国非常有必要加强、引导、培植我国建筑行业协会和学会，在工程建设技术标准的制定工作中，多邀请他们参与，多听取他们的意见，以达到技术标准的先进性和适用性的要求。另外，行业协会和学会还可以组织继续教育活动，培养既懂法律又

懂专业知识的人员，这样才能发挥他们的最大优势，促进整个行业健康蓬勃的发展。

第二节　建筑安全生产技术的管理

一、建筑安全危险源的辨识

（一）危险源的内涵

根据事故致因理论，建筑施工项目安全危险源是指在建设施工现场的生产活动中，可能发生的导致人身伤害或疾病、财产损失、物质损坏、环境破坏等意外潜在的不安全因素之间的相互影响和作用所形成的根源或状态。这些不安全因素包括管理人员和作业人员等的不安全意识、情绪和行为；机具、材料、施工设施及辅助设施等的不安全状态；环境、气候、季节及地质条件等的不安全因素以及管理的缺陷等。

（二）危险源的类型

根据能量意外释放理论，导致建筑安全事故的一个最直接的原因是危险源能量的意外释放或有害物质的泄露。在建筑安全生产领域危险源是以多种多样的形式存在的，它的实质是具有潜在危险的源点或部位，是爆发事故的源头，是能量、危险物质集中的核心，是能量从那里传出来或爆发的地方。根据危险源在事故发生发展中的作用可以把危险源分为两类，即第一类危险源和第二类危险源。

1. 第一类危险源

建筑安全系统中存在的、可能发生意外释放能量的能量（能量源或能量载体）或危险物质统称为第一类危险源。一般存在于产生、供给能量的装置、设备、使人体或物体具有较高势能的装置、设备和场所、能量载体、一旦失控可能产生能量蓄积或突然释放的装置、设备和场所，如各种压力容器等、危险物质，如各种有毒、有害、可燃烧爆炸的物质等、生产、加工、储存危险物质的装置、设备、场所以及人体一旦与之接触将导致人体能量意外释放的物体中。

2. 第二类危险源

正常情况下，建筑生产过程中的能量或危险物质受到约束或限制，不会发生意外释放，即不会发生事故。但是，一旦这些约束或限制能量或危险物质的措施受到破坏或失效（故障），则将发生事故。建筑生产系统中存在的造成约束、限制能量和危险物质措施失效或破坏的各种不安全因素统称为第二类危险源。第二类危险源主要包括人的失误、物的故障和环境的因素。

（1）人的失误

人的失误一般是指人的不安全行为，是事故产生的最直接因素。各种生产事故，其原因不管是直接的还是间接的，都可以说是由于人的不安全行为引起的。人的不安全行为可以导致物的不安全状态，导致不安全的环境因素被忽略，也可能出现管理上的漏洞和缺陷，还可能造成事故隐患并触发事故的发生。人的问题是一个十分复杂的问题，是社会、政治、心理、道德和其他因素交织成的一个统一的整体。

（2）物的故障

在建筑生产活动中，物的故障一般是指物的不安全状态，也是事故产生的直接因素。物的不安全状态表现为设备和装置的缺陷、作业场所的缺陷以及物质和环境的危险源三个方面。物之所以成为事故的原因，是由于物质的固有属性及其具有的潜在破坏和伤害能力的存在。设备和装置的缺陷指机械设备的装置的技术性能降低、强度不够、结构不良、磨损、老化、失灵、腐蚀、物理和化学性能达不到要求能。作业场所的缺陷指施工场地狭窄、立体交叉作业组织不当、多工种交叉作业不协调、道路狭窄、机械拥挤、多单位同时施工等。物质和环境的危险源有化学方面的、机械方面的、电气方面的、环境方面的等。

物的不安全状态，是随着生产过程中物质条件的存在而存在，是事故的基础原因，它可以由一种不安全状态转换为另一种不安全状态，由微小的不安全状态发展为致命的不安全状态，也可以由一种物质传递给另一个物质。事故的严重程度随着物的不安全程度的增大而增大。

（3）环境的因素

环境的因素是指环境的不良状态。不良的生产环境不仅会影响人的行为，而且对机械设备也会产生不良的影响。由于建筑生产活动是一种露天作业比较多的活动，而且随着社会的发展，出现了很多深地下、高空的作业，因此受到环境的影响比较普遍。环境因素不仅包括气候、温度等自然地理条件，还包括人为的施工现场环境。自然环境容易带给人季节性的反应，如冬天的寒冷容易造成施工人员动作迟缓，夏天的炎热容易使施工人员中暑，还有下雨、刮风等天气，容易影响施工现场的活动，而施工现场环境容易带给人工作的不便和情绪的烦躁。

当然，人文环境也是一个十分重要且不容忽视的因素。如果一个企业的安全生产氛围良好，那么这个企业的安全生产状况一定会很好。

建筑安全事故的发生一般是两类危险源共同作用的结果，第一类危险源是事故发生的前提，第二类危险源的出现是第一类危险源导致事故的必要条件。第一类危险源是事故的主体，决定事故的严重程度，第二类危险源出现的难易，决定事故发生的可能性大小。因此在事故的发生和发展过程中，两类危险源是相互作用，相辅相成的关系。

在建筑安全生产过程中，第一类危险源一般是不可避免地存在，它是每个能量载体的物理本质，不可能完全消除或者完全消除需要付出的很大的代价，因此在现代管理过程中一般是通过消除第二类危险源的途径来减少或消除事故的发生。

（三）危险源的辨识

施工现场必须根据工程对象的特点和条件充分识别各个施工阶段、部位和场所需控制的危险源。识别方法可采用现场交谈询问、经验判断、查阅事故案例、工作任务和工艺过程分析、安全检查表法等方法。危险源的确定程序一般如下：

1. 找出可能引发事故的生产材料、物品、设施或设备、各种能源（如电、磁、射线等）的性质和某个系统、生产过程的工艺及进入施工现场所有人员的活动状态。

2. 对两类危险源所包括的因素进行事故树分析。

从一个可能的事故开始一层一层的逐步寻找引起事故的直接原因和间接原因，并分析这些事故原因之间的相互逻辑关系，用逻辑树把这些原因以及它们的逻辑关系表示出来。

3. 将危险源分出层次，找出最危险的关键单元。

4. 确定是否属于"重大危险源"。

通过对危险源伤害范围、性质和时效性的分析，将其中导致事故发生的可能性较大且事故发生后会造成严重后果的危险源定义为重大危险源。如在建筑工程施工中造成人员伤害的重大危险源常见的有：高处坠落、机械伤害、物体打击、坍塌、触电、中毒等，而这些事故 70% 以上是通过"三违"（违章指挥、违章作业和违反劳动纪律）造成的。这些危险源在施工中主要表现为深基坑开挖与支护、脚手架和模板的搭拆、起重塔吊、物料提升机和施工电梯的安装与运行、结构施工中临边与洞口防护、地下工程作业、消防、职业健康和交通运输等施工活动。

5. 对重大危险源要进行危险性评价和事故严重度评价。

评价时要考虑三种时态（过去、现在和将来）和三种状态（正常、异常和紧急）情况下的危险，通过半定量的评价方法（风险评价）分析导致事故发生的可能性和后果来确定危险的大小。

6. 确定危险源。

二、建筑安全生产技术管理的内容

建筑安全技术管理是建筑企业生产管理的一个重要组成部分，它直接决定着项目管理的成败和企业生产经营的好坏。因此，加强建筑安全技术管理对于稳定企业生产技术工作秩序、保证安全生产和安全文明施工以及提高企业的技术水平和经济效益都具有重要的作用。

（一）建筑企业技术管理的任务是：正确贯彻执行国家的技术法规和技术标准，认真研究和利用建筑生产的科学技术规律，做好企业技术管理基础工作，充分发挥材料性能和设备能力，完善劳动组织，不断提高劳动生产率，降低成本。保证正常的生产秩序，保证工程质量，促进企业的生产技术开发，提高企业的技术水平，全面提高技术的经济效益。

技术管理内容是由技术管理任务决定的，又是与建筑施工技术工作特点相适应的。其内容主要包括：施工组织设计、施工工艺管理、工程质量管理、标准化管理、技术管理制度、技术组织管理措施、环境管理、工程技术档案管理的技术开发管理等。搞好技术管理要自觉遵守三个基本原则：一是从实际出发，执行国家的技术政策；二是严格按科学技术的规律办事；三是讲究技术工作的经济效益，同时要做好建筑企业的技术标准化和技术规程工作。

1. 严格遵守、执行国家有关安全卫生规程（如"三大规程"中的《建筑安装工程安全技术规程》、"五项规定"及城乡建设环境保护部颁布的《建筑企业安全生产工作条例》《关于加强集体所有制建筑企业安全生产暂行规定》《建筑机械使用安全技术规程》等）。

2. 建立安全生产管理制度，如：安全生产责任制、安全生产教育制度、安全生产检查制度及职工伤亡事故报告制度等。

3. 编制施工组织设计

根据基本建设程序的要求，单位工程施工前，应根据工程规模及特点，编制具有不同深度和广度的施工组织设计（包括施工方案、各种准备工作计划如机具、防护用品、安全装置设备等计划、施工平面图等）。

4. 运用事故树、事件树等方法、进行预先危险性分析，以便采取安全措施，防患于未然。

5. 所有建筑工程的施工组织设计（施工方案），都必须有安全技术措施；爆破、吊装、水下、深坑、支模、拆除等大型特殊工程，都要编制单项安全技术方案开工。

6. 施工现场道路、上下水及采暖管道、电气线路、材料堆放、临时和附属设施等的平面布置，都要符合安全、卫生、防水要求，并要加强管理，做到安全生产和文明生产。

7. 各种机电设备的安全装置和起重设备的限位装置，都要齐全有效，要建立定期维修保养制度，检修机械设备要同时检修防护装置。

8. 脚手架、井字架（龙门架）和安全网，搭设完必须经工长验收合格期间要指定专人维护保养，发现有变形、倾斜、摇晃等情况，要及时加固。

9. 施工现场、坑井、沟和各种孔洞、易燃易爆场所、变压器周围，都要指定专人设置围栏或盖板和安全标志，夜间要设红灯示警；各种防护设施、警告标志，未经施工负责人批准，不得移动和拆除。

10. 实行逐级安全技术交底制度

开工前，技术负责人要将工程概况、施工方法、安全技术措施等情况向全体职工进行详细交底，两个以上施工队或工种配合施工时，施工队长、工长要按工程进度定期或不定期地向有关班组长进行交叉作业的安全交底；班组长每天对工人进行施工要求、作业环境的安全交底。

11. 混凝土搅拌站、木工车间、沥青加工点及喷漆作业场所等，都要采取措施，限期使尘、毒浓度达到国家标准。

12. 采用各种安全技术和工业卫生的革新和科研成果，都要经过试验、鉴定和制定相应安全技术措施，才能使用。

13. 加强季节性劳动保护工作

夏季要防暑降温；冬季要防寒防冻，防止煤气中毒；雨期和台风到来之前，应对临时设施和电气设备进行检修，沿河流域的工地要做好防洪抢险准备；雨雪过后要采取防滑措施。

14. 施工现场和木工加工厂（车间）和贮存易燃易爆器材的仓库，要建立防火管理制度，备足防火设施和灭火器材，要经常检查，保持良好。

15. 凡新建、改建和扩建的工厂和车间，都应采用有利于劳动者的安全和健康的先进工艺和技术；劳动安全卫生设施与主体工程同时设计、同时施工、同时投产。

（二）建筑安全生产技术管理制度

建立严格健全的技术管理制度，把整个企业的技术工作科学地组织起来。按计划、有目的地开展技术工作，保证技术管理任务的完成。

1. 客观上要求建立总工程师负责制

总工程师是经理在技术管理方面的助手，在经理领导下，认真贯彻执行《中华人民共和国安全生产法》，对企业安全生产的技术工作负责；在编制、审批施工组织设计（或施工方案）时，必须编制、审查其安全技术措施；在采用新技术、新工艺、新材料、新设备时必须制定相应的安全技术措施；对提升运输设备和脚手架，在安装、搭设前要编制或审查施工技术方案，并督促有关人员严格按方案执行，安装搭设完毕后要亲自参加验收，拆除时同样要编制或审查拆除方案并督促执行；对职工进行安全技术教育，指导和督促项目部编制单项工程的安全技术措施和安全技术交底工人作；对重大危险区域的防护处理，危险性较大的拆除等均要预先编制安全技术方案并督促实施；参加重大伤亡事故的调查分析，提出技术鉴定意见并提出和实现改进措施；认真贯彻安全组织设计，坚持施工交底的同时，必须进行安全交底的制度；经常对职工进行"安全第一，预防为主"的宣传教育，增强职工安全意识。

2. 施工图纸审核和会审制度

图纸会审是工程各参建单位（建设单位、监理单位、施工单位）在收到设计院施工图设计文件后，对图纸进行全面细致的熟悉，审查出施工图中存在的问题及不合理情况并提交设计院进行处理的一项重要活动。通过图纸会审可以使各参建单位特别是施工单位熟悉设计图纸、领会设计意图、掌握工程特点及难点，找出需要解决的技术难题并拟定解决方案，从而将因设计缺陷而存在的问题消灭在施工之前。

3. 技术交底制度

工程正式施工前，通过技术交底可以使参与施工的全体管理人员和工人，熟悉和了解所承担的工程任务，以及工程的特点、施工难点、设计意图、执行的技术标准、施工工艺和方法、施工操作要点，以及安全质量标准，以便科学地组织施工，按合理的工序、工艺进行作业，确保施工安全和质量。技术交底内容一般包括：图纸交底、施工组织设计交底、设计变更情况交底以及分项工程交底等。同时，技术交底亦应分级进行、分级管理。

4. 材料构件试验制度

材料、构件、设备质量的优劣，在很大程度上影响着建筑产品质量的好坏，要确保工序质量和工程质量，必须加强材料检验工作，健全试验检验工作，配备试验仪器及人员并予以制度化。施工用的原料、材料、构件及设备等物资，必须由供应部门提供合格证明材料，新材料或设计有特殊要求时，在使用前应抽查、复验，证明合格后才能使用。

5. 工程质量检查和验收制度

在施工过程中，应按国家有关质量标准，具体地说是《建筑安装工程质量检验评定标准》逐项检查操作质量，工程验收根据建筑安装工程特点，分级进行隐蔽工程验收、分项工程验收，待所有建设项目和单位工程按照设计文件规定内容全部建完后，按国家规定，进行一次性综合竣工验收，评定质量等级。办理验收手续，归入技术档案。

6. 工程技术档案制度

工程技术资料是工程质量检验、评定和工程验收的必要技术文件，也是工程合理使用、维护、改建、扩建的重要依据，是企业生产技术活动的依据，是衡量企业质量管理水平的重要标志。工程技术档案管理的任务是：依据一定的原则和按一定的要求，系统地、真实地收集记述工程建设全过程中具有保存价值的技术问题材料，归纳整理，以便竣工验收后完整地移交给有关技术档案管理部门，作为今后施工、科研活动的资料。

首先，必须设专职人员负责督促、检查、收集、整理技术档案资料。其次，负责技术资料的管理人员，要经常深入基层，督促检查各项技术资料的完整性、准确性以及收集、整理情况，发现问题及时反映，尽快解决。

（三）建筑安全生产技术组织措施的管理

技术组织措施是工程项目施工组织设计的内容之一。技术组织措施是施工方案的补充内容，有些技术与组织方面的内容，在施工方案中不能完全反映出来，是通过技术组织措施将它们反映出来的。技术组织措施主要反映工程项目的质量、工期、安全、环保等方面的要求和做法。通过技术组织措施的编制，可以使开发商更能全面了解承包方的现代化管理水平，增强开发商对承包方完成项目的信心。因此，编制施工组织设计技术组织措施，是必不可少的内容。做好项目施工的安全与文明施工管理，除了首先需要可靠的管理体系外还必须有稳妥的技术措施及更好的防护措施。

1. 工人进场前进行"三级教育"后，方可上岗。

2. 必须逐级进行安全技术交底，技术交底应有书面资料或有作业指导书（或操作细则）。技术交底针对性要强，要履行签字手续，保存资料。项目经理部安员负责监督检查，严格按照安全技术交底的规定要求进行作业。

3. 特种作业人员包括机械工、电工、电焊工、架工等必须进行专业培训，按规定到有关部门经考试合格后，持证上岗。操作证必须按期复审，方能继续从事特种作业。特种作业必须严格执行各种安全技术操作规程，确保安全施工。

4. 施工现场应实施机械安全管理及安装验收制度

使用的施工机械、机具和电气设备，在安装前，应当按照规定的安全技术标准进行检测，经检测合格后方可安装；机械安装要按平面布置图进行。在投入使用前，应按规定进行验收，并办好验收手续登记。

经验收确认机械状况良好，能安全运行的，才准投入使用。所有机械操作人员都必须经过培训合格后，持证上岗。机械操作人员要进行登记存档，按期复验。使用期间，应当指定专人维护、保养，保证机械设备的完好率和使用率以及安全运作。

5. 施工现场安全管理必须抓好施工现场平面布置图和场地设施管理，做到图物相符，井然有序，状况良好。此外还应做好环境、消防、材料、卫生、设备等文明施工管理工作。

6. 施工现场的安全设施主要包括安全网、围护、洞口盖板、护栏、防护罩等。各种限制装置都必须齐全、有效，并且不得擅自拆除或移动。如因施工实际需要移动时，必须经工地负责人同意，并采取相应的安全措施方可施工。基坑四周应设置上下两层防护栏杆。

7. 施工现场除应设置安全宣传标语牌外，危险地点必须悬挂按照国家有关安全色、安全标志标准规定的标牌，夜间有人经过的坑洞等还应设红灯示警。

8. 做好安全用电工作。

（四）建筑安全生产技术开发的管理

技术开发可以保持企业的技术先进性，通过新技术的优势来提高企业的安全生产水平和经济效益。技术开发工作一般包括技术革新、技术改造、科学研究等内容。

技术革新是对现有技术的改进与更新，以提高建筑安全为目的的技术革新包括改进施工工艺和操作办法，改进施工机械设备和工具，改进原料、材料、燃料的利用办法，改进组织管理的结构等。

技术改造是建筑企业为了提高经济效益、提高产品质量和安全管理水平、降低成本等目的，采用先进的、适用的新技术、新工艺、新设备、新材料等对现有设施、生产工艺条件进行的改造。

引进和消化国外的先进技术，对加速我们的经济发展是十分有利的。但关键技术特别是核心技术是永远都买不来的，唯有自主创新，掌握自主知识产权，才能在激烈的国际竞争中牢牢把握自己的命运。

技术创新既可以由企业单独完成，也可以由高校、科研院所和企业协同完成，但是，技术创新过程的完成，是以产品的市场成功为全部标志，因此，技术创新的过程，无论如何是少不了企业参与的。具体从某个企业看，企业取何种方式进行技术创新，要视技术创新的外部环境、企业自身的实力等有关因素而定。从大企业来看，技术创新的要求具体表现为，企业要建立自己的技术开发中心，提高技术开发的能力和层次，营造技术开发成果有效利的机制；从中小企业看，主要是深化企业内部改革，建立承接技术开发成果并有效利用的机制。对政府而言，就是要努力营造技术开发成果有效转移和企业充分运用的社会氛围，确立企业在技术创新中的重要地位。至于提供技术开发成果的科研院所和高校，需要强化科技成果转化意识，加大技术开发成果面向市场的力度，使企业有可能获得更多的、有用的技术开发成果。

（一）安全生产目标计划

安全生产是指在施工过程中采取各项措施，完善安全管理体系与制度，并严格执行，以使工程在施工过程中不发生安全事故。安全是建筑施工中永恒的主题，没有安全生产，一切就无从谈起。安全生产目标：

安全生产目标一般要求：杜绝重大伤亡事故，尽最大努力减少轻伤事故，使轻伤事故控制在 2% 之内，杜绝火灾事故发生。

（二）安全生产责任制

根据工程管理人员规模，一般实行以项目经理为主，项目技术员为辅，各级施工组长为主要执行者，保卫、安全员为主要监督者的安全责任制。

项目经理全面负责施工现场的安全措施、安全生产等，保证施工现场的安全。技术员负责上级安排的安全工作的实施，进行施工前安全交底工作，监督并参加与班组的安全学习。安全员督促施工全过程的安全生产，纠正违章，配合有关部门排除施工不安全因素，安排项目内安全活动及安全教育的开展；监督劳保用品的发放和使用。机电负责人保证所有使用的各类机械的安全使用，监督机械操作人员保证遵守操作，并对用电机械安全检查。劳资负责人保证进场施工人员的安全技术素质，控制加班加点，保证劳逸结合。材料员应采购合格的用于安全生产及劳动防护用品的产品和劳防材料。根据国家及地方现行规范（标准），并结合本工程的实际情况、情况制度关于安全教育、检查、交底、活动等四项制度，要求所有进入施工现场的人员以班组为单位进行检查，同时在进场之前，将另行制定工程《安全生产奖罚条例》以确保制度及各项措施的落实。

1. 操作人员必须经班组、项目部和公司三级安全教育，才能上岗操作。

2. 公司安全部门每月组织一次安全检查，安全部门专职安全员进行日常的安全检查，按照《建筑施工安全检查标准》进行检查评分，对发现的问题，下发整改通知单，督促整改。

3. 施工过程必须严格执行国家、行业安全生产规程，以及企业的安全生产制度，每道工序作业前，施工员必须按照《施工现场安全生产技术操作规程》，下达安全交底单，安全员检查安全措施落实情况，对出现的隐患及时整改，并做好记录。

4. 进入施工现场必须戴好安全帽，在无防护设施的情况下登高作业，必须系好安全带。

5. 开展安全活动，班组每天班前讲安全，事中注意安全，项目部每时每刻查安全，如开安全碰头会，杜绝一切隐患。

（三）确保安全的措施及技术要求

安全技术措施作为安全生产施工的基本保障，必须全力实行。在工程施工过程中安全技术措施将贯穿施工全过程。

1. 外用脚手架、模板支架支塔前有经过审核的设计方案，支搭过程中有检查，支搭完应有验收和交接手续，并存档。

2. 进入现场戴安全帽，高空作业挂好安全带，剔凿操作时戴防护眼镜，特种作业人员佩戴相应劳动保护用品。

3. 封闭孔洞，外侧挂网，楼梯口加护身栏，电梯口封闭，出入口加护头棚。

4. 施工用电实行三级用电，两级漏电保护。线路架空或埋地，埋地的线路加套管保护，进入楼内的电缆亦加套管保护。楼内每层设分配闸箱，闸箱编号上锁，"一机、一闸、一漏"，由电工管理，动力、照明分线供电，施工照明采用低压电。

5. 基坑槽边设 2m 高钢管护栏，人员上下基坑设专用人行梯道。

6. 主体施工期间楼梯设临时钢管栏杆，小于 1m 楼板孔洞用 Φ10 的钢筋焊制篦子盖好，大于 1m 的楼板孔洞设高 2m 围栏，各楼层外墙未砌筑前设 2m 高护栏与框架柱固定好。

7. 装修用吊篮设防坠落装置。塔吊要有超高、变幅限位器和力矩限位器。

8. 手持电动机具在使用前，应严格检查，必须安装漏电保护装置。

9. 施工现场成立以项目经理为首的安全、消防领导小组，设专职和兼职安全消防人员形成保证体系，对整个工地进行每周一次的安全消防大检查，消除隐患事故。

10. 开工前，按照上级主管部门关于文明施工的规定，将安全生产、消防、卫生规定和现场施工平面布置图、卫生区责任图和临时用电定点图在工地大门旁用展板公布。

11. 凡进入施工现场的管理人员，必须经过安全考试，取得合格证。各项工程开工前，做好安全交底，未进行安全交底前一律不准施工。对新进场的工人和新分配来的人员，组织学习公司颁发的《安全手册》和有关安全生产的规定后才能参加施工。特殊工种工人必须持证上岗，所有施工人员必须佩戴符合安全规定发劳动保护用品。

12. 整个工程由项目工程部配合按照规范要求，编制用电施工组织设计和安全防火措施。

13. 塔吊的安全装置（四定位、两保险）齐全有效，不能带病运转，塔吊操作人员须经常检查塔吊螺栓部位并认真执行保修制度，严禁违章作业。

14. 建筑物四周，跑梯四周和楼层内较大的孔洞，挂设安全网和护栏设施，楼层内小孔洞用跳板加枋钉好盖严，安全网按市建筑施工现场安全防护基本标准设置，严禁酒后施工作业。

15. 建筑物外脚手架搭设符合架工操作规程，工作面上满铺架板，严禁有探头板出现，上人斜道坡度不大于 1:3，宽度不小于 1m，斜道上钉间距 300mm 的防滑木条。搭设脚手架所用架料符合安全规定，超出使用规定的架料严禁使用。

16. 电焊机坚持"三不烧、一回检、一申请"制度，电焊机应单独开关，焊接处不能有易燃物，操作时设专人看火，现场内不准使用明火，必须使用时，提出申请，经消防部门批准并设保护措施。

17. 各种电动机械严格执行安全操作规程和岗位责任制，非操作人员严禁擅自动用电动设备。

18. 单层出入口醒目处，设置安全生产的明显标志，建立安全责任区。各单位工程楼梯入口醒目处，设置消防箱，配备各种消防器材。

（四）安全生产防护措施

安全生产防护措施安全技术措施作为安全生产施工预防为主的主要手段，必须全力实行。在工程施工过程中安全生产防护措施也将贯穿施工全过程。

1. 结构施工阶段的防护措施

（1）基坑的防护：基础施工阶段，在基坑四周临边设置 1m ~ 1.2m 高钢管栏杆围护，并用竹笆封闭。

（2）做好临边的防护：基坑周边，尚未安装栏杆或拦板的阳台、料台与挑平台周边，雨篷与挑檐边，无外脚手的屋面与楼层周边等处，设置防护栏杆。头层墙高度超过 3.2m 的二层楼面周边，以及无外脚手的高度超过 3.2m 的楼层周边，在外围架设安全平网一道。楼梯口和梯段边，安装临时护栏杆。顶层楼梯口随工程结构进度安装正式防护栏杆。脚手架等与建筑物通道的两侧边，设防护栏杆。地面通道上部装设安全防护棚。双笼井架通道中间，给予分隔封闭。各种垂直运输接料平台，除两侧设防护栏杆外，平台口设置安全门或活动防护栏杆。

（3）外架的防护：一般采用全封闭外架防护系统。要确保过往行人的安全和正常生活秩序，外脚手架及所有操作而必须满铺挂安全网，以防止杂物落下。脚手架搭设完毕，进行全面认真地检查，验收合格后方可使用。

2. 装修、设备安装阶段的防护措施

（1）外装修时经常性检查外脚手架及防护措施的设置情况，发现不安全因素及时整改加固。并及时汇报主管部门，采取有效措施予以补救。

（2）随时检查各种临边的防护措施情况，因施工需要拆除的防护，应在施工结束后及时恢复。

3. 雨天施工的防护措施

（1）加强机械电器设备检查，安全用电，防止漏电，触电事故发生。

（2）下雨尽量不安排在外架上作业，如因工程需要必须施工，则应采取防滑措施，并系好安全带。

（3）砌筑、装修时，如遇雨天，在上班时应做好防雨措施。

（4）拆除外架时，应在天气晴好时间，不得在下雨的时间内进行。

4. 高处作业的防护措施

施工前，逐步进行安全技术教育及交底，落实所有安全技术措施和人身防护用品，未经落实时不得进行施工。高处作业中的安全标志、工具、仪表、电气设施和各种设备，在施工前加以检查，确认其完好，方能投入使用。攀登和悬空高处作业人员以及搭设高处作业安全设施的人员，经过专业技术培训及专业考试合格，持证上岗，并定期进行体格检查。施工中对高处作业的安全技术设施，发现有缺陷和隐患时，及时解决，危及人身安全时，停止作业。雨天和雪天进行高处作业时，采取可靠的防滑、防寒和防冻措施。水、冰、霜、雪及时消除。遇有六级以上强风、浓雾等恶劣气候，不得进行露天攀登与悬空高处作业。暴风雪及台风暴雨后，对高处作业安全设施逐一加以检查，发现有松动、变形、损坏或脱落等现象，立即修理完善。防护棚搭设与拆除时，设警戒区，并派专人监护。严禁上下同时拆除。

5. 其他安全措施

（1）施工机具安全防护

现场所有机械设备必须按照施工平面布置图进行布置和停放，机械设备的使用必须严格遵守《施工现场机械设备管理规定》，现场机械有明显的安全标志和安全技术操作标志牌，具体要做到：搅拌机应搭设应搭设防砸、防雨操作棚。所有机械设备应经常性清理、润滑、紧固、调整不超负荷和带病工作。机械在停用、停电时必须切断电源。对新技术、新材料、新工艺、新设备的使用，在制定操作规程的同时，必须制定操作规程。对特殊工序，必须编制作业方案，提出安全措施。

（2）施工用电

施工现场用电线路的设置和架设必须按现行有关与用电布置图进行。电缆线均应架空，并不得随意绑扎在脚手架上，穿越道路除防护套管外，埋置深度应超过 0.2m，全部采用三相五线制。现场配电房醒目处要挂有警示标志，并配备一组有效的干粉灭火器，配电房钥匙由现场电工班派专人保管。现场配电箱设有可靠有效的三相漏电保护器和单项漏电保护器，动作灵敏，动力、照明分开。与配电房内的漏电保护器形成二级保护，使施工用电人身更安全。现场所有配电箱应统一编号、上锁，专人保管，箱壳接地良好，施工用电的设备、电缆线、导线、漏保护器等有产品质量合格证。漏电保护器要经常检查，发现问题立即调换，熔丝要相匹配。

（3）对施工周围，实行全封闭施工，确保施工人员及工地现场行人安全，将外脚手架满挂安全网，并始终超过作业层 2m 以上，以防止杂物落下。脚手架搭设完毕，进行全面认真地检查，并经验收合格后方可使用。对拆除脚手时，并有专人监护，同时教育操作员不得野蛮作业。

三、建筑安全生产技术交底的管理

（一）安全技术交底基本要求

1. 工程项目必须实行逐级安全技术交底制度。

2. 安全技术交底必须具体、明确、针对性强。安全技术交底内容必须针对分部、分项工程施工给作业人员带来的危险因素而编写。

3. 安全技术交底应优先采用新的安全技术措施。

4. 工程开工前，应将工程概况、施工方法、安全技术措施等情况，向工地负责人、工长进行详细交底，并向工程项目全体职工进行交底。

5. 两个以上施工队或工种配合施工时，要按工程进度定期或不定期地向有关施工单位和班组进行交叉作业的安全书面交底。

6. 工长安排班组长工作前，必须进行书面的安全技术交底，班组长每天要对工人进行施工要求、作业环境等的书面安全交底。

7. 各级书面安全技术交底必须有交底时间、内容及交底人和接受交底人的签名。交底书要按单位工程归放一起，以备查验。

（二）安全技术交底的主要内容

1. 工程项目施工作业的特点。

2. 工程项目施工作业中的危险点。

3. 针对危险点的具体防范措施。

4. 施工中应当注意的安全事项。

5. 有关的安全操作规程和标准。

6. 一旦发生事故后应及时采取的避难和急救措施。

（三）建筑安全生产技术检查与验收的管理

1. 建筑安全生产检查制度的管理

（1）安全检查的内容

安全检查的内容主要包括查思想、查制度、查机械设备、查安全措施、查安全教育培训、查操作行为、查劳保用品使用、查伤亡事故处理等。

（2）安全检查的方式

检查方式有全国安全大检查、建筑行业安全大检查、地方行业安全大检查、建筑企业安全大检查、公司组织的定期安全检查、各级管理人员的日常巡回检查、专业安全检查、季节性节假日安全检查、班组自我检查、交接检查。

（3）隐患整改

对查出的隐患不能立即整改的要建立登记、整改、检查等制度，要定人、定措施、定经费、定完成日期，并有复查情况记录，在隐患没有消除前，必须采取可靠的防护措施，如有危及人身安全的紧急险情，应立即停止作业。

2. 建筑安全生产验收制度的管理

（1）验收的原则—必须坚持"验收合格才能使用"的原则。

（2）验收的范围包括：各类脚手架；市政工程临时设施及沟槽支撑与支护；支搭好的水平安全网和立网；暂设的电气工程设施；各种起重机械、路基轨道、施工用电梯及其他中小型机械设备；安全帽、安全带和护目镜、防护面罩、绝缘手套、绝缘鞋等个人防护用品。

（3）验收的程序

①脚手架杆件、扣件、安全网、安全帽、安全带以及其他个人防护用品，必须有出厂证明或验收合格的单据，由项目经理、工长、技术人员共同审验；

②各类脚手架、堆料架，井字架、龙门架和支搭的安全网、立网由项目经理或技术负责人申报支搭方案并牵头，会同工程部和安全主管进行检查验收；

③暂设电气工程设施，由安全主管牵头，会同电气工程师、项目经理、方案制定人、工长进行检查验收；

④起重机械、施工用电梯由安装单位和使用工地的负责人牵头，会同有关部门检查验收；

⑤路基轨道由工地申报铺设方案，工程部和安全主管共同验收；

⑥工地使用中的中小型机械设备，由工地技术负责人和工长牵头，会同工程部检查验收；

⑦所有验收，必须办理书面验收手续，否则无效。

第三节　建筑安全防护设施的标准

为提高建筑施工安全生产水平、实现安全防护设施的规范化、科学化和系统化，必须对安全防护设施搭设标准化。笔者通过搜集相关技术规范和实际工程经验建立起一套建筑安全防护设施的标准体系，主要包括临边防护、洞口防护、井道防护、安全通道及防护棚、悬挑式钢平台的标准化。

一、临边防护标准化

（一）基本规定

1. 临边作业时，必须设置满足施工安全需要的防护设施。

2. 施工现场内的作业区、作业平台、人行通道、施工通道、运输接料平台等施工活动场所，如临边落差达到或超过 2m，必须沿周边设置防护栏杆。各种垂直运输接料平台，除两侧设防护栏杆外，平台口还应设置安全门。

3.防护栏杆应符合以下基本要求

（1）防护栏杆整体构造应使防护栏杆任何处，能经受任何方向的 1KN 的外力。当栏杆所处位置有发生人群拥挤、车辆冲击或物体撞击等可能时，应加大横杆截面，加密柱距。

（2）防护栏杆应由上下两道横杆及栏杆立柱组成，上杆离防护面高度不低于 2m，下杆离防护面高度不低于 0.6m，横杆长度大于 2m 时，必须加设栏杆柱。

（3）坡度大于 1:2 的屋面，防护栏杆离防护面高度不低于 5m，并增设一道横杆，满挂安全立网。

（4）作业区、作业平台、施工通道、运输接料平台以及下方有人员通行或施工的场所的防护栏杆，必须满挂密目安全网封闭，或在栏杆下边设置严密牢固高度不低于 180mm 的挡脚板。

（5）当临边外侧临街时，敞口立面必须设置防护栏杆并满挂密目安全网作全封闭。

（6）防护栏杆及防护用挡脚板应涂刷醒目的黄黑相间油漆。

4.防护栏杆用材

（1）施工现场作业区、作业平台、人行通道、施工通道、运输接料平台等施工活动场所，防护栏杆应采用 Φ48 ~ 51mm × 5mm 的建筑脚手架钢管制成。

（2）提倡采用可重复安装和拆卸的自制工具式定型栏杆或栏板。自制栏杆、栏板必须由企业自检合格，并满足防护要求且美观耐用。

（3）窄小的竖向洞口或临边部位不适合采用钢管作为防护栏杆的，采用 HRB335 钢筋焊接制成防护栏杆。

（4）装配式工程梁面临时防护，在梁两端焊接或螺栓固定临时立柱，将 Φ10 以上钢丝绳或 Φ25 以上麻绳紧绷于临时立柱上作为安全绳，当梁跨度大于 8 米时，中间应加设临时立柱。

（5）采用其他钢材制作栏杆，必须经过项目技术负责人核算后采用，禁止使用竹木制作防护栏杆。

5.防护栏杆的连接和固定

（1）防护栏杆必须采用扣件连接、丝扣连接、螺栓连接或焊接等可靠连接方式连接。

（2）防护栏杆必须采取埋设、扣件连接、螺栓连接或焊接等有效固定方式牢固固定于防护面。

（二）防护方式

1.基坑周边防护

2.结构楼层周边防护

其他的楼层防护栏杆柱的固定方式还有直接在混凝土楼板上预埋 1.4m ~ 1.5m 的钢管、

预埋件（套筒承插式）、膨胀螺栓固定。结构楼层周边防护栏杆柱固定方式同样适用于其他类型、其他部位的栏杆与建筑结构的连接和固定。

3. 楼梯侧边防护

建筑结构楼梯的临时防护栏杆，应采用建筑脚手架钢管搭设。形状及布设规则的楼梯，宜采用建筑脚手架钢管套丝、螺栓连接、焊接等连接方式搭设栏杆。

4. 其他临边防护

施工电梯、物料提升机楼层转料平台应按《建筑施工扣件式钢管脚手架安全技术规范》（JGJ130-2001）相关要求搭设，平台面应满铺脚手板并牢固固定。

高层建筑所采用的塔吊，应在建筑物与塔身之间搭设通道供操作人员通行，通道的横杆、立杆应与塔吊、建筑物应连接牢固，通道宽 600mm ~ 800mm，防护栏杆高 1500mm。

二、洞口防护标准化

（一）基本规定

1. 因工程本身存在或因工序需要而产生的，使人与物有坠落危险而危及人身安全的洞口，必须设置有效防护设施。

2. 楼板与墙洞口，挖孔桩、钻孔桩等桩孔上口，杯形基础上口，未填土的坑槽，以及天窗、地板门等处，必须按洞口防护要求设置稳固的盖板、防护栏杆、安全网或其他防止人员和物体坠落的防护设施。

3. 对邻近的人与物有坠落危险性的竖向孔、洞口，必须予以盖严，或加以防护。

4. 施工现场通道附近的各类洞口与坑槽等处，除设防护设施与安全标志外，夜间应设红灯警示。

（二）防护方式

1. 楼板、屋面和平台等面上短边尺寸小于 250mm 但大于 25mm 的孔口，应使用坚实的木盖板盖严，并牢固固定。

2. 楼板面等处边长 250mm ~ 500mm 的洞口、安装预制构件时的洞口以及其他各类洞口，应使用竹、木等材料作盖板，均衡搁置盖住洞口并牢固固定。

3. 边长在 500mm ~ 1500mm 的洞口，应设置以扣件扣接钢管而成的 1000mm×1000mm 的网格，并在其上满铺竹笆或脚手板。

4. 处于剪力墙的墙角或其他不便于盖板防护的洞口，应预设贯穿于混凝土板内的钢筋构成防护网，钢筋网格间距不得大于 200mm，并在其上满铺竹笆或脚手板。

5. 边长在 1500mm 以上的洞口，四周设防护栏杆，洞口下张设安全平网。

6. 墙面竖向落地洞口，应加装防护门栅，门栅网格间距不应大于 150mm，或采用防护栏杆，下设 200mm 高的挡脚板。

7. 下边沿至楼板或底面低于 0.8m 的窗台等竖向洞口，如侧边落差大于 2m，应加设 2m 高临时护栏。

8. 洞口处防护栏杆的用材、连接、固定与临边防护栏杆相同。

（三）井道防护标准化

1. 电梯井、管井必须设置防护设施，并加设明显标志警示。

2. 电梯井洞口、宽度超过 400mm 管井洞口等竖向落地洞口，必须设置防护门，井道内应每隔两层并不超过 10m 设一道安全平网。

3. 因施工需要临时拆除防护，需经专职管理人员审核批准，工作过程有人值守并设置标志，工作完毕必须原样恢复。

4. 井口防护采用上下翻转防护门。门高 1.40m，下部设 200mm 踢脚板，紧贴楼地面安装，门两侧边超出电梯井口边不得小于 100mm，上端固定，门栅间距不大于 150mm。使用钢筋直径不得小于 Φ14mm。

5. 施工层的下一层的井道内设置一道硬质隔断以防物件掉落，施工层以及其他层统一采用安全平网防护，安全网应张挂于预插在井壁的钢管上，网与井壁的间隙不得大于 100mm。

（四）安全通道及防护棚标准化

1. 基本规定

（1）当临街通道、场内通道、出入建筑物通道、施工电梯及物料提升机地面进料口作业通道处于坠落半径内或处于起重机起重臂回转范围内时，必须设置防护设施，以避免发生物体打击事故。

（2）安全通道、防护棚应采用建筑钢管扣件脚手架或其他型钢材料搭设。

（3）安全通道及防护棚的顶部严密铺设双层竹串片脚手板或双层 18mm 厚木模板等水平硬质防护，以及封闭的防护栏或挡板，整体应能承受 10kPa 的均布静荷载。

（4）特别重要以及大型安全通道或防护棚或其他悬挑式防护设施必须制定专项技术方案，审批后实施。

2. 安全通道的搭设应符合以下要求

（1）安全通道净空高度应根据通道所处位置及人、车通行要求确定，不得低于 2.5m。

（2）立杆基础必须硬化处理，通道使用期内不得发生地面沉陷，立杆必须沿通行方向通长设置扫地杆和剪刀撑。

（3）常规的安全通道立杆纵距不应超过 1200mm，防护棚悬挑尺寸应为 300mm ~ 500mm，双层防护棚层间距为 500mm ~ 600mm。

（4）宽度超过 3.5m 或高度超过 4m 的安全通道，立杆间距应加密或使用双立杆、型钢、脚手架管格构式立柱，纵向横杆应采用型钢制作或搭设承重脚手架。

（5）安全通道侧边应设置隔离栏杆，引导行人从安全通道内通过，必要时满挂密目网封闭。

（五）悬挑式钢平台标准化

1. 基本规定

（1）悬挑式钢平台必须采用定型制作的钢平台，悬挑式钢平台上吊运材料时必须缓慢起钩和落钩。作业人员在平台上吊运物件时必须拴挂安全带，吊运物件时指挥必须到场。

（2）钢平台额定载重量不得超过1吨，有效载料面积不得小于7m²，一般不得超过9m²。荷载超过1吨或构造尺寸超过规定或用其他型钢材料制作的卸料平台，必须经设计计算并由企业技术负责人审定；特别重要以及承载力或构造尺寸超过额定要求1.5倍的，应通过专家论证后使用。

2. 钢平台应符合以下要求

（1）平台应以工字钢或槽钢做主、次梁，满铺木板，以螺栓与钢梁固定，或满铺4mm厚钢板，与钢梁焊接固定。

（2）平台的搁支点和上部锚固点，必须牢固固定于建筑结构上，严禁设置在脚手架等施工设施上。

（3）平台两边各设前后两道斜拉钢丝绳，钢丝绳固定方式与悬挑脚手架相同。建筑物锐角利口围系钢丝绳处应加衬软垫物。

（4）平台上应设置四个吊环，以固定斜拉钢丝绳。吊运平台时应使用卡环，不得使用吊钩直接钩挂吊环。

（5）平台左右两侧必须装设固定的1.2m高防护栏杆，满挂钢板网，下口设置200mm高踢脚板，封闭严密。端部装设内开式活动格栅门，加装薄钢板封闭，吊运长料时打开。

（6）平台安装时，必须待主梁尾端固定，装好斜拉钢丝绳，调整完毕，经过检查验收后方可松钩。

（7）操作平台上，应在明显位置标明容许使用荷载。钢平台使用时，应有专人进行检查，发现钢丝绳有锈蚀损坏，应及时调换，焊缝脱焊应及时修复。

第四节 建筑安全技术的创新

一、建筑安全技术创新的必要性

（一）技术创新源自人类安全生产的需要

众所周知，建筑业是我国事故的高发行业，伤亡事故的发生率排在矿山生产之后，严重影响了社会的稳定发展。虽然近年来建设部加强了安全生产法规的建设，完善了建筑安全技术标准体系。但是，建筑安全科研投入严重不足，建筑安全生产监督管理的手段落后，安全生产的技术含量低，施工现场安全防护技术陈旧等仍然是制约我国建筑安全生产水平提高的重要因素。因此，需要推进技术创新，从技术管理的层面上减少事故发生的概率。

（二）科技创新是企业生存及发展的根本

随着科学技术的发展，新材料、新设备不断推陈出新，谁先掌握了新技术，谁就能在市场竞争中占据主动。创新是民族发展的灵魂，是国家兴旺发达的不竭动力，也是一种资源的创造。使我们有更多的机会分享世界经济的繁荣，135 个成员既是对手也是伙伴，有竞争也有发展的机遇。国民待遇不保护个体差异，唯有善于获取、分析和利用信息，走自立自强科技进步、科技创新之路，才能在国际市场公平竞争中求生存、求发展。如广州市盾建地下工程有限公司走技术密集型和管理型的发展道路，在组建仅仅两年多的时间里，获得四个第一：第一家在中国城市地铁施工中引进德国先进盾构设备和技术；第一家使用 1.5m 管片衬砌技术；第一家成功运用盾尾同步注浆技术；第一家采用电脑控制同步激光测量导向系统。

在广州地铁 2 号线盾构施工中掘进进度打破了国内纪录，成为业界的排头兵。

二、建筑安全技术创新理论

（一）国家技术创新理论

产生于 20 世纪 80 年代的新增长理论（又称为内生增长理论），认为技术进步是经济实现增长的决定因素。技术的本质是知识，技术进步的本质是知识存量的增加，也即创造新的知识。依据创新理论的创立者熊彼特的定义：创新是指把一种前所从未有过的关于生产要素的"新组合"引入生产体系，这种新的组合包括以下内容：引进新的产品；引进新的技术；开辟新的市场；控制原材料新的供应来源；实现工业的新组织。熊彼特的创新概念含义相当广泛，而且规定只有将第一次的发明引入生产体系的行为才是创新行为，而第二个、第三个则是模仿。对中国这样一个发展中国家来说，拥有符合熊彼特理论的创新行业很少。因此，我们有必要将创新限制在特定的技术经济系统内，这里所说的技术经济系统，可以指一个行业、一个部门、一个地区，也可以是一个国家的生产、经济活动空间。进行这样的界定之后，对于建筑业而言，只要是在中国建筑业历史上没有过的技术，被引进了建筑业，并且带来了经济效益和社会效益，我们就可以称之为一种创新技术，从而当然是一种技术进步。

自从熊彼特之后，许多学者对技术创新展开了研究。我国著名的技术创新研究专家傅家骥在总结前人的研究成果的基础上，对技术创新提出了新的看法。他认为技术创新是企业家抓住市场的潜在盈利机会，以获取商业利益为目标，重新组织生产条件和要素，建立起效能更强、效率更高和费用更低的生产经营系统，从而推出新的产品、新的生产工艺方法、开辟新的市场、获得新的原材料或半成品供给来源或建立企业的新的组织，它是包括科技、组织、商业和金融等一系列活动的综合过程。技术创新按其创新对象不同可以分为产品创新和过程创新。产品创新是指技术上有变化的产品的商业化。按照技术量变化的大小，产品创新又可以分为全新产品创新和改进产品创新。过程创新又称为工艺创新，是指产品的生产技术的变革，它包括新工艺、新设备和新的组织管理方式。

技术创新战略可以分为自主创新战略、模仿创新战略和合作创新战略。施培公认为模仿创新战略是指企业以率先创新者的创新思路和创新行为为榜样，并以其创新产品为示范，跟随率先者的足迹，充分吸收率先者成功的经验和失败的教训，通过引进购买或反求破译等手段吸收和掌握率先创新的核心技术和技术秘密，并在此基础上对率先创新进行改革与完善，进一步开发和生产富有竞争力的产品参与竞争的一种渐进性创新活动。简单来说，模仿创新就是后发者的创新。由于我国是一个发展中国家，所以我们的战略应该是以模仿创新为主。

美国经济学家格申克龙（Gerchenkron）在总结德国、意大利等国经济迅速进步的成功经验的基础上，创立了后发优势论。后发优势是由后发国地位所致的特殊有利条件，这一条件在先发国是不存在的，后发国也不能通过自身的努力创造，而完全是与其经济的相对落后性共生的，是来自于落后本身的优势。他认为后发有优势很重要的一点是后发国可以引进先进国家的技术、设备和资金，引进技术是一个正在进入工业化国家获得高速发展的首要保障因素。后进国家引进先进国家的技术和设备可以节省科研的费用和时间，快速培养人才，在一个较高的起点上推进建筑工业化，同时资金的引进也可以解决后进国家工业化中资本严重不足的问题。

制度经济学已经指明，合理的制度有助于系统的有效运作。技术创新涉及的因素众多，如何安排这些因素的关系是构建技术创新体系的关键。国家创新体系（National Innovation System，NIS）的概念产生于20世纪80年代中期，由英国技术经济学家克里斯托夫·弗里曼、丹麦技术创新经济学家本特雅克·朗德威尔和美国经济学家理查德·纳尔逊三人的研究成果共同构成的。弗里曼和纳尔逊侧重于从宏观层面进行分析。按照弗里曼的观点，国家创新体系就是公私部门的机构组成的网络，它们的活动和相互作用促成、修改和扩散了各种新技术。而纳尔逊的观点是：国家创新体系就是其相互作用决定着一个一国企业的创新实绩的一整套制度。朗德威尔的国家创新理论侧重于分析国家创新体系的微观基础，即国家边界是如何对技术创新实绩发挥作用的。按照朗德威尔的观点，国家创新体系就是由在新且经济有用的知识的生产、扩散和应用过程中相互作用的各种构成要素及其相互关系组成的创新系统，而且这种创新体系包括了位于或者根植于一国边界之内的各种构成要素及其相互关系。就国家创新体系的结构而言，国家创新体系具体可以划分为两个层次，即内圈因素和外圈因素。

（二）国家创新体系的内圈因素包括三个部分

1. 科研机构和高校

科研机构与高校是重要的技术创新源，是科技知识的主要供应者。

2. 企业

企业是技术创新的主体。

3. 教育培训和中介组织

教育培训和中介组织是科学技术知识转移和扩散的主要机构。

（三）国家创新体系的外圈因素包括四个部分

1. 政府

政府是国家创新体系中扮演协调者的角色。

2. 金融体系

金融体系是国家创新体系顺利运行的支持条件。

3. 历史文化因素

一个国家的历史文化在很大程度上影响人们的思维方式和行为模式，进而对国家创新的实绩产生影响。

4. 国际技术经济环境

一个国家的技术创新活动处于一个大的国际技术经济环境下，后者对前者的影响随技术经济全球化而不断增强。

（四）我国建筑安全技术创新模式构想

1. 建筑安全技术创新体系构成

根据国家创新理论，建筑安全技术创新体系的主体分为三个层次：外层、中间层和核心层。外层是国际经济技术环境；中间层由政府、金融体系、其他产业和历史文化传统四个部分组成；核心层由建筑企业、建筑类科研院所、大学、建筑业技术开发基地、中介组织和培训机构六个部分组成。

2. 核心层功能分析

（1）建筑企业

建筑企业是整个建筑安全技术创新体系的核心，是以市场为导向的技术开发投入主体。国外的建筑企业对于技术研究相当重视，且组织方式比较多样，比较有代表性的是日本建筑企业的集中式结构。我国的大型企业一般建立一个专门的研究部门来进行技术的研究和开发工作，但是大多数企业对技术研究中心的组织形式不够明确，可以借鉴日本模式的经验。

（2）大学

大学是创造和传播知识的主体，也是进行科学基础研究，组织国际学术交流，培养科技人才的一个创新平台，在核心层里起着举足轻重的作用。

（3）建筑类科研院所

建筑类科研院所是应用技术的创新主体，一般比较注重于公共项目的课题研究和基础技术与共性技术的研究开发等。

（4）建筑技术开发基地

建筑技术开发基地是企业和大学及科研机构合作建立的一个技术创新机构，一般以国家重点技术创新项目和建设项目为依托，采取产、学、研结合的合作形式，解决国民经济建设和发展中重大安全问题的技术瓶颈。

（5）培训机构

培训机构主要是指建筑新技术继续教育培训中心，由各个专业化学会或协会进行组织，以提高建筑行业人员的技术素养。

（6）中介机构

中介机构主要提供一些咨询服务，是各个企业及相关组织交流的一个信息平台。

3. 中间层的功能分析

（1）政府

政府在技术创新中的主要职能在于组织或授权行业协会，或学会制定中长期应用技术的创新计划，确定研究方向和重点开发的领域，鼓励建筑业产学研的基础研究发展，增加和引导社会对科技的投入，在全社会营造尊重知识、尊重人才、鼓励创新的文化氛围，推动科学的普及，弘扬科学精神，提倡科学方法和高尚的科学道德。

（2）金融体系

金融体系对于建筑技术的进步有重要的作用。一方面，技术的开发需要资金的支持，特别对于中小企业；另一方面，金融体系可以对技术资源进行合理的配置，主要表现在分散风险、流动性风险管理和项目的评估方面。另外，金融体系的激励机制还可以提高建筑技术的创新主体的积极性。

（3）其他产业

建筑业与其他产业有着紧密的联系，可以借助其他产业的发展管理经验来发展建筑业，如煤矿安全、粮食安全等。

（4）历史文化传统

历史文化传统不仅直接影响建筑的风格，更是技术文化的象征，可以将建筑技术和历史文化纳入到一个体系中，建立一个技术文化的系统来研究文化对技术的促进作用。

4. 外层的功能分析

良好的国际技术经济环境对技术进步有很大的促进作用。由于知识具有非竞争性和排他性，所以我们要加强国际的交流合作。国家的技术进步绩效取决于该国的"社会能力"，即该国吸收新技术和创造新技术的能力。

三、建筑安全创新技术的体系

（一）建筑安全创新技术的指标体系

根据建筑安全技术的特点，借鉴其他行业的技术评价指标与方法，结合目前我国的国情和技术标准的要求，将技术评价指标分为四大类：先进性指标、适用性指标、经济性指标和社会性指标。

1. 技术先进性指标

技术的先进性主要表现为四个因素：工艺、设备、物耗和环保。衡量技术的先进性水平一般考虑的是设备的平均技术等级、工艺的先进程度、物耗水平及环保水平。

2. 所采用工艺的先进程度

工艺是将材料或半成品经过加工制作为成品的工作、方法、技艺等。在技术方案实施时，可以采取不同的工艺方法达到目标，但是每种方法的技术水平不一致，因此需要一个工艺的先进程度水平来反映工艺是否符合技术进步的要求。

3. 物耗水平

技术在使用过程中会消耗一定的资源，而资源一般是不可再生的，所以我们应尽量保持合理的物耗水平，以最少的物耗创造最大的价值。

4. 环保水平

新技术不仅要求具有先进性的属性，还需要具有可持续性。应在技术的实施过程中尽量减少对环境的影响，维护整个建筑环境和社会环境的安全。为了保证技术处在一个国内先进的水平，反映技术先进性的技术科技指数的大小，应该 ≥ 16，这样新技术才有实践的意义。

（二）技术的适用性指标

任何一项新的技术的实施，必须要符合我国国情的需要，符合环保、安全的需要，符合企业人员的素质和管理水平的需要。

（三）技术的经济性指标

任何一项新的技术的采纳，都是企业为了降低成本，改善生产条件的结果。因此，新技术必须满足企业的成本要求。

（四）技术的社会性指标

新技术会对社会带来正面或负面的影响，因此在选用新技术时，必须考虑它对整个社会环境带来的影响，既要保证安全，又不会污染环境。

（五）建筑安全创新技术的评价体系

新技术改造、引进或发明出来后，需要对它进行评价，看是否满足在国内推广的要求。评价任务的来源包括行业的主管部门、国内外机构及其他非政府组织。这些部门一般是技术的管理单位，在新技术出现以后，这些机构需要委托专门的评估中心进行评价，如果满足各项评估指标的要求，则予以实施。在评价新技术时，实施单位一般是国家政府下设的评估中心来进行评估，如国家科技评估中心、国家建筑技术评价中心、地方建筑技术评价中心和其他类型的评价机构（学会或协会）等。而由于新技术具有技术先进性的特点，所以这些评估中心往往需要得到行业国内外专家及建筑技术专业数据库的支持。

（六）建筑安全创新技术评价实施制度体系

我国的建筑安全创新技术评估的实施和管理是由国家科技部进行监督和协调的。按照《科技评估管理暂行办法》的规定，我国的建筑新技术评价工作的开展和实施体系实行分级管理，一般是由建设部在科技部对于评估工作的制度指导下委托其下属的建设部科技司、建设科技发展促进中心进行评估的，建设部科技司建设科技发展促进中心又委托给专业的建筑新技术评价机构进行评价。对于出台的一些细则和管理办法，建设部科技司建设科技发展促进中心要求下一级地方建设技术发展中心来进行落实实施的。

四、建筑安全创新技术的发展策略建议

（一）建立以企业为主体、市场为导向、产学研相结合的安全技术体系

积极引导企业成为自主创新的主体，推动科技产业的发展，加强建筑业新技术、新工艺、新材料、新设备的研发和推广应用，进一步完善有利于建筑业技术创新的配套政策措施，建立有利于创新的激励机制。建立健全技术创新管理体系，为技术创新提供组织上的保障。企业要正确处理好投入与产出、眼前利益与长远利益的关系，加强与学术单位和科研机构的合作创新，进一步推动产学研的发展。同时，在企业资质标准中，应引入技术创

新指标，提高国内企业的核心竞争力。

（二）以人为本，实施人才兴业战略

人才是提高安全技术水平的关键，应以人为本，实施人才兴业战略，加速建筑业人力资源的开发与整合。一方面，要对专业人才进行有针对性的培养，形成由专业技术带头人、技术骨干和一般技术人员组成的专业人才梯队，大胆发挥中青年科技人员的作用。另一方面，要积极引进国外的高科技人才，营造良好的工作环境，建立良好的激励机制，防止人才的流失。

国家还应完善建筑业从业人员职业资格制度和职业技能岗位培训制度，通过专业化的机构对建筑业从业人员进行继续教育和培训，合理市场供求关系，合理调整建筑技术人才得结构分布，加强建筑业技术人员的优化配置。

（三）加强对知识产权的保护

要进一步加大知识产权的保护力度，开发具有自主知识产权的技术产品。大力支持技术创新，鼓励企业和个人进行专利申请，并鼓励到国外申请专利，培育和发展建筑产业技术核心竞争能力。同时政府还应出台更强有力的知识产权保护措施，制定法律法规的实施细节，加强可操作性，进一步反对国外对我国的技术壁垒保护。

（四）完善风险投资机制

要积极鼓励国家资本和民营资本参与技术风险投资。一方面，要放宽政策，允许银行、保险公司和信托投资公司机构拿出一定资金投入技术创新风险投资基金。另一方面，要引导政策性银行、商业银行等加大向新技术开发的信贷支持，降低对中小型企业贷款限制。建立多种贷款抵押担保形式，大力发展民营中小型科技企业信用担保机构，探索知识产权的银行贷款质押担保制度，条件成熟后，要进一步探索技术要素的银行贷款质押担保制度。

（五）鼓励创新主体间的合作创新

合作创新是企业间或者企业、研究机构、高校之间的联合创新行为。一方面，可以充分发挥各自在资源配置方面的长处，最大限度地调动各自的积极性及创造性，达到优势互补和资源共享的目的。另一方面，通过合作创新，各单位可以分散风险，共享成果，既降低了企业的科技开发成本，又能提高竞争力，同时还能缩短开发的周期。它是企业技术创新体系的有效延伸，是科技与经济结合的有效手段。

（六）保证足够的安全科研资金

政府和企业在制定政策时对安全生产资金投入应倾斜，特别是在安全科技进步、科技创新方面要舍得投入。安全科技要进步，必须有必要的资金支持。在国家不可能全额拨款的情况下，需要多方式、多渠道地筹集资金。除争取经常性费用的不断增加外，还应通过申报国家级重点科技项目，争取增加国家补助经费；有计划地组织国家贷款的科技开发项目；筹资建立健全科研基金；把科研成果推向市场，形成科研与开发的良性循环；坚持推投资准受益的原则，积极争取国内外的有识之士和有实力的单位对安全科研工作的资金投入；培育和推进安全科研技术市场化的发展，鼓励社会资金的投入；通过相关制度措施，确保企业的安全投入落实到位。

（七）提高安全科研成果的转化率

安全科研成果只有转化成现实的生产力，只有为企业提高安全管理水平服务，才能体现出其价值。而实际上科研人员更多追求的是学术地位与学术影响力，并不考虑科研成果能否被市场接受。为此，应努力开拓安全科研产品市场，发展劳动保护产业，使劳动保护产业为保护劳动者的安全与健康提供更多的优质产品和技术手段，同时为科技成果应用提供广阔的市场，解决安全生产领域科技研究与经济发展脱节的问题，促进安全科研成果的转化率，提高安全科研对安全生产工作的贡献率。

（八）提高广大人员的安全科技文化素质

在现代化大生产中，随着科学技术水平的提高，机械化、自动化操作越来越多。在现代高速、高能量的运行系统中，往往承载大量能量和危险物质，且规模庞大、自动连续、结构复杂。一方面，先进的科学技术，为我们减少伤亡事故创造了条件；另一方面，越是现代化的、凝聚高科技含量的设备设施，越是要求具有高度的安全可靠性。

所以，一旦有人操作失误，发生意外事故，其灾难比传统技术的事故更为可怕，不仅会造成重大人员伤亡，还会造成巨大财产损失和环境破坏。因此，现代高科技技术对企业安全生产管理工作提出了更高的要求，尤其是对人员操作的可靠性和安全性提出了更高的要求。而人员操作的可靠性和安全性与操作人员的安全意识、文化意识、文化素质、技术水平及心理素质等都有关系。所以，现代高科技技术要求企业在加强科学管理的同时，必须切实提高职工的安全科技文化素质。